KB155994

올림피아드 수학의 지름길 초급-상

감수위원
한승우 선생님 E-mail : hotman@postech.edu
한현진 선생님 E-mail : fractalh@hanmail.net
신성환 선생님 E-mail : shindink@naver.com
위성희 선생님 E-mail : math-blue@hanmail.net
정원용 선생님 E-mail : areekaree@daum.net
정현정 선생님 E-mail : hj-1113@daum.net
안치연 선생님 E-mail : lounge79@naver.com
변영석 선생님 E-mail : youngaer@paran.com
김강식 선생님 E-mail : kangshikkim@hotmail.com
신인숙 선생님 E-mail : isshin@ajou.ac.kr
이주형 선생님 E-mail : moldlee@dreamwiz.com
이석민 선생님 E-mail : smillusion@naver.com
한송이 선생님 E-mail : ssong.han@mathwin.net

책임감수
정호영 선생님 E-mail : allpassid@naver.com

의문사항이나 궁금한 점이 있으시면 위의 감수위원에게 E-mail로 문의하시기 바랍니다.

올림피아드 수학의 지름길 | 초급-상

도서출판세화 1판 1쇄 발행 1994년 7월 30일
1판 9쇄 발행 2003년 1월 10일
2판 5쇄 발행 2007년 1월 10일
3판 1쇄 발행 2008년 2월 10일
(주)씨실과 날실 1판 1쇄 발행 2009년 1월 10일
1판 4쇄 발행 2012년 7월 30일
2판 1쇄 발행 2013년 6월 30일
(주)씨실과 날실 3판 1쇄 발행 2014년 5월 20일
4판 1쇄 발행 2016년 1월 10일 (개정판)
5판 1쇄 발행 2017년 1월 10일
6판 1쇄 발행 2018년 2월 20일
7판 1쇄 발행 2019년 7월 30일
8판 1쇄 발행 2021년 1월 10일
8판 2쇄 발행 2021년 8월 10일
9판 1쇄 발행 2024년 1월 20일

정가 15,000원

저자 | 중국사천대학 옮긴이 | 최승범
표지디자인 | dmisen* 일러스트 | 이창희 펴낸이 | 구정자
펴낸곳 | (주)씨실과 날실 출판등록 | 등록번호 (등록번호: 2007.6.15 제302-2007-000035)
주소 | 경기도 파주시 회동길 325-22(서패동 469-2) 1층 전화 | (031)955-9445 fax | (031)955-9446

판매대행 | 도서출판 세화 출판등록 | (등록번호: 1978.12.26 제1-338호)
구입문의 | (031)955-9331~2 편집부 | (031)955-9333 fax | (031)955-9334
주소 | 경기도 파주시 회동길 325-22(서패동 469-2)

ISBN 979-11-89017-43-9 53410
*물가상승률 등 원자재 상승에 따라 가격은 변동될수 있습니다. 독자여러분의 의견을 기다립니다. *잘못된 책은 바꾸어드립니다.

올림피아드 수학의 지름길 초급-상

중국 사천대학 지음 | 최승범 옮김

씨실과 날실

씨실과 날실은 도서출판 세화의 자매브랜드입니다.

옮긴이의 말...

올림피아드 수학의 지름길을 번역 출간한지 어느덧 20여년이 지났습니다.
이 책을 소개한 이후에 세계수학 올림피아드 대회(IMO)에 우리나라가 중국을 제치고 1등을 하는 등 눈부신 성과가 이루어져 정말 보람되고 기쁘게 생각합니다.
이번에 올림피아드 수학의 지름길을 개정하면서 초등학교 수학용어에 맞게 부족한 부분을 고치고 다듬었으며 국내의 기출문제들을 추가하였습니다.

이 "올림피아드 수학의 지름길(초급)"은 초등학교 고학년과 중학교 학생들을 대상으로 하여 각종 수학 경시 대회에서 자주 다루어지는 문제들을 간추려 이해하기 쉽게 풀이하고 문제의 분석을 통하여 주입식 교육에서 벗어나 응용력, 사고력, 논리력 등을 키울 수 있게 편집에 각별한 정성을 기울였습니다.

이 책은 상, 하 두 권으로 구성되어 있는데, 상권에서는 수의 기본적인 성질, 그 응용문제 및 도형의 여러 종류에 대해 다루었고, 하권에서는 분수와 소수, 수열, 순열과 조합, 진법 등 한 단계 나아간 수의 성질과 수리 문제를 풀어보는 방법에 대해 다루었습니다.

끝으로 이 책을 통하여 자라나는 우리나라의 훌륭한 초 · 중학교 학생들의 수학 능력 개발에 큰 도움이 되길 바라면서 출판되기까지 도와 주신 중국 사천 대학 출판사와 올림피아드 수학의 지름길을 사랑해주시는 여러 학원계 종사자 및 교육 일선에 계시는 선생님들 및 학부모, 학생님께 감사드립니다.

최승범

올림피아드 수학의 지름길은...

초급(상,하), 중급(상,하), 고급(상,하)의 6권으로 되어 있습니다.

초급

초등학교 3학년 이상의 과정을 다루었으며 수학에 자신있는 초등학생이 각종 경시대회에 참가하기 위한 준비서로 적합합니다.

중급

중학교 전학년 과정
각 편마다 각 학년 과정의 문제를 다루었고(상권), 4편(하권)은 특별히 경시대회를 준비하는 우수 학생을 대상으로 하고 있습니다. 중학생뿐만 아니라 고등학생으로서 중등수학의 기초가 부족한 학생에게 적합합니다.

고급

고등학교 수학 교재의 내용을 확실히 정리하였고, 수학 올림피아드 경시대회 수준의 난이도가 높은 문제를 수록하여, 대입을 위한 수학 문제집으로뿐만 아니라, 일선 교사에게도 좋은 참고 자료가 될 것입니다.

구성 및 활용...

초등 수학 과정의 심화내용과 수학에 대한 통합적인 창의적 사고력 향상과 각종 경시대회 대비시 기초를 쌓도록 하였습니다.

핵심요점 정리

각 단원의 핵심내용과 개념을 체계적으로 정리하고 예제 문제에 들어가기에 앞서 내신심화에서 이어지는 단원의 개념을 정리해 주었습니다.

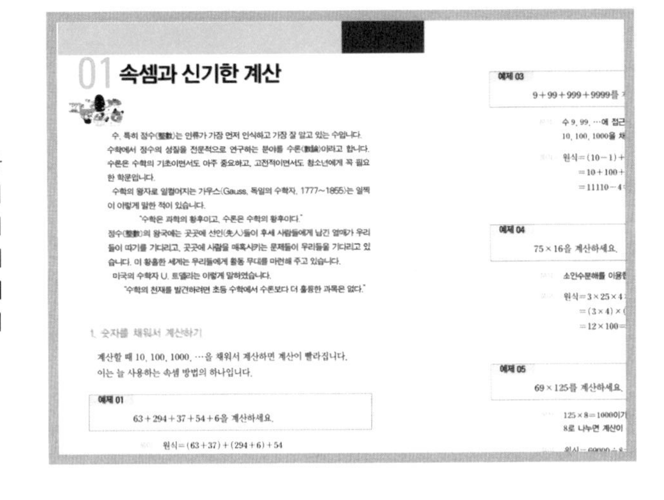

01 속셈과 신기한 계산

수, 특히 정수(整數)는 인류가 가장 먼저 인식하고 가장 잘 알고 있는 수입니다. 수학에서 정수의 성질을 전문적으로 연구하는 분야를 수론(數論)이라고 합니다. 수론은 수학의 기초이면서도 아주 중요하고, 고전적이면서도 청소년에게 꼭 필요한 학문입니다.

수학의 왕자로 일컬어지는 가우스(Gauss, 독일의 수학자, 1777~1855)는 일찍이 이렇게 말한 적이 있습니다.

"수학은 과학의 황후이고, 수론은 수학의 황후이다."

정수(整數)의 왕국에는 곳곳에 선인(先人)들이 후세 사람들에게 남긴 열매가 우리들이 따기를 기다리고, 곳곳에 사람을 매혹시키는 문제들이 우리들을 기다리고 있습니다. 이 황홀한 세계는 우리들에게 활동 무대를 마련해 주고 있습니다.

미국의 수학자 U. 트델리는 이렇게 말하였습니다.

"수학의 천재를 발견하려면 초등 수학에서 수론보다 더 훌륭한 과목은 없다."

1. 숫자를 채워서 계산하기

계산할 때 10, 100, 1000, …을 채워서 계산하면 계산이 빨라집니다.
이는 늘 사용하는 속셈 방법의 하나입니다.

예제 01

63 + 294 + 37 + 54 + 6을 계산하세요.

원식 = (63 + 37) + (294 + 6) + 54

예제 03

9 + 99 + 999 + 9999를

수 9, 99, …에 접근
10, 100, 1000을 채

원식 = (10 − 1) +
= 10 + 100 +
= 11110 − 4

예제 04

75 × 16을 계산하세요.

소인수분해를 이용

원식 = 3 × 25 × 4
= (3 × 4) ×
= 12 × 100 =

예제 05

69 × 125를 계산하세요.

125 × 8 = 1000이기
8로 나누면 계산이

단원 연습문제

단원별 예제에 나왔던 유형의 문제에서 좀 더 응용발전된 문제들로 구성하여 최상위학습과 경시대회 준비를 할수 있도록 하였습니다.

어떻게 풀까요?

연습문제 01-1

01 703 + 247 + 53 + 197 =

02 3.8 + 17.5 + 16.2 + 2.5 =

03 20.43 + 67.08 + 1.57 + 2.92 =

04 999 + 9 + 9999 =

05 999 + 98 + 7 + 9996 =

06 4998 + 995 + 2997 + 999 =

07 3728 − 989 =

09 125 × 64 =

10 45 × 18 =

11 625 × 36 =

12 78 × 125

13 37000 ÷ 125 =

14 900 ÷ 25 =

연습문제 해답편의 보충 설명

연습문제 01-1

01 $703+247+53+197=(703+197)+(247+53)=900+300=1200$

02 $3.8+17.5+16.2+2.5=(3.8+16.2)+(17.5+2.5)=20+20=40$

03 $20.43+67.08+1.57+2.92=(20.43+1.57)+(67.08+2.92)=22+70=92$

04 $999+9+9999=(1000-1)+(10-1)+(10000-1)=11010-3=11007$

05 $999+98+7+9996=(1000-1)+(100-2)+(10-3)+(10000-4)$
$=11110-10=11100$

06 $4998+995+2997+999=(5000-2)+(1000-5)+(3000-3)+(1000-1)$
$=10000-11=9989$

07 $3728-989=(3700+28)-(1000-11)=(3700-1000)+(28+11)$
$=2700+39=2739$

08 $2537-1988=(2500+37)-(2000-12)=(2500-2000)+(37+12)$
$=500+49=549$

09 $125\times64=(125\times8)\times8=1000\times8=8000$
$75\times24=(3\times25)\times(4\times6)=(3\times6)\times(25\times4)=18\times100=1800$

10 $45\times18=45\times(2\times9)=90\times9=810$
$55\times160=(5\times11)\times(20\times8)=(11\times8)\times(5\times20)=88\times100=8800$

11 $625\times36=(5\times125)\times(8\times9)\div2=(5\times9)\times(125\times8)\div2$
$=45\times1000\div2=45000\div2=22500$
$725\times32=(29\times25)\times(4\times8)=(29\times8)\times(4\times25)$
$=\{(30-1)\times8\}\times100=(240-8)\times100=23200$

12 $78\times125=(80-2)\times125=10000-250=9750$
$63\times125=(64-1)\times125=8\times8\times125-125=8000-125=7975$

연습문제 01-2

01 493 − 146 − 154 = 49…

02 56.9 − (25.8 + 16.9) …

03 3.08 − (2.08 + 0.5) = …

04 73 × 99 = 73 × (100 − …

05 68 × 199 = 68 × (200 …

06 54 × 102 = 54 × (100 …

07 36 × 201 = 36 × (200 …

08 1786 − 989 = 1786 − …

09 2367 − 995 = 2367 − …

10 256 × 98 + 3 × 256 = …

11 (63 + 72) ÷ 9 = 63 ÷ …

12 750 ÷ (25 × 5) = 750 …

13 630 ÷ (21 × 6) = 630 …

연습문제 01-3

01 십의 자리수가 같고 일…
$36\times34=1224$
(앞의 두 자리수 3 × (…
$41\times49=2009$
(앞의 두 자릿수 4 × (…
$68\times62=4216$

연습문제 해답/보충설명

다양한 연습문제 해답풀이 및 보충설명을 통해 연습문제 해답의 부족한 부분을 채워주고 풀이과정을 통해 문제의 원리를 깨우치게 하였습니다.

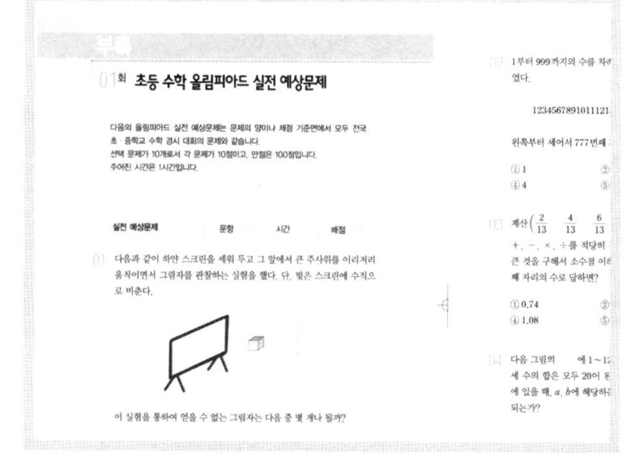

특별부록

초등 수학 올림피아드 실전 예상문제를 통해 문제 유형과 출제 경향을 완벽하게 파악해 실전 감각 향상에 역점을 두었습니다.

Contents

제1장 속셈과 신기한 계산

1_숫자를 채워서 계산하기/ 14
연습문제 1-1/ 16
2_계산 순서 바꾸기/ 18
연습문제 1-2/ 19
3_곱셈/ 21
연습문제 1-3/26
4_ 등차수열/ 28
연습문제 1-4/ 35

제2장 숫자 수수께끼 (1)

1_계산식에서 연산 기호 및 괄호 써넣기/ 36
연습문제 2-1/38
2_복면산(세로셈의 빈칸에 적당한 수 써넣기)/ 40
연습문제 2-2/ 45
3_방진 만들기/ 47
연습문제 2-3/ 49

제3장 범자연수의 기초

1_범자연수의 기본 성질/ 52
2_규칙성을 찾아 알맞은 수 써넣기/ 53
3_새로운 연산-거듭제곱/ 55
4_ 자연수 표기법/ 58
연습문제 3/ 60

제4장 나누어 떨어짐 (1)

1_수의 나누어 떨어짐/ 64
2_공약수와 공배수/ 70
3_홀수와 짝수/ 72
4_ 재미있는 끝수/ 75
5_나머지/ 78
연습문제 4/ 80

제5장 수열 (1)

1_관찰과 분석을 통하여 규칙성 찾기/ 84
2_등비수열/ 87
연습문제 5/ 91

제6장 수 응용 문제

1_응용 문제에 관한 기초 지식/ 92
2_종합법, 분석법/ 94
연습문제 6/ 98

제7장 수 응용 문제 풀이법 몇 가지

1_도해법/ 100
연습문제 7-1/ 104
2_가설 추측법/ 106
연습문제 7-2/ 108
3_대치법/ 110
연습문제 7-3/ 112
4_ 소거법/ 113
연습문제 7-4/ 116
5_역추리법(거꾸로 풀기법)/ 115
연습문제 7-5/ 117
6_열거법/ 118
연습문제 7-6/ 121

제8장 전형적인 응용 문제

1_평균수, 기일, 식수(나무 심기) 문제/ 122
연습문제 8-1/ 127
2_합차, 합배, 차배 문제/ 129
연습문제 8-2/ 132
3_속도와 작업 능률에 관한 문제/ 133
연습문제 8-3/ 138
4_ 연령 문제/ 142
연습문제 8-4/ 144

제9장 방정식

1_간단한 방정식의 풀이/ 146

연습문제 9–1/ 148

2_방정식을 세워서 응용 문제 풀기/ 149

연습문제 9–2/ 153

3_부정방정식의 풀이법/ 156

연습문제 9–3/ 160

제10장 점 · 선 · 각

1_직선 · 선분과 반직선/ 162

2_각/ 165

3_수직선과 평행선/ 170

연습문제 10/ 173

제11장 평면도형 (1)

1_직사각형 · 정사각형과 평행사변형/ 176

연습문제 11–1/ 180

2_삼각형과 사다리꼴/ 184

연습문제 11–2/ 188

3_대칭도형/ 191

연습문제 11–3/ 193

제12장 평면도형 (2)

1_원/ 194

2_부채꼴/ 196

3_조합도형의 넓이 계산/ 197

연습문제 12/ 202

제13장 입체도형

1_기본 지식/ 206
2_조합입체도형의 겉넓이와 부피 계산/ 207
연습문제 13-1/ 212
3_입체도형에 관계되는 재미있는 예제/ 214
연습문제 13-2/ 221

제14장 도형의 개수, 도형의 자르기와 만들기, 한붓그리기 문제

1_도형의 개수/ 222
연습문제 14-1/ 230
2_도형의 자르기와 만들기/ 234
연습문제 14-2/ 239
3_한붓그리기 문제/ 242
연습문제 14-3/ 246

부록

제1회 초등 수학 올림피아드 실전 예상문제/ 250
제2회 초등 수학 올림피아드 실전 예상문제/ 255
제3회 초등 수학 올림피아드 실전 예상문제/ 261
제4회 초등 수학 올림피아드 실전 예상문제/ 265

연습문제/초등 수학 올림피아드 실전 예상문제 해답

연습문제 해답/ 2
연습문제 해답편의 보충설명/ 17
초등 수학 올림피아드 실전 예상문제 해답과 풀이/ 51

"수학의 천재를 발견하려면 초등수학에서 수론보다 더 훌륭한 과목은 없다." U.트델리

"수학은 과학의 황후이고, 수론은 수학의 황후이다." 가우스

초급-상

01 속셈과 신기한 계산
02 숫자 수수께끼 (1)
03 범자연수의 기초
04 나누어 떨어짐 (1)
05 수열 (1)
06 수 응용 문제
07 수 응용 문제 풀이법 몇 가지
08 전형적인 응용 문제
09 방정식
10 점 · 선 · 각
11 평면도형 (1)
12 평면도형 (2)
13 입체도형
14 도형의 개수, 도형의 자르기와 만들기, 한붓그리기 문제

01 속셈과 신기한 계산

수, 특히 정수(整數)는 인류가 가장 먼저 인식하고 가장 잘 알고 있는 수입니다. 수학에서 정수의 성질을 전문적으로 연구하는 분야를 수론(數論)이라고 합니다. 수론은 수학의 기초이면서도 아주 중요하고, 고전적이면서도 청소년에게 꼭 필요한 학문입니다.

수학의 왕자로 일컬어지는 가우스(Gauss, 독일의 수학자, 1777~1855)는 일찍이 이렇게 말한 적이 있습니다.

"수학은 과학의 황후이고, 수론은 수학의 황후이다."

정수(整數)의 왕국에는 곳곳에 선인(先人)들이 후세 사람들에게 남긴 열매가 우리들이 따기를 기다리고, 곳곳에 사람을 매혹시키는 문제들이 우리들을 기다리고 있습니다. 이 황홀한 세계는 우리들에게 활동 무대를 마련해 주고 있습니다.

미국의 수학자 U. 트델리는 이렇게 말하였습니다.

"수학의 천재를 발견하려면 초등 수학에서 수론보다 더 훌륭한 과목은 없다."

1. 숫자를 채워서 계산하기

계산할 때 10, 100, 1000, …을 채워서 계산하면 계산이 빨라집니다. 이는 늘 사용하는 속셈 방법의 하나입니다.

예제 01

$63+294+37+54+6$을 계산하시오.

| 풀이 | 원식 $=(63+37)+(294+6)+54$

$=100+300+54=454$

예제 02

$27.6+16.5+72.4+18.7+43.5$를 계산하시오.

| 풀이 | 원식 $=(27.6+72.4)+(16.5+43.5)+18.7$

$=100+60+18.7=178.7$

예제 03

$9+99+999+9999$를 계산하시오.

| 분석 | 수 9, 99, …에 접근하는 덧셈 계산에서는 흔히 10, 100, 1000을 채운 후 다시 더한 수를 빼버립니다.

| 풀이 | 원식$=(10-1)+(100-1)+(1000-1)+(10000-1)$

$=10+100+1000+10000-4$

$=11110-4=11106$

예제 04

75×16을 계산하시오.

| 분석 | 소인수분해를 이용합니다.

| 풀이 | 원식$=3\times25\times4\times4$

$=(3\times4)\times(25\times4)$

$=12\times100=1200$

예제 05

69×125를 계산하시오.

| 분석 | $125\times8=1000$이기 때문에 먼저 1000을 채워서 계산한 후 다시 8로 나누면 계산이 간편해집니다.

| 풀이 | 원식$=69000\div8=8625$

이 방법을 이용하여 $18000\div125$를 간편하게 계산해 보시오.

$18000\div125=$

어떻게 풀까요?

연습문제 01-1

본 단원의 대표문제이므로 충분히 익히세요.

01 $703+247+53+197=$

02 $3.8+17.5+16.2+2.5=$

03 $20.43+67.08+1.57+2.92=$

04 $999+9+9999=$

05 $999+98+7+9996=$

06 $4998+995+2997+999=$

07 $3728-989=$

08 $2537-1988=$

09 $125 \times 64 =$ $75 \times 24 =$

10 $45 \times 18 =$ $55 \times 160 =$

11 $625 \times 36 =$ $725 \times 32 =$

12 78×125 $63 \times 125 =$

13 $37000 \div 125 =$ $42000 \div 125 =$

14 $900 \div 25 =$ $351 \div 25 =$

15 $647 \div 25 =$ $2363 \div 25 =$

2. 계산 순서 바꾸기

어떤 식의 계산 순서를 바꾸면 계산이 간편해질 때가 많습니다.

예제 06

$52.7-18.4-31.6$을 계산하시오.

| 풀이 | 원식$=52.7-(18.4+31.6)$

$=52.7-50=2.7$

예제 07

$843-(268+343)+121$을 계산하시오.

| 풀이 | 원식$=843-268-343+121$

$=843-343-268+121$

$=500-268+121$

$=232+121=353$

예제 08

36×998을 계산하시오.

| 풀이 | 원식$=36\times(1000-2)$

$=36\times1000-36\times2$

$=36000-72=35928$

예제 09

$(125\times99+125)\times16$을 계산하시오.

| 풀이 | 원식$=\{125\times(99+1)\}\times16$

$=12500\times16=12500\times8\times2$

$=100000\times2=200000$

예제 10

$(72+36)\div12$를 계산하시오.

| 풀이 | 원식$=72\div12+36\div12$

$=6+3=9$

어떻게 풀까요?

연습문제 01-2

본 단원의 대표문제이므로 충분히 익히세요.

01 $493-146-154=$

02 $56.9-(25.8+16.9)=$

03 $3.08-(2.08+0.5)=$

04 $73\times99=$

05 $68\times199=$

06 $54\times102=$

07 $36\times201=$

연습문제 01-2

본 단원의 대표문제이므로 충분히 익히세요.

08 $1786-989=$

09 $2367-995=$

10 $256\times98+3\times256=$

11 $(63+72)\div9=$

12 $750\div(25\times5)=$

13 $630\div(21\times6)=$

3. 곱셈

곱셈 계산은 비교적 복잡하지만 그 속에도 **특수한 규칙성**이 있으므로, 이런 규칙성을 잘 이용하기만 하면 계산을 간단하게 할 수 있습니다.

(1) 십의 자릿수가 같고 일의 자릿수의 합이 10인 두 자리 수의 곱셈
(일의 자리수가 5인 두 자리 수의 제곱을 포함)

예제 11

계산식을 이용하여 다음 문제들을 계산하시오.

$24 \times 26 =$　　　　$38 \times 32 =$

$57 \times 53 =$　　　　$79 \times 71 =$

| 풀이 |

24 — 곱해지는 수	38	57	79
×26 — 곱하는 수	×32	×53	×71
144	76	171	79
48	114	285	553
624	1216	3021	5609

이들 곱셈 값의 마지막 두 자리 수는 곱해지는 수와 곱하는 수의 어느 두 숫자의 곱인가, 이들 곱한 값의 백의 자리수와 천의 자리수는 **곱해지는 수와 곱하는 수의 어느 숫자와 그 숫자에 1을 더한 수의 곱셈 값**인가를 관찰해 봅니다.

관찰을 통해 규칙성을 찾을 수 있습니까?

이 규칙성을 이용한다면 답을 직접 쓸 수 있습니다.

다음 문제들을 계산해 보시오.

13	34	42	67	96
×17	×36	×48	×63	×94
221	(　　)24	20(　　)	(　　)21	(　　)

끝자리 수가 5인 두 자리 수의 제곱을 구할 때에도 마찬가지로 이 규칙성을 이용할 수 있습니다. 다음 문제들을 계산해 보시오.

25	45	35	65
×25	×45	×35	×65
625	2025	(　　)	(　　)

(2) 일의 자릿수가 같고 십의 자릿수의 합이 10인 두 자리 수의 곱셈

예제 12

다음 문제들을 계산식을 이용하여 계산하시오.

$21\times81=$　　　　$32\times72=$

$45\times65=$　　　　$46\times66=$

| 풀이 |

$$\begin{array}{r} 21 \\ \times 81 \\ \hline 21 \\ 168 \\ \hline 1701 \end{array} \qquad \begin{array}{r} 32 \\ \times 72 \\ \hline 64 \\ 224 \\ \hline 2304 \end{array} \qquad \begin{array}{r} 45 \\ \times 65 \\ \hline 225 \\ 270 \\ \hline 2925 \end{array} \qquad \begin{array}{r} 46 \\ \times 66 \\ \hline 276 \\ 276 \\ \hline 3036 \end{array}$$

이들 곱셈 값의 **마지막 두 자리 수는 곱해지는 수와 곱하는 수의 어느 두 숫자의 곱셈 값**인가, **이들 곱셈 값의 백의 자리수와 천의 자리수는 곱해지는 수와 곱하는 수의 어느 두 숫자의 곱에 어느 숫자를 더한 값**인가를 잘 관찰합니다.

그 규칙성을 찾아내어 다음 문제들을 계산해 봅시다.

$$\begin{array}{r} 61 \\ \times 41 \\ \hline 2501 \end{array} \qquad \begin{array}{r} 37 \\ \times 77 \\ \hline (\quad)49 \end{array}$$

$$\begin{array}{r} 25 \\ \times 85 \\ \hline 21(\quad) \end{array} \qquad \begin{array}{r} 16 \\ \times 96 \\ \hline (\quad\quad) \end{array}$$

(3) 승수가 11일 때의 간편한 계산법

예제 13

다음 문제들을 계산식을 이용하여 계산하시오.

$27\times11=$　　　　$35\times11=$

| 풀이 |

$$\begin{array}{r} 27 \\ \times 11 \\ \hline 27 \\ 27 \\ \hline 297 \end{array} \qquad\qquad \begin{array}{r} 35 \\ \times 11 \\ \hline 35 \\ 35 \\ \hline 385 \end{array}$$

위의 두 문제의 관찰을 통해 **곱셈의 숫자와 곱해지는 수의 숫자 사이에 어떤 관계가 있는가, 곱셈 값의 처음과 끝의 두 숫자와 곱해지는 수 앞뒤 두 숫자의 관계는 어떠한가, 곱셈 값의 중간의 숫자는 곱해지는 수 중 이웃한 두 숫자의 무엇인가**를 알 수 있습니다. 이와 같은 규칙성을 이용하여 다음 문제들을 계산해 봅니다.

$$\begin{array}{r} 42 \\ \times 11 \\ \hline (\qquad) \end{array} \qquad \begin{array}{r} 34 \\ \times 11 \\ \hline (\qquad) \end{array} \qquad \begin{array}{r} 62 \\ \times 11 \\ \hline (\qquad) \end{array} \qquad \begin{array}{r} 271 \\ \times \ \ 11 \\ \hline (\qquad) \end{array}$$

곱해지는 수가 세 자리 수일 때 곱셈 값의 중간의 두 숫자는 각각 곱해지는 수의 어느 숫자의 합인지 생각해 봅니다.

예제 14

다음 문제들을 계산식을 이용하여 계산하시오.

$65 \times 11 =$ $\qquad\qquad$ $76 \times 11 =$

| 풀이 |

$$\begin{array}{r} 65 \\ \times 11 \\ \hline 65 \\ 65 \\ \hline 715 \end{array} \qquad\qquad \begin{array}{r} 76 \\ \times 11 \\ \hline 76 \\ 76 \\ \hline 836 \end{array}$$

위에서 규칙성을 찾아냈습니까? 어떤 다른 점이 있습니까?

곱해지는 수의 이웃한 두 숫자의 합이 10이 될 때 어떻게 하겠습니까?

규칙성을 찾아내서 답을 직접 써내려 가시오.

6 5×11=715 $\qquad\qquad$ 8 7×11=957

7 1 5 $\qquad\qquad\qquad$ 9 5 7

생각해 봅니다.

7 8×11=(　　　　　)　　　　4 9×11=(　　　　　)

4 8 2×11=(　　　　　)　　　　7 4 8×11=(　　　　　)

(4) 기타

예제 15

다음 문제들을 계산식을 이용하여 계산하시오.

$41\times51=$　　　　$61\times21=$

$31\times81=$　　　　$51\times51=$

| 풀이 |

41	61	31	51
×51	×21	×81	×51
41	61	31	51
205	122	248	255
2091	1281	2511	2601

관찰을 통해 스스로 규칙성을 찾아내고 다음 문제들의 답을 직접 쓰시오.

$31\times51=$(　　　　　)　　　　$41\times71=$(　　　　　)

예제 16

다음 문제들을 계산식을 이용하여 계산하시오.

$53\times101=$　　$76\times101=$　　$101\times76=$

| 풀이 |

```
   53        76       101
 ×101      ×101     ×  76
 ----      ----     -----
   53        76       606
   0         0       707
 53        76       -----
 ----      ----      7676
 5353      7676
```

규칙성을 찾아내어 다음 문제들의 답을 직접 쓰시오.

$84\times101=$(　　　　)

$9389\times10001=$(　　　　)

$786532\times1000001=$(　　　　)

어떻게 풀까요?

연습문제 01-3

본 단원의 대표문제이므로 충분히 익히세요.

01 $36\times34=$　　$41\times49=$

$68\times62=$　　$72\times78=$

$75\times75=$　　$85\times85=$

02 $43\times63=$　　$37\times77=$

$82\times22=$　　$64\times44=$

$38\times78=$　　$24\times84=$

03 $26\times11=$　　$43\times11=$

$52\times11=$　　$36\times11=$

$27\times11=$　　$45\times11=$

04 $83\times11=$　　$75\times11=$

$94\times11=$　　$59\times11=$

05 $418\times11=$ $325\times11=$

$634\times11=$ $714\times11=$

$532\times11=$ $243\times11=$

06 $564\times11=$ $385\times11=$

$476\times11=$ $297\times11=$

$827\times11=$ $629\times11=$

07 $21\times51=$ $41\times31=$

$71\times21=$ $31\times61=$

08 $81\times41=$ $61\times51=$

$31\times91=$ $71\times61=$

09 $64\times101=$ $97\times101=$

$26\times101=$ $73\times101=$

4. 등차수열

(1) 삼각형의 개수 세기

어떤 수학 문제에는 규칙성이 있는데, 그 규칙성을 찾아내어 문제 풀이에 적용한다면 계산이 훨씬 간단해질 수 있습니다.

아래에 삼각형의 개수 세기에 어떤 규칙성이 있는가를 살펴보기로 합시다.

예제 17

다음 각각의 도형에 삼각형이 몇 개 있는지 세어 보시오.

| 풀이 | 삼각형의 개수를 셀 때 규칙성에 따라 세어야 중복되는 것과 누락되는 것을 피할 수 있습니다.

예 삼각형이 1개, 2개, 4개 들어 있는 삼각형을 따로따로 센 다음 모두를 합치면 됩니다.

도형	삼각형 1개 포함	삼각형 2개 포함	삼각형 3개 포함	삼각형 4개 포함	총수
	2	1			3
	3	2	1		6
	4	3	2	1	10

위 문제의 관찰을 통해 삼각형의 개수 세기에 숨어 있는 규칙성을 찾아낼 수 있었습니까?

그 규칙성을 이용하여 다음 그림에 삼각형이 모두 몇 개 있는가를 알아맞춰 봅시다.

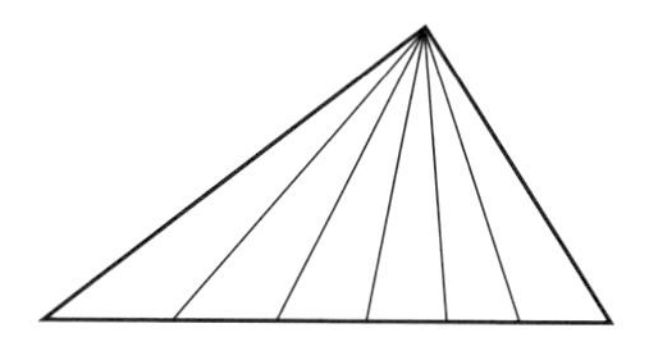

삼각형의 개수를 셀 때 다음과 같은 규칙성을 가진 수열(수의 나열), 즉 차례로 일정한 숫자만큼 감소(또는 증가)되는 수들을 만나게 됩니다.

예 $4 \xrightarrow{-1} 3 \xrightarrow{-1} 2 \xrightarrow{-1} 1$(−1은 1이 감소됨을 표시함)

이와 같이 수열의 수가 차례로 일정한 수(=공차)만큼 증가(또는 감소)된다면 이 수열을 등차수열이라 부릅니다.

예 1, 3, 5, 7, 9, 11
0, 2, 4, 6, 8, 10
5, 5, 5, 5, 5, 5

는 모두 등차수열입니다.

등차수열 중의 각 수를 차례로 등차수열의 제1항, 제2항, 제3항, …이라고 부릅니다. 제1항을 첫째항(초항), 제일 마지막 항을 끝항이라고도 부릅니다.

삼각형의 개수 세기에서 찾아낸 규칙성을 이용하여 아래 그림에 있는 선분의 개수를 셀 수 있습니까?

A B C D E F G

직선 위에는 모두 7개의 점이 있으므로 모두를 합한 선분의 개수는

$$6+5+4+3+2+1=21(\text{개})$$

직선 위의 한 점은 직선을 두 개 부분, 즉 두 개의 선으로 나눕니다.

이 직선위에 모두 7개의 점이 있으므로 반직선은 모두

$$2\times 7=14(\text{개})$$

(2) 등차수열의 각 항의 합 계산하기(유한개)

예제 18

$$1+2+3+\cdots+99+100$$

| 풀이 | 원식 $=(1+100)+(2+99)+\cdots+(50+51)$

$=101+101+\cdots+101$

$=101\times(100\div2)=5050$

연속적인 자연수로 배열된 수열은 당연히 등차수열입니다.
위의 예제에서 등차수열의 합 계산 공식을 추리하면 다음과 같습니다.

등차수열의 합=(첫째항+끝항)× 항의 개수÷2

독일의 수학자 가우스가 초등학교를 다닐 때 선생님이 위의 문제를 내었는데, 10살밖에 안 되는 가우스가 이 방법을 적용하여 재빨리 정답 5050을 얻어내어 같은 반 학생들을 크게 놀라게 하였답니다.

예제 19

$$1+3+5+\cdots+97+99$$

| 풀이 | 1부터 100까지 이 100개 수 중에 홀수와 짝수가 각각 절반을 차지하므로 항의 개수는 50입니다.

또한 1, 3, 5, …, 99는 등차수열이므로

원식 $=(1+99)\times50\div2=50\times50=2500$

이로부터 n개 홀수의 합을 어떻게 속셈하는지를 알 수 있겠습니까?

다음 물음에 답하시오.

$1+3+5+\cdots+197+199=$

예제 20

등차수열 1, 4, 7, 10, ⋯, 301의 각 항의 합을 구하시오.

| 분석 | 먼저 이 수열의 항의 개수를 구하여야 합니다.
이 수열의 제2항으로부터 시작하여 각각의 항은 앞의 항보다 3이 큽니다. 다시 말해서 두번째 수는 첫번째 수보다 3이 1개 더 많고, 세번째 수는 첫번째 수보다 3이 2개 더 많고, ⋯, n번째 수(301)는 첫번째 수보다 3이 $(n-1)$개 더 많습니다.
그러므로

항의 개수 $n=(301-1)\div3+1=101$

항의 개수를 구하는 일반 공식은

항의 개수=(끝항−첫째항)÷공차(=차이 나는 수)+1

위의 공식은 뒷항이 앞항보다 큰 등차수열에 적합합니다.
만일 뒷항이 앞항보다 작다면 어떻게 구합니까?
생각해 봅니다.

| 풀이 | $1+4+7+10+\cdots+301$
$=(1+301)\times101\div2=151\times101$
$=15251$

위의 분석을 통해 등차수열 중의 임의의 항을 구하는 공식을 추리해 낼 수 있습니다.

임의의 항=첫째항+공차×(항의 개수−1)

이 공식은 뒷항이 앞항보다 큰 등차수열에 적합합니다.
만일 뒷항이 앞항보다 작다면 (+)를 (−)로 바꾸면 됩니다.
예제 20에서 제51항$=1+3\times(51-1)=151$인데 101개 수의 중간에 놓인다 하여 '중간수'라고 합니다.
위의 계산에서 볼 수 있는 바와 같이 항의 개수가 홀수일 때 수열의 합은 중간수× 항의 개수와 같습니다.

예제 21

바구니 10개와 탁구공 44개가 있습니다. 이 탁구공 44개를 바구니에 넣되 어떤 두 바구니 속의 탁구공 개수가 다르게 할 수 있습니까?

| 풀이 | 문제의 뜻에 따르면 어떤 두 바구니 속의 탁구공 개수가 적어도 1개의 차이가 있어야 합니다.

그러므로 첫번째 바구니에는 탁구공을 넣지 않고, 두번째 바구니에는 탁구공을 1개 넣고, 그 뒤의 각각의 바구니에는 바로 앞의 바구니보다 탁구공을 1개 더 넣는다고 가정할 수 있습니다.

그러면 필요한 탁구공이 적어도

$$0+1+2+3+4+5+6+7+8+9=45(\text{개})$$

그러나, 탁구공이 44개밖에 없으므로 어떤 두 바구니 속의 탁구공의 개수가 같게 됩니다. 따라서 문제의 뜻을 만족시킬 수 없습니다.

(3) 직사각형의 개수 세기

선분의 개수를 세는 방법을 배운 기초 위에서 이제 직사각형(정사각형도 포함)의 개수를 세는 방법을 배우기로 합시다.

예제 22

다음 그림의 각 도형 중에 있는 정사각형의 개수를 세어 보고 어떤 규칙성이 있는가를 분석해 보시오.

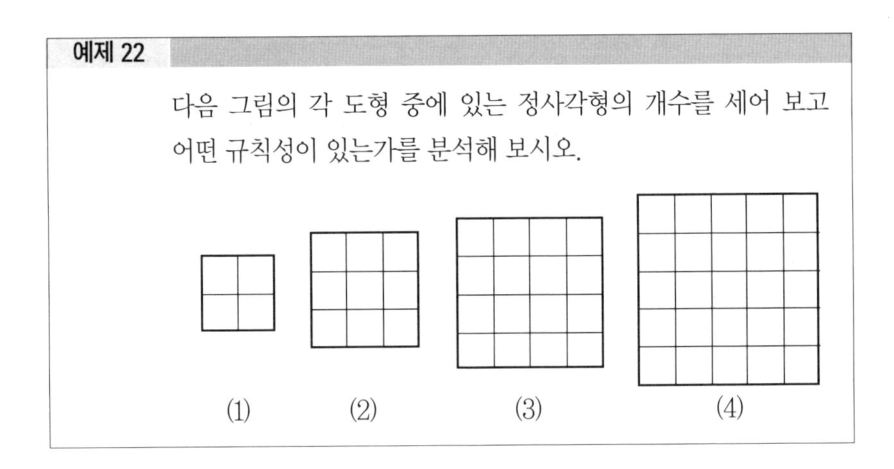

| 분석 | 정사각형의 개수를 셀 때 정사각형들의 변의 길이에 따라서 분류하는 것이 요령입니다.

즉, (1)의 경우 변의 길이가 2인 사각형은 $1\times1=1$개 들어 있고, 변의 길이가 1인 정사각형은 $2\times2=4$개 들어 있습니다.

| 풀이 | 개수를 센 것을 표로 나타내면 다음과 같습니다.

	변의 길이 5	변의 길이 4	변의 길이 3	변의 길이 2	변의 길이 1	총 수
(1)				1×1	2×2	5개
(2)			1×1	2×2	3×3	14개
(3)		1×1	2×2	3×3	4×4	30개
(4)	1×1	2×2	3×3	4×4	5×5	55개

위의 계산을 통해 다음과 같은 규칙성을 찾아내기가 어렵지 않습니다.

만일 큰 정사각형의 변의 길이에 n개 단위가 포함되었다면 모든 정사각형의 개수는

$$1\times1+2\times2+3\times3+\cdots+n\times n(\text{개})$$

즉, $1^2+2^2+3^2+\cdots+n^2$(개)

예제 23

아래 그림에 직사각형이 몇 개 있는가를 세어 보고 어떤 규칙성이 있는지 생각해 보시오.

| 풀이 | 큰 직사각형의 길이에는 $3+2+1=6$개의 선분이 있는데 각각의 선분은 큰 직사각형의 너비와 함께 하나의 직사각형을 구성하므로 모두 6개의 직사각형이 있게 됩니다.

큰 직사각형의 너비에는 $2+1=3$개의 선분이 있는데 각각의 선분은 큰 직사각형의 길이와 함께 1개의 직사각형을 구성하므로 모두 3개의 직사각형이 있게 됩니다.

따라서 직사각형이 모두 $6\times3=18$개 있습니다.

이로부터 큰 직사각형의 길이와 너비에 각각 들어 있는 선분의 개수를 구한 다음, 두 수를 곱하여 얻은 곱셈의 값이 곧 모든 직사각형의 개수라는 것을 알 수 있을 것입니다.

예제 22의 (4)에 있는 직사각형(정사각형도 포함)의 개수는

$$(5+4+3+2+1)\times(5+4+3+2+1)=225(\text{개})$$

어떻게 풀까요?

연습문제 01-4

본 단원의 대표문제이므로 충분히 익히세요

01 다음 그림에서 (1)에 선분이 몇 개 있습니까? (　　　　)개

(2)에 예각(직각보다 작은 각)이 몇 개 있습니까? (　　　　)개

(3)에 삼각형이 몇 개 있습니까? (　　　　)개

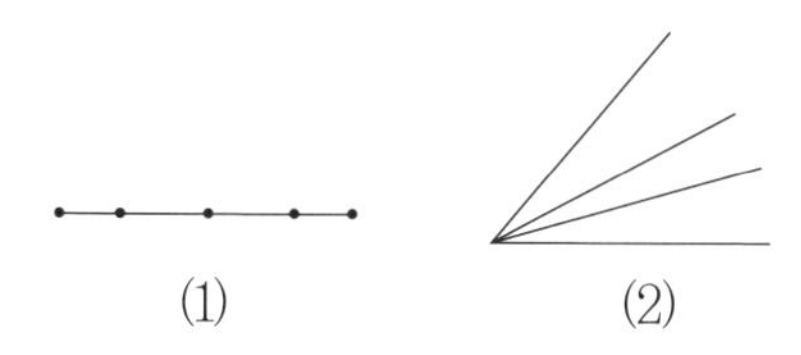

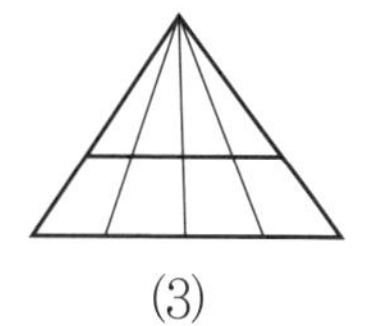

(1)　　(2)　　(3)

02 **다음을 읽고 물음에 답하시오.**

(1) 자연수열에서 1～60까지의 합은 얼마입니까?

(2) $2+4+6+\cdots+18+20$은 얼마입니까?

(3) $21+22+23+\cdots+39+40$은 얼마입니까?

03 다음 그림에서 (1)에 직사각형이 (　　　)개 있습니다.

(2)에 평행사변형이 (　　　)개 있습니다.

(3)에 삼각형이 (　　　)개 있습니다.

(4)에 삼각형이 (　　　)개 있습니다.

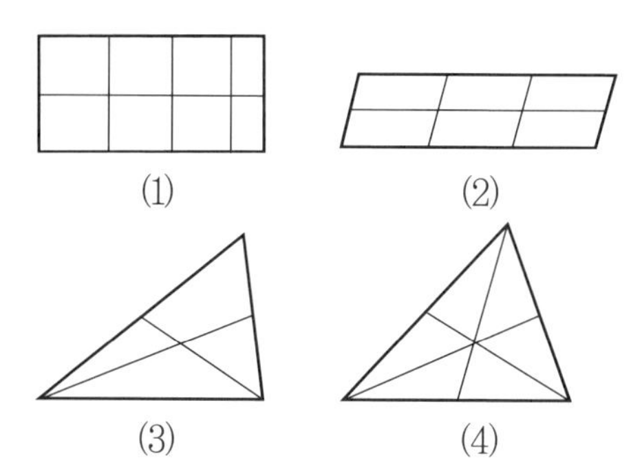

(1)　　(2)

(3)　　(4)

02 숫자 수수께끼 (1)

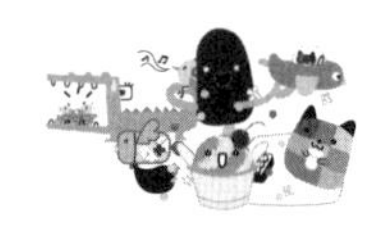

1. 계산식에서 연산 기호 및 괄호 써넣기

주어진 숫자와 요구에 따라 각종 연산 기호 또는 괄호를 써넣는 연습을 하면 사칙연산에 대한 깊은 이해와 계산 능력을 키우며 원활하고 재빠르게 생각할 수 있는 능력을 키우는 데 도움이 됩니다.

예제 01

아래의 식에 $+$, $-$, $\times$, $\div$, $(\quad)$를 써넣어 계산식이 성립되게 하시오.

$$1 \quad 2 \quad 3 \quad 4 \quad 5=10$$

| 풀이 | 계산 결과인 10으로부터 생각해야 하는데, 계산식 중 다섯번째 수가 5이므로, 그 앞에 다른 연산 기호를 쓴다면 앞의 과정에서 얻은 계산 결과도 따라서 달라져야 합니다.

예 마지막 계산 과정에서 '+'를 선택한다면 앞의 몇 개 과정에서 얻은 결과가 5이어야 하고, '−'를 선택한다면 앞의 몇 개 과정에서 얻은 계산 결과가 15이어야 하고, …이런 추리 방법으로 한 걸음 한 걸음 나아가면 됩니다.

이 문제에서 각종 가능한 상황을 하나하나 분석한다면 다음과 같은 계산식을 얻게 됩니다.

$$(1+2)\div3+4+5=10$$
$$(1+2)\times3-4+5=10$$
$$(1+2+3-4)\times5=10$$

이런 방법으로 다른 계산식을 찾아보시오.

예제 02

+, −, ×, ÷, ( )를 써넣어 계산식이 성립되게 하시오.

(1) 3　3　3　3　3=1

(2) 3　3　3　3　3=2

(3) 3　3　3　3　3=3

(4) 3　3　3　3　3=4

(5) 3　3　3　3　3=5

| 분석 | 생각할 때 계산 결과로부터 실마리를 얻어, 사칙연산의 의미와 순서를 생각하면서 알맞은 수를 써넣어 계산식이 성립되게 합니다.

| 풀이 | $\{(3+3)\div 3\}-(3\div 3)=1$

$(3\times 3\div 3)-(3\div 3)=2$

$(3\times 3\div 3)+(3-3)=3$

$(3\times 3\div 3)+(3\div 3)=4$

$(3\div 3+3\div 3+3)=5$

이 예제에서 알맞은 연산 기호 및 괄호를 써넣어 결과가 각각 6, 7, 8, 9, 10이 되게 할 수 없습니까?

예제 03

아래의 식에 + 기호만 사용하여 등식이 성립되게 하시오.

9　8　7　6　5　4　3　2　1=99

| 분석 | 이 문제를 푸는 요령은 필요에 따라 이웃한 몇 개 숫자로 한 개의 수를 구성하는 데 있습니다.

| 풀이 | $9+8+7+6+5+43+21=99$

위의 방법에 따라 다른 식을 만들어 보시오.

어떻게 풀까요?

연습문제 02-1

본 단원의 대표문제이므로 충분히 익히세요.

01 아래의 계산식에 일부 연산 기호를 써넣어 그 결과가 51이 되게 하시오.

(1) 1　2　3　4　5　6　7=51

(2) 2　3　4　5　6　7　1=51

(3) 3　4　5　6　7　1　2=51

(4) 4　5　6　7　1　2　3=51

(5) 5　6　7　1　2　3　4=51

02 아래의 계산식에 +, −, ×, ÷, (　)를 써넣어 등식이 성립되게 하시오.

(1) 3　3　3　3=1

(2) 3　3　3　3=2

(3) 3　3　3　3=3

(4) 3　3　3　3=4

(5) 3　3　3　3=5

(6) 1　2　3=1

(7) 1　2　3　4=1

(8) 1　2　3　4　5=1

(9) 1　2　3　4　5　6=1

(10) 1　2　3　4　5　6　7=1

03 **다음을 읽고 물음에 답하시오.**

(1) 4개의 5로 계산식 하나를 만들어 결과가 24가 되게 하시오.

(2) 3개의 6으로 계산식 하나를 만들어 결과가 7이 되게 하시오.

(3) 4개의 4로 계산식 두 개를 만들어 그 결과가 각각 20, 16이 되게 하시오.

(4) 8개의 8로 계산식 하나를 만들어 그 결과가 81이 되게 하시오.

04 1, 2, 3, 4, 5, 6, 7, 8, 9의 9개 수가 있습니다. 이 9개 숫자 사이에 +, − 두 가지 기호를 써넣어 그 결과가 100이 되게 하시오(숫자의 순서는 바꾸지 못합니다).

05 아래의 계산식에 +, −, ×, ÷, (　)를 써넣어 등식이 성립되게 하시오.

(1) 3　3　3　3　3=5

(2) 3　3　3　3　3=5

(3) 3　3　3　3　3=5

(4) 3　3　3　3　3=5

(5) 3　3　3　3　3=5

2. 복면산(세로셈의 빈칸에 적당한 수 써넣기)

세로셈의 과정을 더듬어서 빠진 숫자 써넣기를 하면 덧셈과 뺄셈, 곱셈과 나눗셈의 역관계를 파악하고, **논리 추리 능력**을 키우는 데 도움이 됩니다.

예제 04

아래의 계산식에 빠진 숫자를 써넣으시오.

$$\begin{array}{r} (\ )\ 3\ (\ )(\ ) \\ +\ 5\ (\ )\ 0\ \ 7 \\ \hline 7\ \ 0\ \ 9\ \ 2 \end{array} \qquad \begin{array}{r} (\ )\ 0\ (\ )(\ ) \\ -\ 2\ (\ )\ 0\ \ 5 \\ \hline 3\ \ 6\ \ 4\ \ 7 \end{array}$$

| 분석 | 덧셈, 뺄셈 법칙과 덧셈, 뺄셈의 역관계에 근거하여 덧셈 계산시 뺄셈 계산을 생각하고, 뺄셈 계산시 덧셈 계산을 생각해 봅니다.

| 풀이 |

$$\begin{array}{r} (1)\ 3\ (8)\ 5 \\ +\ 5\ (7)\ 0\ \ 7 \\ \hline 7\ \ 0\ \ 9\ \ 2 \end{array} \qquad \begin{array}{r} (6)\ 0\ (5)(2) \\ -\ 2\ (4)\ 0\ \ 5 \\ \hline 3\ \ 6\ \ 4\ \ 7 \end{array}$$

예제 05

아래의 계산식에서 알파벳이 나타내는 수를 써넣으시오.
(같은 알파벳은 같은 수를 표시합니다.)

$$\begin{array}{r} aa \\ +\ a \\ \hline 84 \end{array} \qquad \begin{array}{r} abc \\ +cba \\ \hline 444 \end{array}$$

| 분석 | 같은 숫자를 더하여 얻은 결과에서 이 숫자를 찾아낸 다음 계속 분석하고 추리합니다.

| 풀이 |

$$\begin{array}{r} 77 \\ +\ 7 \\ \hline 84 \end{array} \qquad \begin{array}{r} 123 \\ +321 \\ \hline 444 \end{array}$$

예제 06

다음 합을 만족시키는 두 숫자를 구하시오.
(두 수의 각각 일의 자릿수의 합은 10을 넘지 않습니다.)

```
     ( )( )
   + ( )( )
   ────────
    1  2  6
```

| 분석 | 수의 구성에 따르면 일의 자리 두 수의 합이 6, 십의 자리 두 수의 합이 12이므로 네 숫자의 합은 18입니다.

| 풀이 |

```
  72
 +54
 ───
 126   ※ 또 다른 답도 가능합니다.
```

만일 일의 자리 두 숫자의 합이 16이 된다면 네 숫자의 합이 여전히 18이 될 수 있습니까?

예제 07

다음의 계산식에 빠진 숫자를 써넣으시오.

```
  ( )( ) 7                 6 ( )
 ×       ( )             × 3  5
 ──────────              ───────
 2 9 ( ) 3                3  3 ( )
                       1 ( ) 8
                       ─────────
                      ( )( )( )( )
```

| 분석 | 주어진 수로부터 착안하여 먼저 첫번째 과정(수 29( )3, 33( )을 얻는 과정을 말함)을 생각해서 초보적인 범위를 확정한 다음 두번째 과정을 생각합니다.

| 풀이 |

```
  (3)(2) 7                 6 (6)
 ×      (9)              × 3  5
 ──────────              ───────
 2 9 (4) 3                3  3 (0)
                       1 (9) 8
                       ─────────
                      (2)(3)(1)(0)
```

예제 08

알맞은 수를 써넣어 다음 계산식이 성립되게 하시오.

$$\begin{array}{rrrrr} & (\ ) & 0 & (\ ) \\ \times & & (\ ) & 6 \\ \hline & 5 & (\ ) & 2 & (\ ) \\ (\ ) & (\ ) & (\ ) & 6 & \\ \hline 4 & (\ ) & 5 & 8 & (\ ) \end{array}$$

| 풀이 | 곱하는 수의 일의 자릿수와 곱해지는 수의 곱셈 값에 있는 2로부터 몇에 6을 곱하면 이십 몇이 되는가를 생각해 보고, 5로부터 몇에 6을 곱하면 오십 몇이 되는가를 생각해 봅시다.

다음 곱하는 수의 십의 자릿수와 곱해지는 수의 곱셈 값 중의 6으로부터 4에 몇을 곱하면 일의 자릿수가 6이 되겠는가를 생각합니다(곱해지는 수의 일의 자릿수가 이미 4로 확정되었기 때문입니다).

$$\begin{array}{rrrrr} & (9) & 0 & (4) \\ \times & & (4) & 6 \\ \hline & 5 & (4) & 2 & (4) \\ (3) & (6) & (1) & 6 & \\ \hline 4 & (1) & 5 & 8 & (4) \end{array}$$

예제 09

다음 계산식에서 알파벳이 표시하는 숫자를 써넣으시오.
(같은 알파벳은 같은 숫자를 표시합니다.)

$$\begin{array}{r} 1abcde \\ \times \qquad 3 \\ \hline abcde1 \end{array}$$

| 분석 | 먼저 3과 몇을 곱한 곱셈 값의 일의 자릿수가 1인가를 생각한 다음 e를 확정합니다.

다음 3과 몇을 곱한 값의 일의 자릿수가 e에서 올려받은 수를 더한 것과 같은가를 생각합니다. 이렇게 하나하나 추리하여 결과를 얻습니다.

```
  142857
×      3
────────
  428571
```

예제 10

알맞은 수를 써넣어 다음 계산식이 성립되게 하시오.

(1)
```
            1 ( )
       ┌─────────
( )( ) │1 ( ) 2
        1 ( )
        ─────────
          7 ( )
         ( )( )
        ─────────
              0
```

(2)
```
            2 ( )
       ┌─────────
( )( ) │7 ( ) 2
        6 ( )
        ─────────
        1 ( ) 2
        1 ( ) 2
        ─────────
              0
```

| 분석 | 주어진 수로부터 착안하여 곱셈에 근거해서 나누는 수를 써넣고, 나누는 수 · 나눠지는 수와 몫(나누어 얻은 수)의 관계에 근거하여 한 걸음 더 나아가 생각합니다.

| 풀이 | (1) 몫의 첫자리 숫자 1과 나누는 수와 곱하여 얻은 수 1( )에 근거하여 나누는 수의 십의 자릿수가 1임을 알 수 있습니다. 수 7로부터 나눠지는 수의 십의 자릿수가 7, 8, 9 중 어느 한 수임을 알 수 있습니다. 그런데 7은 될 수 없습니다. 왜냐하면 7이라면 나누는 수의 일의 자릿수가 0이어야 하므로 나누어 떨어질 수 없기 때문입니다. 만일 8이라면 나누는 수의 일의 자릿수가 1이어야 하므로 나중에 나누어 떨어질 수 없게 됩니다. 그러므로 나눠지는 수의 십의 자리 숫자는 9일 수밖에 없습니다. 이때 나누는 수의 일의 자리 숫자는 2만이 가능합니다. 따라서 몫의 일의 자리 숫자는 6입니다.

```
             1 (6)
         ┌─────────
(1)(2)   │1 (9) 2
          1 (2)
          ─────────
            7 (2)
           (7)(2)
          ─────────
                0
```

(2) 몫 2( ) 및 6( )에 근거하여 나누는 수의 십의 자리 숫자로 3만이 가능하다는 것을 알 수 있습니다.

다음 1( )2가 나누어 떨어지는 것으로부터 나누는 수와 몫의 일의 자리 숫자로 3과 4 또는 4와 3만이 가능함을 알 수 있습니다(그 이유는 다른 두 수의 곱, 즉 4×8, 6×2, 6×7도 일의 자리 숫자가 2이지만, 시험한 결과 ( ) 안에 맞는 수를 써넣을 수 없기 때문입니다).

따라서 이 문제는 두 가지의 다른 써넣기 방법이 있습니다. 즉,

```
             2 (4)                       2 (3)
(3)(3))7 (9) 2          (3)(4))7 (8) 2
       6 (6)                   6 (8)
       ---------               ---------
       1 (3) 2                 1 (0) 2
       1 (3) 2                 1 (0) 2
       ---------               ---------
             0                       0
```

곱하기 · 나누기의 복면산을 잘하려면 곱셈, 나눗셈 및 끝자리 수, 참과 거짓 등의 뜻을 잘 알아야 할 뿐만 아니라 일정한 **종합 분석 능력**이 있어야 합니다. 그 중에서 특히 중요한 것은 문제 해결의 돌파구를 찾는 것입니다.

예 예제 10의 (1)번 문제 중의 수 '7', (2)번 문제 중의 1( )2가 나누어 떨어지는 해답을 생각해 낸다면 문제는 쉽게 풀려 나가게 됩니다.

어떻게 풀까요?

연습문제 02-2

본 단원의 대표문제이므로 충분히 익히세요.

01 다음의 계산식에서 더하는 수(가수)의 일의 자릿수를 더하였을 때 올려 받지 않는다면 (　　) 안의 네 숫자의 합은 각각 얼마입니까?

$$\begin{array}{r} (\quad)(\quad) \\ +\,(\quad)(\quad) \\ \hline 1\ 5\ 8 \end{array} \qquad \begin{array}{r} (\quad)(\quad) \\ +\,(\quad)(\quad) \\ \hline 1\ 4\ 7 \end{array}$$

■ 알맞은 숫자를 써넣어 다음의 계산식이 성립되게 하시오.

02

$$\begin{array}{r} (\quad)\ 7\ (\quad)(\quad) \\ +\ 3\ (\quad)\ 4\ \ 6 \\ \hline 8\ \ 0\ \ 7\ \ 1 \end{array} \qquad \begin{array}{r} (\quad)\ 8\ (\quad)(\quad) \\ -\ 2\ (\quad)\ 4\ \ 7 \\ \hline 3\ \ 9\ \ 6\ \ 2 \end{array}$$

03

$$\begin{array}{r} 7\ (\quad)(\quad)\ 7 \\ +\,(\quad)\ 6\ \ 4\ (\quad) \\ \hline 9\ \ 2\ \ 8\ \ 5 \end{array} \qquad \begin{array}{r} 3\ (\quad)\ 4\ (\quad) \\ -\,(\quad)\ 9\ (\quad)\ 3 \\ \hline 1\ \ 2\ \ 7\ \ 8 \end{array}$$

04

$$\begin{array}{r} aa \\ +\ a \\ \hline 96 \end{array} \qquad \begin{array}{r} abc \\ +cab \\ \hline 648 \end{array}$$

05

$$\begin{array}{r} (\quad)(\quad)\ 5 \\ \times\qquad\quad (\quad) \\ \hline 7\ \ 3\ (\quad)\ 5 \end{array} \qquad \begin{array}{r} 7\ (\quad)(\quad) \\ \times\qquad\quad (\quad) \\ \hline 4\ \ 4\ (\quad)\ 8 \end{array}$$

06

$$\begin{array}{r} 8(\quad) \\ \times \quad 4\ 6 \\ \hline 4\ 9(\quad) \\ 3(\quad)2 \\ \hline 3(\quad)1(\quad) \end{array} \qquad \begin{array}{r} 5\ 7 \\ \times \quad (\quad)2 \\ \hline 1(\quad)4 \\ 3\ 9(\quad) \\ \hline 4\ 1(\quad)4 \end{array}$$

07

$$\begin{array}{r} (\quad)3(\quad) \\ \times \quad (\quad)5 \\ \hline 3(\quad)6(\quad) \\ 2(\quad)(\quad)8 \\ \hline 3(\quad)(\quad)4(\quad) \end{array} \qquad \begin{array}{r} (\quad)(\quad)2 \\ \times \quad 3(\quad) \\ \hline 3(\quad)(\quad)2 \\ 1\ 8(\quad)6 \\ \hline (\quad)(\quad)(\quad)5\ 2 \end{array}$$

08

$$\begin{array}{r} 8aac \\ \times \quad 4 \\ \hline 3aac8 \end{array} \qquad \begin{array}{r} 5abcde \\ \times \quad 3 \\ \hline 1abcde4 \end{array}$$

09

$$\begin{array}{r} 2(\quad) \\ (\quad)(\quad)\overline{)1(\quad)6(\quad)} \\ 1\ 6(\quad) \\ \hline 8(\quad) \\ 8(\quad) \\ \hline 0 \end{array}$$

10

$$\begin{array}{r} 0.(\quad)(\quad) \\ 12\overline{)(\quad)(\quad).(\quad)} \\ (\quad)(\quad)(\quad) \\ \hline (\quad)(\quad)(\quad) \\ (\quad)(\quad) \\ \hline 4 \end{array}$$

3. 방진 만들기

기하 도형 안에 수를 써넣는 것은 아주 재미있는 수학 문제로서, 사고의 원활함과 민첩성을 키우고 **지능을 개발**할 수 있습니다.

예제 11

1~9까지의 9개의 숫자를 각각 한 번씩만 그림 안에 써넣어 가로줄, 세로줄, 대각선 상에 놓인 세 수의 합이 15가 되게 하시오.

| 분석 | 먼저 각각 다른 수 3개를 더하여 15가 되는 계산식을 모두 나열합니다. 그러면 수 5가 나타나는 횟수가 가장 많으므로 5를 가운데에 있는 칸에 써넣어야 합니다.
8, 2, 4와 6은 세 번 나타나고 네 귀에, 1, 3, 7, 9는 두 번 나타나므로 가로줄과 세로줄의 중간에 써넣어야 합니다.

| 풀이 | 옆의 그림과 같이 써넣으면 됩니다.

2	7	6
9	5	1
4	3	8

예제 12

0.1, 0.2, …, 0.9의 9개 수를 각각 한 번씩만 다음 그림의 ○ 안에 써넣어 각 변의 네 수의 합이 2가 되게 하시오.

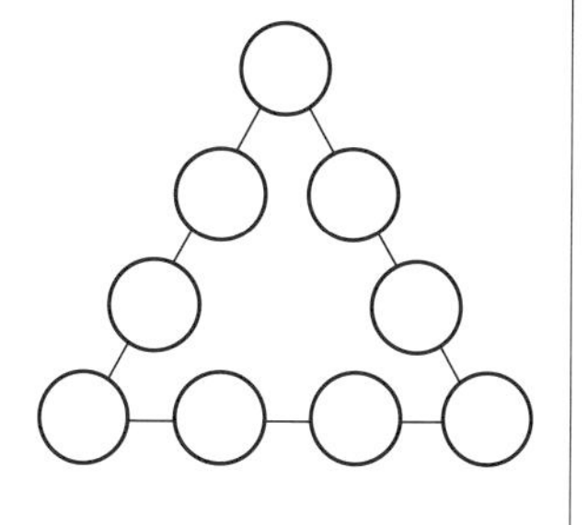

| 분석 | 예제 11의 생각하는 방법대로 하면 됩니다.

| 풀이 | 예제 11의 생각하는 방법대로 하면 됩니다.

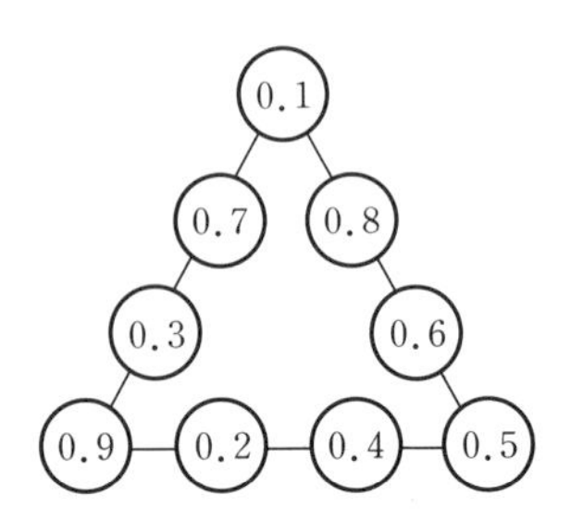

예제 13

다음 그림에는 정삼각형이 7개, 삼각형의 꼭짓점이 9개 있습니다. 1~9까지의 9개 수를 꼭짓점 위치에 써넣어 각 삼각형의 3개 꼭짓점에 있는 숫자의 합이 같게 하시오.

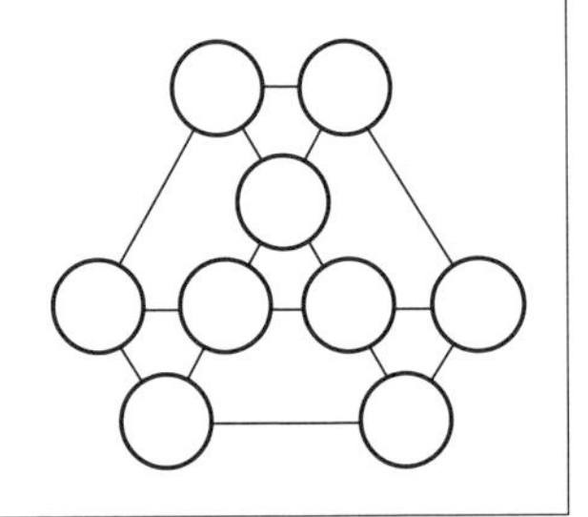

| 분석 | 이 문제를 푸는 핵심은 중간에 있는 정삼각형의 3개 꼭짓점에 써넣어야 할 숫자를 찾는 것입니다.
이 세 수는 각각 3개 삼각형의 꼭짓점에 있게 되므로 반드시 3개의 계산식에 나타나게 됩니다.
앞 문제에서의 분석에 따르면 이 세 수는 반드시 2, 4, 6, 8, 5 중에 있게 됩니다.

| 풀이 | 다음 그림과 같이 써넣으면 됩니다.

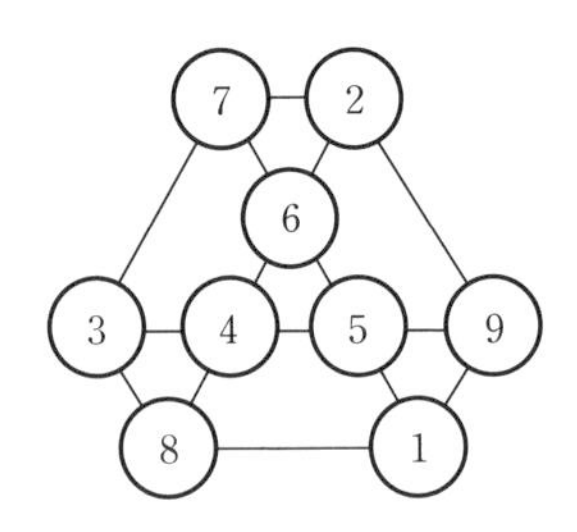

01 0～8까지의 9개 숫자를 각각 한 번씩만 다음 그림의 네모꼴 안에 써넣어 각 가로줄, 세로줄, 대각선상의 세 수의 합이 같게 하시오.

02 1, 3, 5, 7, 9의 5개 연속되는 홀수를 다음 그림의 5개 네모꼴 안에 써넣어 가로와 세로 세 수의 합이 같게 하시오. 몇 가지 방법이 있습니까?

03 1~8까지의 8개 수를 다음 그림의 8개 꼭짓점에 있는 ○ 안에 써넣어 각 면의 네 수의 합이 모두 18이 되게 하시오.

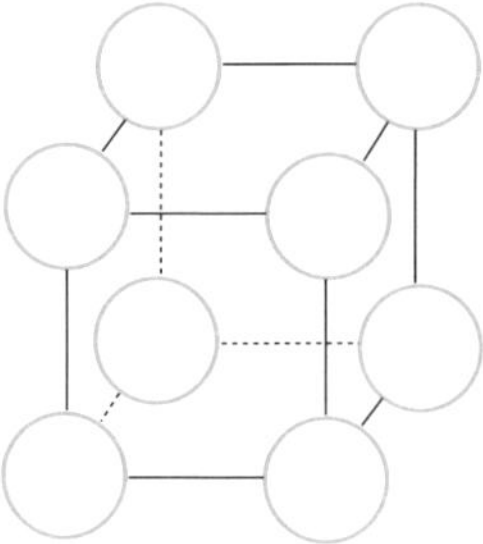

04 1~8까지의 8개 수를 다음 그림의 8개 ○ 안에 써넣어 각 원주 위에 놓인 네 수의 합과 각 직선 위에 놓인 네 수의 합이 모두 18이 되게 하시오.

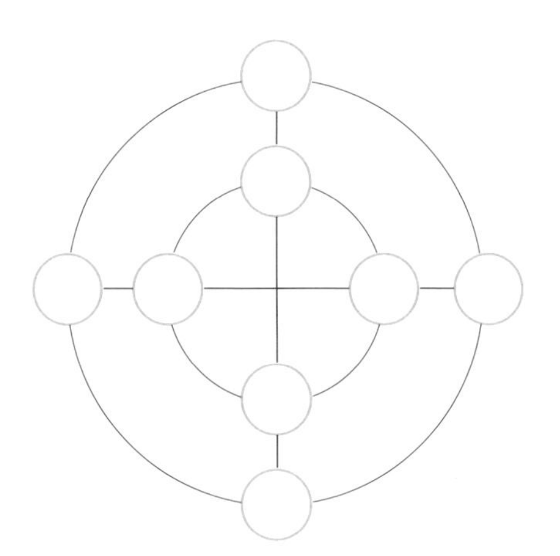

05 1~9까지의 9개 자연수를 다음 그림의 9개 ●점 자리에 써넣어 각 정삼각형의 꼭짓점에 있는 세 수의 합이 같게 하시오. 동시에 각 직선 위에 놓인 네 수의 합도 같게 하시오.

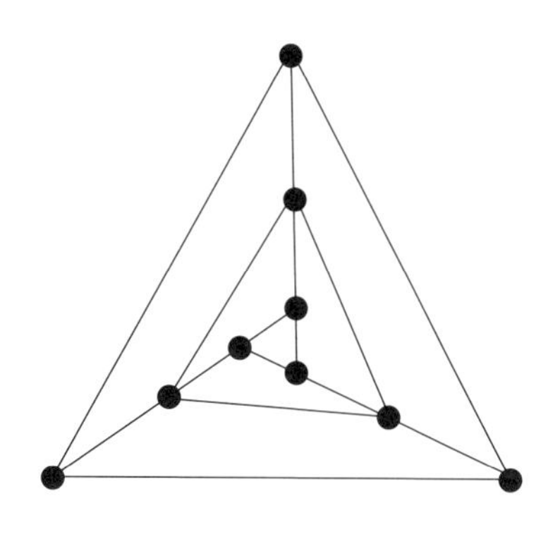

03 범자연수의 기초

1. 범자연수(0을 포함한 자연수)의 기본 성질

모든 범자연수 중에서 아마 '0'과 '1'보다 더 중요한 것은 없을 것입니다.

'0'은 수량적으로 없는 것과 빈 자리를 표시합니다.

'1'은 인류가 가장 먼저 만들어 쓰기 시작한 수로서, 자연수의 단위입니다. '1'과 덧셈 계산만 있으면 차례로 모든 자연수를 얻을 수 있습니다. 즉

$0+1=1$ $1+1=2$ $2+1=3\cdots$

$99+1=100$ $100+1=101\cdots$

직선상의 점으로 이것들을 표시하면 다음과 같습니다.

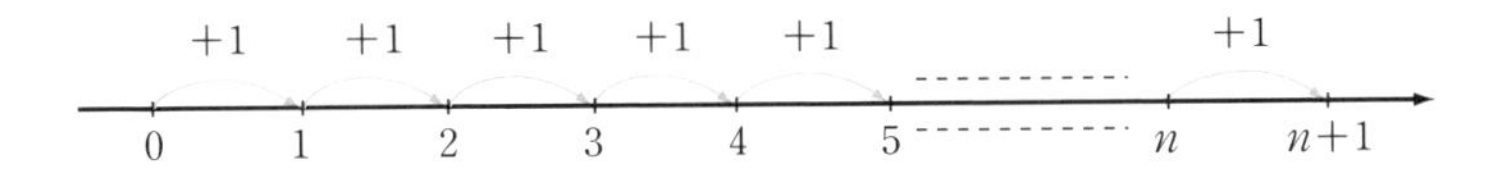

만일 '0'과 '1', 이 두 중요한 수를 배합하기만 하면 그 수들의 작용은 더 커집니다. 올수지-초급하권 제25장 '수의 진법'에서 볼 수 있겠지만 '0'과 '1'만 있으면 모든 수들을 표시할 수 있습니다.

컴퓨터에서 이진법이 사용되는 이유는, 논리의 조립이 간단하고 컴퓨터에 사용되는 소자(素子)가 이진법의 수를 나타내는 데 편리하기 때문입니다.

초등학교에서 배우는 전체수(whole number, 범자연수)는 영(0)과 모든 자연수를 가리킵니다.

정수의 기본성질

① 범자연수 중에는 가장 작은 수가 있는데 이 수가 바로 0입니다.

② 범자연수는 작은 것으로부터 큰 것으로의 순서에 따라 배열할 수 있습니다. 즉, 범자연수는 시작과 순서가 있습니다.

③ 범자연수는 무한히 많고, 가장 큰 수가 없습니다.

④ 이웃한 두 범자연수의 차는 1입니다. 그리하여 두 이웃한 범자연수를 흔히 $n-1$, n 또는 n, $n+1$로 표시합니다. 여기에서 n은 임의의 범자연수입니다.

⑤ 임의의 두 범자연수를 서로 더하거나 빼거나(여기서는 빼어지는 수가 빼는 수와 같거나 빼는 수보다 큰 경우만 고려합니다) 곱하면, 그 합, 차, 곱은 여전히 범자연수입니다.
이 성질을 덧셈, 뺄셈, 곱셈 계산에 대한 **범자연수의 닫힘성**이라고 합니다.

2. 규칙성을 찾아 알맞은 수 써넣기

범자연수의 왕국에서 일부 수들은 흔히 일정한 규칙성에 따라 모여서 자연적이며 조화로운 집단을 이루고 있습니다.

우리가 만일 세심하게 관찰하고 빠르게 생각한다면 반드시 이 집단 속의 비밀을 발견하게 되어 그 속에서 발견의 즐거움과 기쁨을 느끼게 될 것입니다.

예제 01

자연수 친구들이 일정한 규칙에 따라 한 줄로 줄을 섰습니다.
그런데 □ 자리에 있어야 할 친구가 어디로 가고 없었습니다.
빨리 이 친구를 찾아 옵시다.

(1) 1, 3, 5, 7, 9, □, 13
(2) 20, 18, 16, □, 12, 10
(3) 5, 8, 11, 14, □, 20
(4) 1, 2, 4, 8, □, 32, 64
(5) 1, 3, 7, 15, 31, 63, □
(6) 1, 1, 2, 3, 5, 8, □, 21

풀이

(1) 이 열에 늘어선 자연수들을 살펴보면 두번째 수부터 뒤의 각각의 수가 앞의 수보다 2가 큰 배열 규칙을 갖고 있음을 알 수 있습니다. 그러므로 □ 자리에 서야 할 친구는 9+2=11입니다.

(2) (1)에서와 같은 방법으로 □ 자리에 서야 할 친구는 14임을 알 수 있습니다.

(3) (1)에서와 같은 방법으로 □ 자리에 서야 할 친구는 17임을 알 수 있습니다.

(4) 이 열에 늘어선 자연수들은 두번째 수부터 뒷수가 앞수의 2배입니다. 그래서 □ 자리에 서야 할 친구는 틀림없이 16입니다.

(5) 이 열에 늘어선 자연수들은 두번째 수부터 뒷수가 차례로 앞수보다 2, 4, 8, 16, …, 이 큽니다.
이 규칙성에 따르면 □ 안의 수는 앞수보다 64가 커야 합니다.
그래서 □ 안에는 63+64=127을 써넣어야 합니다.

(6) 이 수열은 세번째 수부터 시작하여 각각의 수가 그 앞 두 수의 합과 같습니다. 이 수열은 아주 유명한 수학자 **피보나치가 만든 수열**입니다. 이 규칙성에 따른다면 □ 안에는 5+8=13을 써넣어야 합니다.

예제 02

아래 각 열의 수들은 원래 일정한 규칙에 따라 배열되었습니다. 그런데 규칙을 지키지 않은 한 수가 갑자기 끼어들었습니다. 이 수를 가려내어 빼내 보시오.

(1) 0, 2, 6, 12, 20, 30, 36, 42

(2) 3, 5, 7, 11, 13, 15, 17, 19

| 풀이 | (1) 이 수열에서 36을 제외하고 다른 수들은 모두 이웃한 두 수의 곱으로 표시할 수 있습니다.

예 $0=0\times1$　$2=1\times2$　$6=2\times3$　$12=3\times4\cdots$

따라서 갑자기 끼어든 수는 36입니다.

(2) 이 열의 수들 중 15를 제외하고 다른 수들은 모두 소수입니다. 따라서 규칙을 지키지 않은 수는 15입니다.

예제 03

아래 표에 씌어 있는 수들은 일정한 규칙성에 따라 배열되었습니다. 이 규칙성에 따라 빈칸에 어떤 수를 써넣어야 합니까?

2	0	3	8	7
7	5	4	6	3
15	1	13	49	

| 풀이 | 앞의 네 열 중의 세 수와의 관계를 관찰하면 다음과 같은 규칙성을 발견할 수 있습니다. 즉

$2\times7+1=15$　　$0\times5+1=1$

$3\times4+1=13$　　$8\times6+1=49$

이 규칙성에 따른다면 빈칸에는 $7\times3+1=22$를 써넣어야 합니다.

위의 몇 개 예제들은 일부 수들이 일정한 규칙성에 따라 배열되어 있을 때 그 규칙성을 발견하기 어려운 경우를 알아내는 문제입니다.

그러나 이러한 문제들은 우리들이 사고력을 넓히고 여러 각도로 분석 · 연구한다면 그 속의 비밀을 반드시 알아낼 수 있을 것입니다.

3. 새로운 연산-거듭제곱

초등학교에서 우리들은 덧셈, 뺄셈, 곱셈, 나눗셈의 네 가지 계산 방법을 배웠습니다. 이제 새로운 계산, 즉 거듭제곱을 배우기로 합시다.

(1) 거듭제곱의 의미

다 알다시피 같은 수를 거듭 더하는 간편한 계산을 곱셈 계산이라고 합니다.

예 $2+2+2+2=2\times4$

$3+3+3+3+3=3\times5$

일반적으로 n개의 a를 거듭하여 더하면

$$\underbrace{a+a+a+\cdots+a}_{n\text{개의 }a}=n\times a=na$$

알파벳으로 표시한 두 수를 곱할 때 그 사이의 곱셈 표시는 가운뎃점으로 대치하거나 생략할 수 있습니다.

예 $n\times a=n\cdot a=na$

이와 마찬가지로 같은 수의 곱셈을 거듭제곱이라고 합니다.

이때 거듭해서 곱한 횟수는 그 수의 오른쪽 위에 쓰면 됩니다.

예 3×3을 3^2,

$3\times3\times3$을 3^3,

$\underbrace{3\times3\times\cdots\times3}_{n\text{개의 }3}$을 3^n

으로 적습니다.

일반적으로 같은 수 a를 n번 거듭하여 곱한 것을 a^n으로 적습니다. 즉,

$$\underbrace{a\times a\times a\times\cdots\times a}_{n\text{개의 }a}=a^n$$

(지수: n, 밑수: a)

여기에서 a를 밑수, 자연수 n을 지수(=거듭제곱)라 하고, 그 결과 a^n을 'a의 n거듭제곱' 이라고 합니다.

$a^1=a$로 표시합니다.

'a의 2거듭제곱' 인 a^2을 'a의 제곱' , a^3을 'a의 세제곱' 이라고 합니다.

예제 04

2^3, 4^2, 5^4, 2^6, 0^{10}을 계산하시오.

| 풀이 | $2^3=2\times2\times2=8$

$4^2=4\times4=16$

$5^4=5\times5\times5\times5=625$

$2^6=2\times2\times2\times2\times2\times2=64$

$0^{10}=0$

(2) 거듭제곱 계산의 성질 — 지수법칙

예 $2^2\times2^3=(2\times2)\times(2\times2\times2)$
$=2\times2\times2\times2\times2=2^5=2^{2+3}$

예 $a^3\times a^5=(a\times a\times a)\times(a\times a\times a\times a\times a)$
$=a\times a\times a\times a\times a\times a\times a\times a$
$=a^8=a^{3+5}$

위의 두 가지 예에서 거듭제곱은 다음과 같은 성질이 있다는 것을 알 수 있습니다.

지수법칙(1) : 밑수가 같은 거듭제곱을 곱할 때 지수끼리 더하고 밑수는 변하지 않습니다.

즉, $a^m\cdot a^n=a^{m+n}$

또, $(2\times5)^3=(2\times5)\times(2\times5)\times(2\times5)$
$=(2\times2\times2)\times(5\times5\times5)$
$=2^3\times5^3$

$(a\cdot b)^4=(ab)\cdot(ab)\cdot(ab)\cdot(ab)$
$=(aaaa)\cdot(bbbb)$
$=a^4b^4$

로부터 지수법칙(2)를 얻을 수 있습니다.

지수법칙(2) : 곱셈 값의 거듭제곱은 각 인수의 거듭제곱을 곱한 것과 같습니다.

즉, $(a \cdot b)^n = a^n \cdot b^n$

또, $(5^2)^3 = (5^2) \cdot (5^2) \cdot (5^2)$

$= 5^{2+2+2} = 5^{2 \times 3}$

로부터 지수법칙(3)을 얻을 수 있습니다.

지수법칙(3) : 거듭제곱을 거듭제곱할 때 지수끼리 곱하고 밑수는 변하지 않습니다.

즉, $(a^m)^n = a^{mn}$

예제 05

다음 식을 계산하시오.

(1) $2^5 \times 5^5$ (2) $62 - 2 \times 5^2$

(3) $(2^3)^2 \times 25^2$ (4) $a \cdot a^2 \cdot a^3 \cdot a^4 \cdot \cdots a^{100}$

| 풀이 | (1) $2^5 \times 5^5 = (2 \times 5)^5$

$10^5 = 100000$

(2) $62 - 2 \times 5^2 = 62 - 2 \times 25$

$= 62 - 50 = 12$

(3) $(2^3)^2 \times 25^2 = 2^6 \times (5^2)^2$

$= 2^2 \times 2^4 \times 5^4$

$= 4 \times 10^4 = 40000$

(4) $a \cdot a^2 \cdot a^3 \cdot a^4 \cdots a^{100}$

$= a^{1+2+3+4 \cdots +100}$

$= a^{5050}$

4. 자연수 표기법

일상 생활과 수학에서 흔히 쓰이는 기수법은 십진법입니다.

십진법은 10개의 숫자 0, 1, 2, 3, 4, 5, 6, 7, 8, 9와 자리(수의 위치)를 사용하게 되는데, 앞으로의 설명을 편리하게 하기 위하여 각 자리를 각각 10의 거듭제곱 형식으로 표시해 봅시다. 예 천의 자리$=10^3$

수의 자리 거듭제곱표

억 단위		만 단위				일 단위			
…	억의	천만의	백만의	십만의	만의	천의	백의	십의	일의
…	자리	자리	자리	자리	자리	자리	자리	자리	자리
…	10^8	10^7	10^6	10^5	10^4	10^3	10^2	10	1

어떤 숫자가 어느 자리에 있으면 그 자리의 수가 몇 개임을 표시합니다.

예 3백만$=3\times10^6$

만일 숫자 3이 '백만의 자리'에 있다면 그것은 '3개의 백만'을 표시합니다.

그러므로 '8개의 만, 2개의 천, 3개의 백, 7개의 10, 5개의 일'로 이루어진 수는 82375로 적을 수 있습니다.

예 82375=8만+2천+3백+7십+5

$$=8\times10^4+2\times10^3+3\times10^2+7\times10+5\times1$$

어떤 자연수를 각각 그 자리 숫자와 10의 거듭제곱의 곱셈 값의 합 형식(위 식의 오른쪽)으로 표시하는 것을 자연수 표기법이라고 합니다.

이런 표기법은 실제로 한 자연수를 부분으로 나누는 것이라고 할 수 있습니다. 이런 나누어짐을 통하여 자연수 내부에 숨은 더 섬세하고도 유용한 성질을 알 수 있게 됩니다. 물론 특정한 수로부터 출발하여 때로는 자연수를 부분적으로 나눌 수도 있습니다.

예 $40732=407\times10^2+32$

주 알파벳으로 각 자리의 숫자를 표시할 때는 각 수를 계속해서 곱하는 것과 구별하기 위하여 알파벳을 차례로 쓰고 그 위에 가로선을 하나 그어야 합니다.

예 $\overline{abcd}=a\times10^3+b\times10^2+c\times10+d\times1$

예제 06

어떤 두 자리 수의 일의 자리와 십의 자리를 바꾸면 새로운 두 자리 수는 원래 수보다 72가 작습니다. 원래 수는 얼마입니까?

| 풀이 | 원래 수를 $\overline{xy}$라고 가정하면 새로운 두 자리의 수는 $\overline{yx}$로 표시할 수 있습니다. 그러면 조건에 의해 아래 식이 얻어집니다.

$$\overline{xy}=\overline{yx}+72$$

즉, $10x+y=10y+x+72$

$$9x=9y+72$$

$$x=y+8$$

$\overline{yx}$가 두 자리 수이기 때문에 y는 0이 될 수 없고, 또 x는 아무리 커야 9로밖에 될 수 없습니다.

따라서 $y=1$, $x=9$. 그러므로 구하려는 두 자리 수는 91입니다.

예제 07

어떤 두 자리 수가 있는데, 그 두 숫자 사이에 0을 끼어넣는다면 새로운 수는 원래 수보다 720이 많습니다. 이런 두 자리 수는 얼마나 됩니까? 빠짐없이 다 구하시오.

| 풀이 | 원래의 두 자리 수를 $\overline{xy}$라고 가정한다면 조건에 의해 다음 식이 얻어집니다. 즉

$$\overline{x0y}-\overline{xy}=720$$

$$(100x+y)-(10x+y)=720$$

$$90x=720$$

$$x=8$$

여기에서 y는 임의의 숫자를 취할 수 있으므로 이러한 두 자리 수는 다음과 같이 10개나 됩니다.

80, 81, 82, 83, 84, 85, 86, 87, 88, 89

어떻게 풀까요?

연습문제 03

본 단원의 대표문제이므로 충분히 익히세요.

다음을 읽고 물음에 답하시오.

01 (1) 1과 이웃한 범자연수는 (　　　　)

(2) 1000과 이웃한 범자연수는 (　　　　)

(3) 자연수 n과 이웃한 범자연수는 (　　　　)

02 (1) 5를 포함한 3개의 연속되는 자연수는 (　　　　)

(2) 자연수 a를 포함한 3개의 연속되는 자연수는 (　　　　)

03 (1) 10과의 차가 3인 수는 (　　　　)

(2) 10과의 차가 3을 넘지 않는 수는 (　　　　)

(3) 10과의 차가 3보다 작은 수는 (　　　　)

(4) 자연수 a와의 차가 3보다 작은 수는 (　　　　)

04 수의 배열 규칙성에 따라 괄호 안에 알맞은 수를 써넣으시오.

(1) 2, 6, 10, 14, (　　　　), 22, 26

(2) 1, 3, 9, 27, (　　　　), 243

(3) 2, 0, 4, 0, 6, 0, (　　　　)

(4) 0, 1, 3, 6, 10, 15, (　　　　), 28

05 다음 표의 수들은 일정한 규칙성을 갖고 배열되었습니다.
규칙성을 찾아 빈칸에 알맞은 수를 써 넣으시오.

(1)

3	7	13
4	8	16
5	4	14
2	9	
	0	30

(2)

	29	25	32
16	23	19	
10		13	20
4	11	7	

06 다음 그림의 빈칸에 알맞은 수를 써넣어 규칙성에 맞게 하시오.

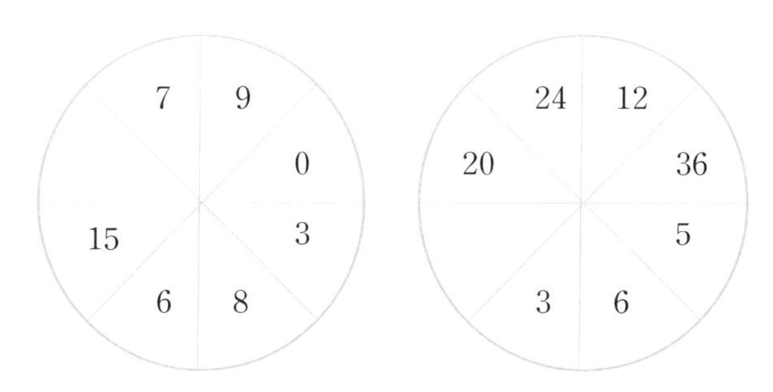

07 다음 각 수열의 수들은 원래 일정한 규칙성에 따라 배열되었습니다. 그런데 규칙을 지키지 않은 어떤 수가 갑자기 끼어들었습니다. 이 수를 찾아내서 빼내시오.

(1) 1, 2, 5, 10, 17, 26, 30, 37

(2) 2, 3, 5, 7, 11, 13, 17, 19, 21

08 다음 그림 중 어느 한 사람의 몸에 씌어진 수가, 다른 사람들이 공동으로 지키는 규칙을 지키지 않고 있습니다. 이 사람을 찾아보시오.

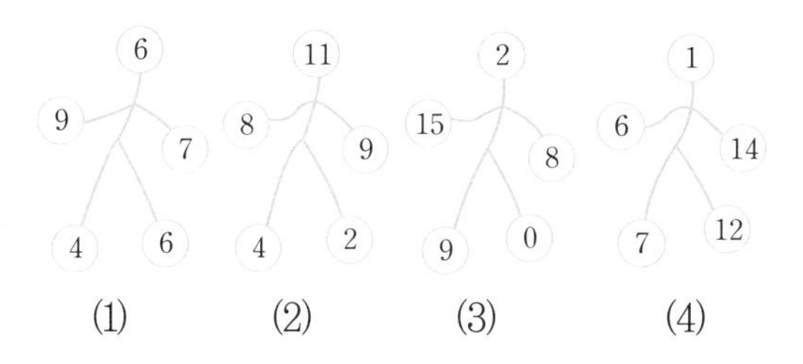

09 다음 계산들이 맞습니까? 틀렸으면 바로잡아 줍니다.

(1) $2^3=6$

(2) $3^5=15$

(3) $2\times3^2=6^2=36$

(4) $2^3\times2^5=2^{15}$

10 다음 문제들을 계산하시오.

(1) $10^2 \times 10 \times 10^3$

(2) $2^4 \times 15^4$

(3) $108 - 8 \times 3^2$

(4) $(3^2 + 4^2) \div 5^2$

(5) $(2 \times 3 \times 5)^2 - 2^3 \times 10^2$

11 다음 수들의 크기를 비교해 보고 작은 것으로부터 큰 것으로의 순서에 따라 배열하시오.

$$222,\ 22^2,\ 2^{22},\ 2^{2^2}$$

12 3개의 5로 이루어진 수 중 어느 것이 제일 큽니까?

$$555,\ 55^5,\ 5^{55},\ 5^{5^5}$$

13 $4^1, 4^2, 4^3, 4^4, 4^5, \cdots$의 일의 자릿수는 차례로 어떤 수들입니까? 여기에 어떤 규칙성이 있는지 맞춰 보시오. 이런 규칙성을 이용하여 다음 물음에 답하시오.

(1) 94^{100}의 일의 자릿수는?

(2) 3154^{25}의 일의 자릿수는?

(3) $4 \times 74^n \times (34^n)^2$의 일의 자릿수는?

14 두 자리 수의 두 숫자 사이에 0을 끼워 넣어 얻어진 세 자리 수가 원래 수보다 9배 더 컸습니다. 이 두 자리 수를 구해 보시오.

15 $88 \times \overline{aa} = \overline{caac}$일 때 a와 c는 각각 어떤 숫자입니까?

04 나누어 떨어짐(1)

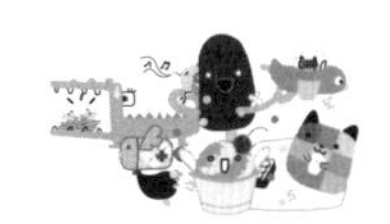

1. 수의 나누어 떨어짐

(1) 나누어 떨어짐, 약수와 배수

범자연수 a를 자연수 b로 나누었을 때 몫이 범자연수이고 나머지가 0이면 a가 b로 나누어 떨어지게 된다고 말하거나 b가 a를 나누어 떨어지게 할 수 있다고 말합니다. 이때 a를 b의 배수, b를 a의 약수라고 부릅니다.

예 $21\div7=3$일 때 21이 7로 나누어 떨어졌다면 21은 7의 배수, 21은 7의 3배라고 하거나 7은 21을 나누어 떨어지게 할 수 있다고 합니다.
따라서 7은 21의 약수라고 할 수 있습니다.

(2) 나누어 떨어짐의 일부 성질

나누어 떨어짐에는 성질이 아주 많으나 여기서는 쉽게 검증할 수 있고, 흔히 쓰이는 일부 성질만 소개하기로 합니다.

① 만일 수 a가 각각의 수 b와 c를 나누어 떨어지게 한다면
a는 $b+c$와 $b-c$를 나누어 떨어지게 할 수 있습니다(단, b는 c보다 작지 않음).

예 6이 72와 42를 나누어 떨어지게 할 수 있다면
6은 $72+42=114$와 $72-42=30$도 나누어 떨어지게 할 수 있습니다.

② 만일 수 a가 수 b를 나누어 떨어지게 할 수 있고, c가 임의의 범자연수라면
a는 $b\times c$를 나누어 떨어지게 할 수 있습니다.

예 7이 28을 나누어 떨어지게 할 수 있다면
7이 $28\times c$(c는 임의의 범자연수)를 나누어 떨어지게 할 수 있습니다.

③ 만일 수 a가 수 b를 나누어 떨어지게 할 수 있고, 또 수 b가 수 c를 나누어 떨어지게 할 수 있다면 a는 c를 나누어 떨어지게 할 수 있습니다.

예 3이 6을 나누어 떨어지게 할 수 있고, 또 6이 24를 나누어 떨어지게 할 수 있다면
3은 24를 나누어 떨어지게 할 수 있습니다.

④ 만일 a와 b가 서로소이고 a가 $b\times c$를 나누어 떨어지게 할 수 있다면 a는 c를 나누어 떨어지게 할 수 있습니다.

예 3과 5는 서로소이고 3이 $5\times 9=45$를 나누어 떨어지게 할 수 있다면 3은 9를 나누어 떨어지게 할 수 있습니다.

⑤ a와 b가 모두 c를 나누어 떨어지게 할 수 있다면 $a\times b$도 c를 나누어 떨어지게 할 수 있습니다(단, a와 b는 서로소).

예 3과 5가 모두 45를 나누어 떨어지게 할 수 있다면 $3\times 5=15$도 45를 나누어 떨어지게 할 수 있습니다.

(3) 어떤 수로 나누어 떨어지는 수의 특징

어떤 수 a가 b로 나누어 떨어질 수 있는가를 알려면 물론 $a\div b$를 계산해 보고 판단할 수 있습니다. 그러나 어떤 수가 다른 수로 나누어 떨어지는 규칙을 알기만 하면 판단이 훨씬 빨라집니다. 어떤 수가 다른 수로 나누어 떨어지는가를 알아보는 규칙성은 많지만 여기에서는 흔히 쓰이는 것만 소개합니다.

① 일의 자릿수가 0, 2, 4, 6, 8인 수는 2로 나누어 떨어질 수 있고, 일의 자릿수가 0과 5인 수는 5로 나누어 떨어질 수 있습니다.

② 마지막 두 자리수(10의 자리와 1의 자리)가 4 또는 25로 나누어 떨어지는 수는 4 또는 25로 나누어 떨어질 수 있습니다.

예 392612는 4로 나누어 떨어지고 392675는 25로 나누어 떨어질 수 있습니다.

③ 어떤 수의 각 자릿수의 합이 3 또는 9로 나누어 떨어지면 이 수는 3 또는 9로 나누어 떨어집니다. 스스로 확인해 보시오.

④ 어떤 수의 홀수 자리 각 수의 합과 짝수 자리 각 수의 합의 차(큰 수에서 작은 수를 뺍니다)가 11로 나누어 떨어지면 이 수는 11로 나누어 떨어집니다.

예 132759의 홀수 자리 각 수의 합은 $9+7+3=19$, 짝수 자리 수의 합은 $5+2+1=8$, $19-8=11$은 11로 나누어 떨어지므로 132759는 11로 나누어 떨어집니다.

⑤ 마지막 세 자리 수가 8 또는 125로 나누어떨어지는 수는 8 또는 125로 나누어 떨어집니다.

예 392008은 8로 나누어 떨어지며 392500은 125로 나누어 떨어집니다.

예제 01

다섯 자리 수 54□7□ 중의 □ 안에 어떤 수를 써넣어야 3으로 나누어 떨어짐과 아울러 약수 5를 가질 수 있습니까? 이 수를 써보시오.

| 풀이 | 약수 5를 가져야 하므로 일의 자리에는 0과 5만을 써넣을 수 있습니다.

일의 자리에 0을 써넣을 경우 각 자릿수의 합이 16이므로 백의 자리에는 2, 5, 8을 써넣을 수 있고 일의 자리에 5를 써넣을 경우 백의 자리에는 0, 3, 6, 9를 써넣을 수 있습니다.

그러므로 이런 수들로는

54270, 54570, 54870, 54075, 54375, 54675, 57975 등

7개가 있습니다.

만일 **예제 01**의 물음을 '다섯 자리 수 54□7□ 중의 □ 안에 어떤 수를 써넣어야 이 수가 15의 배수로 될까?' 로 고친다면 어떻게 해야 합니까?

이 다섯 자리 수를 써보시오.

예제 02

2, 3, 5, 7 네 수 중에서 임의로 서로 다른 3개의 수를 골라서 3과 25로 나누어 떨어지는 세 자리 수를 만들어 보시오. 이런 세 자리 수는 몇 개입니까?

| 풀이 | 25로 나누어 떨어지게 하려면 이 문제에서 마지막 두 자리 수가 25 또는 75로밖에 될 수 없습니다.

마지막 두 자리 수로 25를 취했다면

$3+2+5=10$, $7+2+5=14$이므로 10과 14는 모두 3으로 나누어 떨어질 수 없습니다.

마지막 두 자리 수로 75를 취했을 경우

$2+7+5=14$, $3+7+5=15$이므로 14는 3으로 나누어 떨어질 수 없고 15는 3으로 나누어 떨어질 수 있습니다.

그러므로 조건에 알맞은 수는 375 하나뿐입니다.

예제 03

여섯 자리 수 $\overline{3ABABA}$가 6의 배수라면 이런 여섯 자리 수는 몇 개입니까?

풀이 어떤 수가 동시에 2와 3으로 나누어 떨어진다면 이 수는 6으로 나누어 떨어질 수 있으므로 6의 배수가 됩니다.
이 여섯 자리 수가 2로 나누어 떨어지게 하려면
A는 0, 2, 4, 6, 8의 다섯 개 수를 취할 수 있습니다.
그리고 $3+A+B+A+B+A=3\times(A+1)+2\times B$이기 때문에 이 여섯 자리 수가 3으로 나누어 떨어지게 하려면
B는 0, 3, 6, 9의 네 개 수를 취할 수 있습니다. 그러므로 조건에 맞는 여섯 자리 수는 모두 $5\times4=20$개 있습니다.

예제 04

어떤 네 자리 수가 다음과 같은 4개 조건을 만족시킨다고 합시다.

① 일의 자리의 수가 짝수입니다.
② 일의 자릿수와 천의 자릿수의 합은 10입니다.
③ 이 네 자리 수는 72로 나누어 떨어집니다.
④ 일의 자리의 수와 천의 자리의 수를 지워버리고 얻은 두 자리 수는 소수입니다.

이런 조건을 만족시키는 네 자리 수를 구해 보시오.

풀이 조건 ①과 ②에 의해 이 네 자리 수는 다음과 같은 4가지 형태입니다. $\overline{8AB2}$, $\overline{6AB4}$, $\overline{4AB6}$, $\overline{2AB8}$, 우선 $\overline{8AB2}$의 경우를 살펴봅니다. $72=9\times8$. 9와 8은 서로소이기 때문에 $\overline{8AB2}$가 9와 8로 나누어 떨어지면 그것은 72로 나누어 떨어질 수 있습니다. 그런데 $\overline{8AB2}$가 9로 나누어 떨어지게 하려면
$A+B$는 8 또는 17이어야 합니다. 조건 ④에서 $\overline{AB}$가 소수라는 것을 알았으므로 $\overline{AB}$는 17, 71, 53, 89일 수 있습니다.
이리하여 8172, 8712, 8532, 8892를 얻을 수 있습니다.
이 4개 수의 마지막 세 자리를 살펴보면 그 중 8로 나누어 떨어질 수 있는 수는 8712 하나뿐입니다. 그러므로 조건에 맞는 수는 8712입니다. 마찬가지로 나머지 세 형태를 생각하면, 4176, 4536, 4896을 얻을 수 있습니다. 따라서 4개의 수가 존재합니다.

(4) 0과 1의 성질

앞 장에서 0과 1에 관한 일부 지식을 소개하였는데, 여기서는 0과 1의 성질과 작용에 대하여 전체적으로 정리해 봅시다.

0은 '없다'를 나타낼 수 있을 뿐만 아니라 확실한 양(量)을 나타낼 수도 있습니다. 예 물이 어는 온도는 0℃입니다.

0은 기준을 나타낼 수 있습니다. 0은 초등학교에서 배운 수들 중 가장 작은 수입니다.

어떤 수든지 0을 더하거나 0을 빼도 변하지 않고, 같은 두 수를 빼면 0이 됩니다. 0에 어떤 수를 곱하면 0이 되고, 0은 나누는 수로 될 수 없습니다.

0을 0이 아닌 수로 나누면 0을 얻고, 0에는 역수가 없습니다.

0은 어떤 자연수로 나누어 떨어지고 0은 어떤 자연수의 배수가 됩니다.

어떤 자연수는 0의 약수이고, 0은 짝수입니다.

0은 임의의 몇 개 자연수의 공배수입니다.

1은 자연수 중 가장 작은 수, 1은 자연수의 단위, 1은 정수를 나타내는 데 사용할 수 있습니다.

어떤 수는 1을 곱해도 변하지 않고, 어떤 수를 1로 나누어도 변하지 않습니다. 0이 아닌 수를 같은 수로 나누면 1이 얻어지고, 1의 역수는 여전히 1입니다.

어떤 정수는 모두 1로 나누어 떨어지고 어떤 정수는 모두 1의 배수, 1은 어떤 정수의 약수, 1의 약수는 오직 1뿐이며, 1은 임의의 몇 개 정수의 공약수, 1은 소수(素數)도 합성수(合成數)도 아니고, 1은 홀수입니다. 그리고 1과 모든 자연수는 모두 서로소입니다.

0.1, 0.01, 0.001, …은 소수(小數)의 단위입니다.

이외에도 0과 1의 특성을 많이 들 수 있는데, 이런 것들은 앞으로 중학교와 고등학교에 가서 배우게 됩니다.

예제 05

6과 7로 나누면 5가 남는 수 중 가장 작은 수는 어느 것입니까?

| 풀이 | 5를 6이나 7로 나누면 5가 남으므로 5가 가장 작은 수라고 할 수 있습니다.
어떤 사람들은 6과 7의 최소공배수 42와 5의 합 47이라고 대답할 것입니다. 그러나 47은 5보다 크다는 것을 명심하세요.
사실 5를 6이나 7로 나누면 몫은 0이고 나머지는 5입니다.

(5) 어떤 자연수의 약수 개수

0은 약수가 무한히 많은데, 어떤 자연수든지 모두 그것의 약수로 됩니다.

어떤 자연수의 약수 개수는 유한하다고 할 수 있습니다. 1의 약수는 1 하나뿐이고, 어떤 소수의 약수는 2개, 즉 1과 그 자신입니다.

어떤 합성수는 약수가 적어도 3개 있습니다. 그러면 한 합성수의 약수의 개수를 어떻게 구할까?

예제 06

12의 약수의 개수를 구하시오.

| 풀이 | 얼핏 보아도 12의 약수로는 1, 12, 2, 6, 3, 4의 6개가 있다는 것을 알 수 있습니다.
이 문제는 또 소인수분해법으로 풀 수 있습니다.
$12=2^2\times3$, 즉 12에 소인수로는 2개의 2와 1개의 3이 있습니다.
이 방법을 정리하면 다음과 같습니다. 즉 먼저 주어진 합성수에 대하여 소인수분해를 한 다음 같은 소인수 개수(단독인 소인수는 하나로 셈합니다)에 각각 1을 더한 것을 곱하여 얻은 값이 곧 이 합성수의 약수의 개수입니다.

예제 07

360의 약수의 개수를 구하시오.

| 풀이 | $360=2^3\times3^2\times5$이므로 360의 약수의 개수는
$(3+1)\times(2+1)\times(1+1)=24$(개)

2. 공약수와 공배수

최대공약수와 최소공배수에 관한 다음의 중요한 결론들을 이해하고 기억합니다.

① 만일 a와 b가 서로소라면 a와 b의 최대공약수는 1, 최소공배수는 ab입니다.

② 만일 a가 b의 배수라면 a와 b의 최대공약수는 b, 최소공배수는 a입니다.

③ 두 수를 각각 그들의 최대공약수로 나누어 얻은 몫은 서로소입니다.

예 12와 28의 최대공약수는 4이고 $12 \div 4 = 3$, $28 \div 4 = 7$이므로 3과 7은 서로소입니다.

④ 두 수의 최대공약수와 최소공배수의 곱셈 값은 이 두 수의 곱셈 값과 같습니다.

예 12와 28의 최대공약수는 4, 최소공배수는 84, $4 \times 84 = 12 \times 28 = 336$입니다.

예제 08

로봇 장난감을 만들려면 3개의 공정을 거쳐야 합니다.
첫째 공정에서 한 사람당 매시간에 48개, 둘째 공정에서 한 사람당 매 시간에 32개, 셋째 공정에서 한 사람당 매시간에 28개씩 완성할 수 있다고 합니다. 각 공정에 몇 명씩 배치해야 그 구성이 합리적이라고 할 수 있습니까?

| 풀이 | 구성이 합리적이려면 같은 시간에 각 공정에서 만든 로봇 장난감 개수가 같아야 합니다.
다시 말해서 로봇 장난감 개수가 48, 32, 28의 최소공배수 672가 되어야 합니다.
그러니까 첫째 공정에 $672 \div 48 = 14$명, 둘째 공정에 $672 \div 32 = 21$명, 셋째 공정에 $672 \div 28 = 24$명을 배치해야 그 구성이 합리적이라고 할 수 있습니다.

예제 09

철수의 저금통에 10원짜리와 50원짜리 동전이 들어 있었는데 아마 5060원 정도 될 것 같았습니다. 어느 날 철수는 이 동전들을 꺼내어 액수가 같은 두 무더기로 갈라 놓았습니다.
첫째 무더기를 보면 10원짜리와 50원짜리 동전의 개수가 같았고 둘째 무더기를 보면 10원짜리와 50원짜리 동전의 액수가 같았습니다. 철수가 얼마나 저금했는지 여러분이 맞춰 보시오.

| 풀이 | 첫째 무더기에서 10원짜리와 50원짜리 동전의 개수가 같다고 하니까 그 액수는 $10+50=60$원의 배수일 것이고, 둘째 무더기에서 10원짜리와 50원짜리 동전의 액수가 같다고 하니까 그 액수는 $1\times50+5\times10=100$원의 배수(즉, 10원짜리 5개와 50원짜리 1개의 합의 배수)일 것입니다.
그런데 두 무더기의 액수가 같다고 하니까 각 무더기의 액수는 마땅히 60과 100의 공배수로 되어야 합니다.
60과 100의 최소공배수가 300이고, 철수의 돈이 5060원 정도 될 것이라고 하니까 철수의 저금액은 $300\times18=5400$ 또는 4800원 입니다.

예제 10

1부터 9까지의 9개 숫자를 아래 식의 9개의 □ 안에 서로 다른 숫자를 써넣어 등식이 성립되게 하시오.

$$\square\square\square\times\square\square=\square\square\times\square\square=5568$$

| 풀이 | 등식이 성립되게 하려면 계산식의 두 곱셈 값 중에 들어 있는 소인수가 5568의 소인수와 같아야 합니다.
즉, $5568=2^6\times3\times29$입니다. 5568을 두 인수의 곱셈 값으로 표시하려면 물론 여러 가지 표시법이 있지만, 문제의 요구에 알맞은 것은

$$5568=2^5\times(2\times3\times29)=32\times174$$
$$=(2^5\times3)\times(2\times29)=96\times58$$

그러므로 위의 등식은 마땅히 $174\times32=96\times58$로 되어야 합니다.

3. 홀수와 짝수

2로 나누어떨어지는 수, 즉 0, 2, 4, 6, …을 짝수라 하고, 2로 나누어 떨어지지 않는 수, 즉 1, 3, 5, …를 홀수라고 합니다. 따라서 정수는 홀수와 짝수의 두 가지로 나눌 수 있습니다.

정수 0, 1, 2, 3, … 중에 홀수와 짝수는 순서에 따라 교대로 나타납니다.

(1) 덧셈, 뺄셈 계산과 홀수 · 짝수 규칙

① 홀수＋홀수＝짝수
② 홀수＋짝수＝홀수
③ 짝수＋짝수＝짝수
④ 홀수개 홀수의 합은 홀수이고, 짝수개 홀수의 합은 짝수입니다.

이런 규칙들은 스스로 알아내기가 어렵지 않습니다.

규칙 ①, ②, ③은 어떤 홀수 하나를 정수 a에 더하면 a의 홀 · 짝수가 변하지만, 어떤 짝수 하나를 정수 a에 더하면 a의 홀 · 짝수가 변하지 않는다는 것을 말해 줍니다.

(2) 곱셈 계산과 홀 · 짝수 규칙

① 홀수×홀수＝홀수
② 홀수×짝수＝짝수
③ 짝수×짝수＝짝수

이런 규칙들은 검증하기가 어렵지 않습니다.

이것들은 어떤 정수를 곱했을 때 **한 인수가 짝수이기만 하면 그 곱한 값은 반드시 짝수**이고, **모든 인수가 다 홀수일 때만 그 곱한 값이 홀수**라는 것을 말해 줍니다.

위의 규칙들을 이용하여 계산 결과가 정확한가를 검사할 수 있습니다.

예 두 홀수를 더했을 때 홀수가 얻어진다면 그것은 계산 과정에 반드시 잘못이 있음을 말해 줍니다.

이 밖에 홀 · 짝수성을 이용하여 얼핏 보기에는 풀기 어려운 문제도 풀 수 있습니다.

예제 11

$1+2+3+\cdots+1990$은 홀수입니까 아니면 짝수입니까?

| 풀이 | 이 1990개 수의 합이 홀수인가 아니면 짝수인가만 판단하려고 그것들을 하나하나 더할 필요가 없습니다(합을 구한 후 판단하려면 아주 복잡합니다).

$2+4+\cdots+1990$은 짝수가 얻어지고,

$1+3+\cdots+1989$(995개 홀수의 합)는 홀수가 얻어집니다.

그런데 짝수에 어떤 정수 a를 더하면 a의 홀 · 짝수성이 변하지 않으므로 $1+2+3+\cdots+1990$은 홀수가 틀림없습니다.

예제 12

한 학급의 25명 학생이 5행(가로줄) 5열(세로줄)로 앉았습니다. 모든 학생이 각각 자기 자리의 앞이나 뒤나 왼쪽이나 오른쪽의 이웃한 자리로 옮겨 앉으려 합니다. 25명 모두 이웃한 다른 자리로 옮겨 앉을 수 있습니까?

| 풀이 | 얼핏 보기에는 가능할 것 같으나 사실은 불가능한 일입니다.

설명을 쉽게 하기 위하여 다음 그림과 같이 25개 자리를 △자리 12개, ○자리 13개로 나누고, △자리와 ○자리가 서로 엇갈리게 있다고 합시다.

문제의 뜻에 따르면 △자리에 앉은 학생이 ○자리로, ○자리에 앉은 학생이 △자리로 옮겨야 합니다. 그런데 △자리가 12개(짝수개), ○자리가 13개(홀수개)이니까 그렇게 옮겨 앉는다는 것은 불가능한 일입니다.

○ △ ○ △ ○
△ ○ △ ○ △
○ △ ○ △ ○
△ ○ △ ○ △
○ △ ○ △ ○

예제 13

전화기 5대가 있습니다. 전화기마다 다른 3대의 전화기와 연결할 수 있습니다까?

| 풀이 | 한 갈래의 전화선으로 2대의 전화기를 연결할 수 있으므로 문제의 뜻대로 연결할 수 있다면 3×5는 모든 전화선 수의 2배 즉 짝수로 되어야 합니다.

그러나 $3\times5=15$는 홀수이므로 문제의 뜻대로 연결할 수 없습니다. 잘 이해되지 않으면 그림을 그려보며 생각해 봅시다.

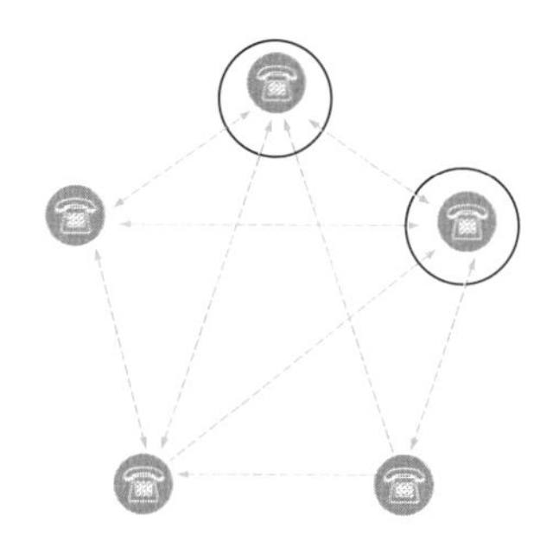

예제 14

a, b, c 중 한 수가 5, 한 수가 6, 다른 한 수가 7이란 것을 알고 $(a-1)\times(b-2)\times(c-3)$이 짝수인가 아니면 홀수인가를 판단하시오.

| 풀이 | a, b, c 중 도대체 어느 것이 5이고, 어느 것이 6이며, 어느 것이 7인지를 모르기 때문에 얼핏 보기에는 풀 수 없을 것 같습니다. 물론 여러 가지 경우로 나누어 하나하나 분석할 수 있기는 하지만 그리 쉬운 일이 아닙니다.

$(a-1)+(b-2)+(c-3)=a+b+c-6$, $a+b+c=18$이기 때문에 $(a-1)+(b-2)+(c-3)=12$입니다.

12가 짝수이기 때문에 $a-1$, $b-2$, $c-3$ 세 수가 다 홀수일 수 없습니다.

다시 말해서 적어도 한 수가 짝수이기 때문에 $(a-1)\times(b-2)\times(c-3)$은 반드시 짝수라고 할 수 있습니다.

4. 재미있는 끝수

자연수의 맨 마지막 일의 자릿수를 자연수의 끝수라고 합니다.

예 1990의 끝수는 0, 1994의 끝수는 4입니다.

자연수의 끝수로는 0, 1, 2, 3, 4, 5, 6, 7, 8, 9로 이 10개 수만이 가능합니다.

자연수의 끝수의 성질

① 한 자리 수의 끝수는 그 수 자체이고, 0의 끝수는 바로 0입니다.

② 두 수의 합과 곱셈 값의 끝수는 이 두 수의 끝수의 합과 곱셈 값의 끝수와 같습니다.

예 $28+76=104$, $8+6=14$, 즉 104의 끝수는 14의 끝수 4와 같습니다.
$28\times76=2128$, $8\times6=48$, 즉 2128의 끝수는 48의 끝수와 같습니다.
그러므로 두 수의 합과 곱셈 값 끝수를 구하려면 이 두 수의 끝수의 합과 곱셈 값의 끝수만 구하면 됩니다.

③ 어떤 자연수의 n 거듭제곱의 끝수는 이 자연수의 일의 자릿수의 n 거듭제곱의 끝과 같습니다. 일의 자릿수가 0, 1, 5, 6인 수의 n 거듭제곱의 끝수는 여전히 0, 1, 5, 6입니다.
일의 자릿수가 4와 9인 자연수 a의 경우 a^{2k+1}과 a의 끝수가 같고, a^{2k+2}와 a^2의 끝수가 같습니다(k는 범자연수임).
일의 자릿수가 2, 3, 7, 8인 자연수 a의 경우 a^{4k+1}과 a의 끝수가 같고, a^{4k+2}와 a^2의 끝수가 같으며, a^{4k+3}과 a^3의 끝수가 같고, a^{4k+4}와 a^4의 끝수가 같습니다(k는 범자연수임).
어떤 수가 만일 다른 정수의 제곱과 같다면 이 수를 완전제곱수라고 합니다(예 0, 1, 4, 9⋯).
그렇지 않은 수를 비완전제곱수라고 합니다(예 2, 3, 5⋯).

④ 완전제곱수의 끝수는 0, 1, 4, 5, 6, 9만 될 수 있습니다. 다시 말해서 어떤 정수의 제곱수의 끝수는 0, 1, 4, 5, 6, 9만 될 수 있습니다.
이 결론은 만일 한 정수의 끝수가 2, 3, 7, 8이라면 이 수는 곧 완전제곱수가 아니라는 것을 말해 줍니다.

⑤ 어떤 완전제곱수의 약수의 개수는 반드시 홀수이고, 어떤 비완전제곱수의 약수의 개수는 반드시 짝수입니다.

예 $16=4^2$, 16의 약수를 구할 때는 한 쌍 한 쌍씩 찾을 수 있습니다.
즉, 1과 16, 2와 8, 4와 4(4는 중복되므로 하나만 계산에 넣습니다).
그러므로 완전제곱수 16의 약수의 개수는 5, 즉 홀수입니다.
6의 약수는 1과 6, 2와 3입니다. 그러므로 비완전제곱수 6의 약수의 개수는 4, 즉 짝수입니다.

예제 15

이웃한 두 자연수를 곱한 값의 끝수를 구하시오.

| 풀이 | 자연수는 무한히 많으므로 일일이 다 들 수는 없습니다. 그러나 자연수의 끝수는 0, 1, 2, …9로 이 10개 수로만 될 수 있고, 이웃한 두 수의 끝수는 또 각 인수의 곱셈 값의 끝수와 같습니다. 이웃한 두 자연수의 끝수를 곱하면 다음과 같은 10개의 경우가 있습니다.
즉 1×2, 2×3, 3×4, 4×5, 5×6, 6×7, 7×8, 8×9, 9×0, 0×1.
이 곱한 값들의 끝수는 각각 2, 6, 2, 0, 0, 2, 6, 2, 0, 0인데, 그 중에 같지 않은 수는 0, 2, 6뿐입니다.
그러므로 이웃한 자연수의 곱한 값의 끝수는 0, 2, 6만 될 수 있습니다.
이것은 만일 어떤 자연수의 끝수가 0, 2, 6 세 수 중의 어느 하나가 아니라면 이 자연수는 이웃한 두 자연수의 곱한 값으로 표시할 수 없음을 말해 줍니다.

예제 16

짝수의 제곱은 4로 나누어 떨어지게 되고, 홀수의 제곱을 8로 나누면 1이 남는다는 것을 설명하시오.

| 풀이 | 짝수를 $2n$으로 표시하면 $(2n)^2=2n\times2n=4\times n^2$,
즉 $(2n)^2\div4=n^2$이므로 짝수의 제곱은 4로 나누어 떨어진다고 할 수 있습니다.
홀수를 $2n-1$로 표시하면

$$\begin{aligned}(2n-1)^2&=(2n-1)\times(2n-1)\\&=2n\times(2n-1)-(2n-1)\\&=2n\times2n-2n-2n+1\\&=4\times n\times n-4\times n+1\\&=4n(n-1)+1\end{aligned}$$

이 얻어집니다.
n과 $n-1$이 이웃한 두 홀수라면 그 중 하나는 홀수이고 하나는 짝수일 것이므로 $n(n-1)$은 짝수이고 $4n(n-1)$은 8로 나누어 떨어질 수 있습니다. 그러므로 홀수의 제곱을 8로 나누면 1이 남는다고 할 수 있습니다.

예제 17

$3^{1001}\times7^{1002}\times9^{1003}$의 끝수는 몇입니까?

| 풀이 | $3^{1001}=3^{4\times250+1}$과 3의 끝수는 모두 3, $7^{1002}=7^{4\times250+2}$와 7^2의 끝수는 모두 9, $9^{1003}=9^{2\times501+1}$과 9의 끝수는 모두 9이므로 $3^{1001}\times7^{1002}\times9^{1003}$의 끝수는 $3\times9\times9$의 끝수 3과 같습니다.

5. 나머지

범자연수 a가 만일 자연수 b로 나누어 떨어진다면, 즉 $a \div b = q$(q는 범자연수)라면 $a=bq$, 만일 a가 b로 나누어 떨어지지 않는다면, 즉 $a \div b = q$(나머지는 r, r은 나누는 수 b보다 작습니다)라면 $a=bq+r$로 표시할 수 있습니다.

만일 $r=0$, 즉 나머지가 0이라면 이때 a는 b로 나누어 떨어진다고 말합니다. 그러므로 나누어 떨어짐이란 나머지가 있는 나눗셈에서 나머지가 0인 특수한 경우로 볼 수 있습니다.

나머지가 있는 나눗셈에 관하여 다음과 같은 일부 결론들이 있습니다.

① 만일 a를 b로 나누면 r이 남고, 또 d가 나눠지는 수 a와 나누는 수 b를 나누어 떨어지게 할 수 있다면 d는 나머지 r도 나누어 떨어지게 할 수 있습니다.

예 $52 \div 8 = 6$(나머지 4)이고, 2가 52와 8을 나누어 떨어지게 할 수 있으므로 2는 나머지 4도 나누어 떨어지게 할 수 있습니다.

② 만일 a를 b로 나누면 r이 남고, 또 d가 나누는 수 b와 나머지 r을 나누어 떨어지게 할 수 있다면 d는 나눠지는 수 a도 나누어 떨어지게 할 수 있습니다.

예 $27 \div 6 = 4$(나머지 3)이고, 3이 6과 3을 나누어 떨어지게 할 수 있으므로 3은 27도 나누어 떨어지게 할 수 있습니다.

③ 만일 a를 b로 나누어 r이 남는다면 b는 나눠지는 수 a와 나머지 r의 차 $a-r$를 나누어 떨어지게 할 수 있습니다.

④ 만일 a와 b를 각기 d로 나누어 얻은 나머지가 같다면 a와 b의 차는 반드시 d로 나누어 떨어질 수 있습니다.

③과 ④는 스스로 증명해 보시오.

예제 18

다음의 등식은 몇을 몇으로 나누어 몇이 남은 것으로 볼 수 있습니까?

(1) $30=4 \times 7+2$

(2) $33=4 \times 7+5$

(1) 나머지 $2<4$, $2<7$이므로 (1)식은 30을 4로 나누어 2가 남은 것, 또는 30을 7로 나누어 2가 남은 것으로 볼 수 있습니다.

(2) 나머지 $5<7$이거나 $5>4$이므로 (2)식은 33을 7로 나누어 5가 남은 것으로 봅니다.

예제 19

2783697을 9로 나누었을 때의 나머지를 구하시오.

| 분석 | 각 자리의 수의 합을 9로 나누어서 남는 수가 바로 나머지가 됩니다.
$2+7=9$, $3+6=9$. 십의 자리의 수는 9. $8+7=15$.
15를 9로 나누면 6이 남습니다.

| 풀이 | 2783697을 9로 나누면 6이 남습니다.

예제 20

어떤 정수로 300, 262, 205를 각각 나누었더니 그 나머지가 똑같습니다. 이 중 가장 큰 정수는 얼마입니까?

| 풀이 | 나머지가 똑같다는 것은 이 정수가 300과 262의 차 38, 262와 205의 차 57을 나누어 떨어지게 할 수 있음을 말해 줍니다.
그러므로 이 정수는 38과 57의 최대공약수 19입니다.

예제 21

어떤 수를 7로 나누었더니 2가 남고, 11로 나누었더니 1이 남고, 13으로 나누었더니 9가 남았습니다.
이 수의 최솟값은 얼마입니까?

| 풀이 | 13으로 나누면 9가 남는 수로는 9, 22, 35, 48, 61, 74, 87, 100, 113, …이 있습니다.
그 중 11로 나누면 1이 남는 가장 작은 수는 100입니다.
그런데 100을 7로 나누면 바로 2가 남습니다. 그러므로 조건을 만족시키는 수는 100입니다.

어떻게 풀까요?

연습문제 04

본 단원의 대표문제이므로 충분히 익히세요.

01 다섯 자리 수 $\overline{4A97A}$가 3으로 나누어 떨어지고, 그 마지막 두 자리 숫자로 이루어진 수 $\overline{7A}$가 6의 배수입니다.
이 다섯 자리 수를 구하시오.

02 568 뒤에 세 숫자를 더해서 여섯 자리 수를 만들어 3, 4, 5로 나누어 떨어지게 해 보시오. 이런 여섯 자리 수 중 가장 작은 수와 가장 큰 수를 찾아보시오.

03 A, B 두 수의 최대공약수는 6, 최소공배수는 84, $A=42$일 때 B를 구하시오.

04 3960의 약수 개수를 구하시오.

05 가로 90cm, 세로 42cm되는 철판을 양변의 길이가 자연수(cm)이고 크기가 똑같은 정사각형들로 자르려고 합니다.
이 중 변의 길이가 가장 큰 정사각형은 몇 개나 자를 수 있습니까?
(단, 철판을 (똑같은 크기의) 작은 정사각형들로 잘라낸 후 나머지가 없어야 합니다.)

06 어떤 두 수의 최대공약수는 12, 최소공배수는 180입니다.
두 수 중 큰 수가 작은 수로 나누어 떨어지지 않는다는 것을 알고 이 두 수를 구하시오.

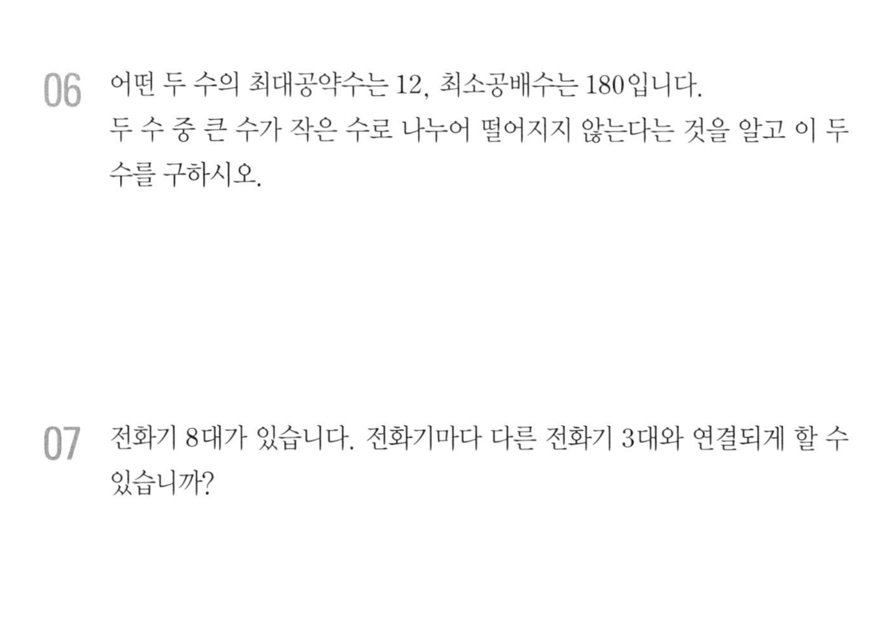

07 전화기 8대가 있습니다. 전화기마다 다른 전화기 3대와 연결되게 할 수 있습니까?

08 300개의 1과 약간의 0으로 이루어진 자연수는 완전제곱수입니까?

09 각 자리의 숫자가 서로 다른 여섯 자리 수가 있는데, 가장 높은 자리의 숫자가 3이고 이 수가 11로 나누어 떨어진다면 이런 여섯 자리 수 중 가장 작은 수는 몇입니까?

10 $1 \times 2 \times 3 \times 4 \times \cdots \times 1989$의 끝수를 구하시오.

11 어떤 세 자리 수가 있는데 가장 높은 자리의 숫자가 3이고,
이 수를 7로 나누면 3이 남고 13으로 나누면 3이 남는다고 합니다.
이 세 자리 수를 구하시오.

12 1000개의 1로 이루어진 11…1을 7로 나누면 나머지가 몇입니까?

13 임의의 8개 자연수 중 7로 나누면 나머지가 같은 수가 적어도 2개 있다는 말이 옳습니까?

14 만일 1059, 1417, 2312를 d(1보다 큰 자연수)로 나누어 얻은 나머지가 모두 r이라면 $d-r$의 값을 구하시오.

15 갑, 을 두 수의 최대공약수는 75, 최소공배수는 450입니다.
이 두 수가 각각 몇일 때 그들의 차가 가장 작습니까?

16 $975 \times 935 \times 972 \times (\quad\quad)$

이 식에서 곱셈 값의 마지막 네 숫자가 모두 0으로 되게 하려면 (　　) 안에 써넣을 수 있는 가장 작은 수는 몇입니까?

17 자연수 A와 B가 있는데 다음 식을 만족시킨다고 합니다.

$$A^4 = 1176 \times B$$

그러면 B의 최솟값은 몇입니까?

05 수열 (1)

제1장에서는 등차수열에 관한 일부 기본 지식을 소개하였습니다.
제3장에서는 어떻게 규칙성을 찾는지를 배웠습니다.
이 장에서는 수열에 관한 지식을 배우기로 합시다.

1. 관찰과 분석을 통하여 규칙성 찾기

수열이란 정해진 규칙에 따라 배열된 수의 나열을 말합니다.

등차수열의 규칙은 확실히 알 수 있으나 어떤 수열의 배열 규칙은 확실하지 않아서 깊이 관찰하고 분석하지 않으면 안 됩니다.

예제 01

아래의 각 수열에서 빈 자리에 알맞은 수를 써넣으시오.

(1) 2, 6, 18, 54, ______

(2) 2, 3, 5, 8, 12, 17, ______, ______

(3) 6, 8, 10, 11, 14, 14, 18, 17, ______, ______

(4) 6, 7, 9, 13, 21, 37, 69, ______

| 풀이 | (1) 두번째 수부터 뒷수가 앞수의 3배이니까 빈 자리에 162를 써넣어야 합니다.

(2) $3-2=1$, $5-3=2$, $8-5=3$, $12-8=4$, $17-12=5$, 즉 각 항에 그것의 항수를 더하면 다음 항이 얻어집니다. 그러므로 17 뒤에 $17+6=23$을, 23 뒤에 $23+7=30$을 써넣어야 합니다.

(3) 홀수항으로 이루어진 수열은 6, 10, 14, 18, ______, 짝수 항으로 이루어진 수열은 8, 11, 14, 17, ______이므로 17 뒤에는 $18+4=22$를, 22 뒤에는 $17+3=20$을 써넣어야 합니다.

(4) 규칙을 찾기가 쉽지 않습니다.

$6\times2-5=7$, $7\times2-5=9$, $9\times2-5=13$, $\cdots$,

즉 각 항의 2배에서 2를 빼면 다음 항이 얻어지므로

69 뒤에는 $69\times2-5=133$을 써넣어야 합니다.

(4)번 문제는 다음과 같이 풀 수도 있습니다.

앞항, 뒷항의 차

$7-6=1$, $9-7=2$, $13-9=4$,

$21-13=8$, $37-21=16$, $69-37=32$로 수열을 이루면

1, 2, 4, 8, 16, 32(뒤의 항은 64이어야 함)

그러므로 69, 뒤의 수에서 69를 빼면 64가 되어야 합니다.

이 수는 $64+69=133$입니다.

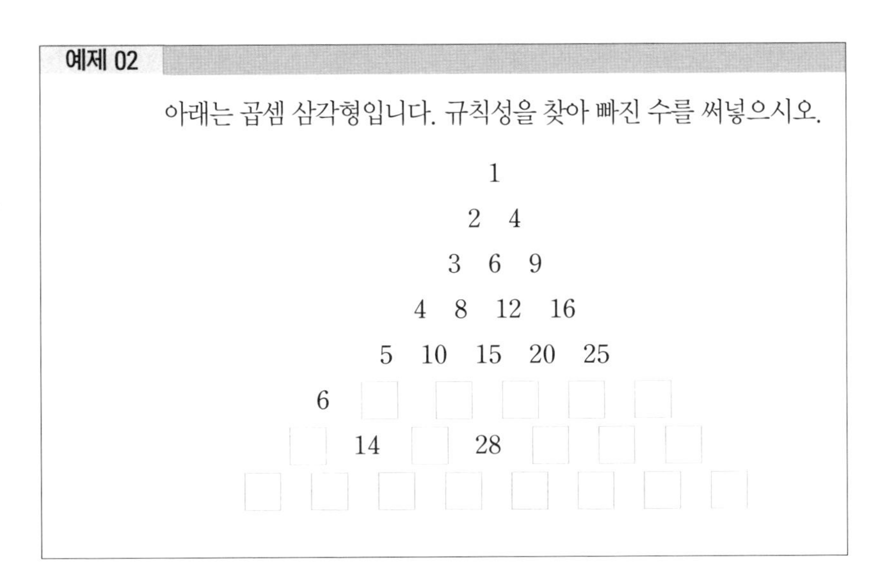

예제 02

아래는 곱셈 삼각형입니다. 규칙성을 찾아 빠진 수를 써넣으시오.

1

2 4

3 6 9

4 8 12 16

5 10 15 20 25

6 □ □ □ □ □

□ 14 □ 28 □ □ □

□ □ □ □ □ □ □ □

| 풀이 | 곱셈구구단으로 써넣으면 됩니다.

즉, 6의 뒤에는

$2\times6=12$, $3\times6=18$, $4\times6=24$, $5\times6=30$, $6\times6=36$을,

제7행의 빈 자리에는 차례로 7, 21, 35, 42, 49를

제8항의 빈 자리에는 차례로 8, 16, 24, 32, 40, 48, 56, 64를

써넣어야 합니다.

예제 03

홀수를 다음 표의 규칙에 따라 차례로 6열로 배열하려 합니다. 1991은 제 몇 행 제 몇 열에 나타납니까?

	1열	2열	3열	4열	5열	6열
1행		1	3	5	7	9
2행	19	17	15	13	11	
3행		21	23	25	27	29
4행	39	37	35	33	31	
⋮	⋮	⋮	⋮	⋮	⋮	

| 풀이 | 제1열과 제6열의 수들은 마지막 자리 수가 9입니다.
만일 9를 없애면 제1열에서 제2행부터 짝수열 수들은 10의 홀수배, 제6열에서 제3행부터 홀수열 수들은 10의 짝수배입니다.
홀수행 각 수의 끝수는 왼쪽으로부터 오른쪽으로의 순서로
1, 3, 5, 7, 9이고 짝수행 각 수의 끝수는 왼쪽으로부터 오른쪽으로의 순서로 9, 7, 5, 3, 1입니다.
그런데 $1991=1990+1$이므로 1991은 제200행 제5열에 나타난다고 단정할 수 있습니다.

예제 04

200부터 300까지의 수들 중 7의 배수가 되는 수들의 합을 구하시오.

| 풀이 | $7\times29=203$, $7\times42=294$이므로 200부터 300까지의 7의 배수 중 가장 작은 것은 203, 가장 큰 것은 294입니다.
이 사이에는 모두 $42-29+1=14$개의 7의 배수가 있는데
이 14개 수는 등차수열을 이룹니다.
따라서 이 14개 수의 합은
$(203+294)\times14\div2=3479$

예제 05

자연수를 작은 것으로부터 큰 것으로의 순서, 즉 1개, 2개, 3개, …의 순서로 그룹을 짜서 배열하면

(1), (2, 3), (4, 5, 6), (7, 8, 9, 10), (11, 12, 13, 14, 15), …이 얻어집니다.

(1) 제10 그룹의 첫 수를 구하시오.

(2) 제10 그룹에 들어 있는 모든 자연수의 합을 구하시오.

(3) 100은 제 몇 그룹의 몇 번째 위치에 있습니까?

| 풀이 | (1) 제1 그룹으로부터 제9 그룹까지의 각 그룹의 자연수 개수로 수열 1, 2, 3, …, 8, 9를 이룰 수 있습니다.
그러면 제1 그룹으로부터 제9 그룹까지의 자연수 개수는 $(1+9)\times 9\div 2=45$개입니다.
그러므로 제10 그룹의 첫 수는 46입니다.

(2) 제10 그룹 중의 10개 자연수는 46, 47, …, 55입니다.
이 10개 수의 합은 $(46+55)\times 10\div 2=505$

(3) $1+2+3+\cdots+13=7\times 13=91<100$,
$1+2+3+\cdots+14=105>100$이므로 100은 제14그룹에 나타나고, 또한 $100-91=9$이므로 100은 제14 그룹의 9번째 위치에 나타난다고 단정할 수 있습니다.

2. 등비수열

예 1 어느 동물원에 코끼리 3마리, 사자 9마리, 호랑이 27마리, 원숭이 81마리가 있습니다. 그들 마릿수 간의 배수 관계는 어떠합니까?

이 몇 가지 동물의 마릿수를 차례로 배열하면 수열 3, 9, 27, 81이 얻어집니다. 그런데 $9\div 3=3$, $27\div 9=3$, $81\div 27=3$이므로 뒤에 배열한 동물의 마릿수는 앞에 배열한 동물의 마릿수의 3배가 됩니다.

예 2 수열 1, 2, 4, 8, 16, 32, …에서 두번째 수부터 뒤의 수가 앞의 수의 2배입니다.

일반적으로 한 수열에서 두번째 항부터 시작하여 뒷항이 앞항에 같은 배수를 곱하여 이루어졌다면 이 수열을 등비수열이라고 하고, 이같은 배수를 공비라고 부릅니다. 위의 예1에서 공비는 3, 예2에서 공비는 2입니다.

등비수열의 특징을 이용하여 등비수열 중의 어떤 항을 구할 수 있고, 또 등비수열의 각 항(유한개의 항)의 합을 구할 수 있습니다.

예제 06

다음의 수열들은 등비수열입니까? 등비수열이라면 공비를 구하시오.

(1) 2, 14, 98, 686, 4802

(2) 3, 6, 18, 36, 108, 216

(3) 2, 6, 18, 54, ⋯

| 분석 | 어떤 수열이 등비수열인가를 알려면 뒷항에 앞항을 나누어서 얻어지는 배수가 같은가를 보면 됩니다.

| 풀이 | (1) $14 \div 2 = 7$, $98 \div 14 = 7$, $686 \div 98 = 7$, $4802 \div 686 = 7$이므로 이 수열은 등비수열이고 공비는 7입니다.

(2) $6 \div 3 = 2$, $18 \div 6 = 3 \neq 2$이므로 이 수열은 등비수열이 아닙니다.

(3) $6 \div 2 = 18 \div 6 = 54 \div 18 = 3$이므로 이 수열은 등비수열이고 공비는 3입니다.

예제 07

어떤 등비수열의 제1항은 5, 공비는 2입니다. 이 수열의 제3항과 제6항을 쓰시오.

| 분석 | 등비수열의 특징에 의하여 앞항에 공비를 곱하면 뒷항이 얻어집니다. 그러니까 제2항은 제1항에 공비를 곱한 것과 제3항은 제1항에 2개의 공비를 계속 곱한(즉, 공비의 제곱) 것과, 제4항은 제1항에 3개의 공비를 곱한 것과 같습니다.

이렇게 추리하여 나간다면 어떤 항이라도 다 써낼 수 있습니다.
따라서 등비수열은

$$5,\ 5\times2,\ 5\times2\times2,\ 5\times2\times2\times2,\ \cdots$$

또는 $5,\ 5\times2,\ 5\times2^2,\ 5\times2^3,\ \cdots$로 표시할 수 있습니다.

| 풀이 | 제3항은 $5\times2^2=20$, 제6항은 $5\times2^5=5\times32=160$입니다.

예제 08

그림에서처럼 정사각형의 각 변의 중점을 차례로 연결하여 크기가 서로 다른 정사각형 5개를 얻었습니다.
가운데 어두운 정사각형의 넓이가 3cm^2라면 이 5개 정사각형의 넓이의 합은 얼마입니까?

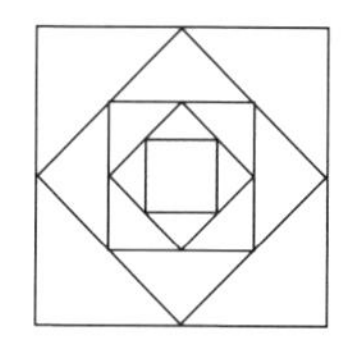

| 분석 | 각각의 바깥 정사각형의 넓이는 그 안쪽 정사각형 넓이의 2배가 된다는 것을 쉽게 알 수 있습니다.
즉, 안으로부터 바깥으로의 순서로 5개 정사각형의 넓이는 등비수열을 이룹니다. 즉,

$$3,\ 3\times2,\ 3\times2^2,\ 3\times2^3,\ 3\times2^4$$

이 수열의 공비는 2, 항은 모두 5개입니다.

| 풀이 | $3+3\times2+3\times2^2+3\times2^3+3\times2^4$

$=3+6\times(1+2+4+8)$

$=3+6\times15$

$=93(\text{cm}^2)$

등비수열의 유한개 항의 합을 구하는 데도 계산 공식이 있습니다. 그러나 등차수열의 경우보다 좀 복잡하기 때문에 여기서는 소개하지 않겠습니다.

그러므로 계산할 때에는 곱셈의 분배법칙, 결합법칙 등 계산의 성질을 이용하여 되도록 계산을 간편하게 해야 합니다.

예제 09

아래 각 수열의 각 항의 합을 구하시오.

(1) 4, 7, 16, 19, 28, 31, 40, 43, 52, 55

(2) 3, 7, 15, 31, 63, 127, 255, 511, 1023

| 풀이 | (1) 이 수열은 등비수열도 등차수열도 아니지만 약간 분석하기만 하면 등차수열로 변화시킬 수 있습니다.

1항과 2항, 3항과 4항, …을 각각 더하면

수열 11, 35, 59, 83, 107이 얻어지는데, 이는 공차가 24인 등차수열입니다. 그러므로 원래 수열의 각 항의 합은

$59\times5=295$(또는 $(11+107)\times5\div2=295$) 입니다.

| 풀이 2 | 원래 수열의 홀수항과 짝수항을 갈라놓으면 2개의 등차수열이 얻어집니다. 즉

4, 16, 28, 40, 52

7, 19, 31, 43, 55

이 두 수열의 각 항의 합을 더하면 원래 수열의 합이 얻어집니다. 즉,

$$28\times5+31\times5=295$$

| 풀이 3 | 홀수항에서 1을 빼고, 짝수항에 2를 더하면

등차수열 3, 9, 15, 21, 27, 33, 39, 45, 51, 57이 얻어집니다.

5개의 2를 더하고 5개의 1을 뺐으므로 사실은 5를 더한 것과 같습니다. 따라서 새 수열의 각 항의 합에서 5를 빼면 원래 수열의 각 항의 합이 얻어집니다. 즉

$$(3+57)\times10\div2-5=300-5=295$$

주 등차수열의 두번째 항으로부터 시작하여 뒷항에서 앞항을 빼서 얻은 일정한 수를 **공차**라고 부릅니다.

(2) 이 수열의 각 항에 1을 더하면

수열 4, 8, 16, 32, 64, 128, 256, 512, 1024가 얻어집니다.

이것은 9개 항에 공비가 2인 등비수열입니다.

이 수열의 각 항의 합에서 9를 빼면 원래 수열의 각 항의 합이 얻어집니다. 즉

$$4\times(1+2+4+8)+64\times(1+2+4+8)+1024-9$$
$$=68\times15+1024-9=2035$$

연습문제 05

본 단원의 대표문제이므로 충분히 익히세요.

01 아래 각 수열 중 빈 항을 써넣으시오.

(1) 7, 21, 63, 189, _____, _____

(2) 11, 12, 14, 18, 26, _____, 74

02 아래 각 수열 중 제10항을 구하시오.

(1) 2, 5, 10, 17, 26, ⋯

(2) 2, 5, 9, 14, 20, ⋯

(3) 2, 5, 8, 11, 14, ⋯

03 아래 각 수열의 합을 구하시오.

(1) 3, 7, 19, 55, 109, 325, 973, 2915

(2) 12, 8, 28, 24, 44, 40, 60, 56, 76, 72

(3) 6, 12, 24, 30, 42, 48, 60, 66, 78, 84

04 6층으로 된 탑이 있습니다. 각 층에 있는 전등 수가 그 위층에 있는 전등 수의 3배이고, 맨 위층의 전등이 4개라면 이 전등의 합은 모두 몇 개입니까?

05 홀수 수열을 2개, 3개, 2개, 3개, ⋯⋯이런 순서로 그룹을 짜가지고 배열한다면 다음과 같이 됩니다.

(1, 3), (5, 7, 9), (11, 13), (15, 17, 19)

제19그룹, 제20그룹 중 각 수의 합은 얼마입니까?

06 수열 1, 1, 2, 3, 5, 8, 13, ⋯의 100개 수(제100항을 포함) 중 짝수가 몇 개 있습니까?

06 수 응용 문제

응용 문제는 초등학교 수학의 중요한 구성 부분입니다.

응용 문제 풀이를 통하여 이미 배운 개념과 방법을 확실히 할 수 있고, 문제 분석 능력과 문제 해결 능력을 키울 수 있습니다. 따라서 응용 문제 풀이는 초등학교 수학 학습의 중심일 뿐만 아니라 각급 수학 경시 대회에서의 중요한 내용으로 되어 있습니다.

여기서는 응용 문제에 관련되는 기초 지식과 응용 문제를 분석하고 해결하는 방법을 중심으로 배우기로 합시다.

1. 응용 문제에 관한 기초 지식

(1) 응용 문제의 구성과 분류

먼저 아래의 세 예문을 보기로 합시다.

예문 1 영철이는 한 권에 4000원짜리 소설책 4권을 샀습니다.
돈을 얼마나 내야 합니까?

예문 2 영철이는 한 권에 4000원짜리 소설책 4권, 한 권에 2000원짜리 동화책 3권, 한 권에 소설책보다 1000원 싼 교과서 2권을 샀습니다. 돈을 얼마나 내야 합니까?

예문 3 학교 서점에서 60만원을 내고 소설책과 동화책 175권을 사왔는데, 소설책은 한 권에 4000원이고 동화책은 한 권에 2000원입니다.
소설책과 동화책은 각각 몇 권씩입니까?

위의 예문에서 응용 문제는 조건과 물음의 두 부분으로 이루어졌다는 것과, 주어진 조건과 적어도 상관성이 두 개 있다는 것을 알 수 있습니다.

예문 1은 간단한 수량 관계 하나만 들어 있으므로 바로 계산할 수 있을 것입니다. 이런 유형의 문제를 '단순 응용 문제'라고 합니다.

예문 2는 몇 개의 단순 응용 문제의 복합으로 이루어졌습니다.
이런 유형의 문제를 '복합 응용 문제'라고 합니다.

예문 3는 몇 개의 단순 응용 문제의 간단한 복합으로 이루어진 것이 아닙

니다. 문제에는 두 가지 책의 단가, 총 권수, 총 금액만 주어지고 동화책 또는 소설책을 사는 데 든 비용은 알려주지 않았습니다. 그리하여 동화책, 소설책의 총 금액 · 단가 · 총 권수 사이에 존재하는 복잡한 관계를 보여 주었습니다. 이런 유형의 응용 문제를 '복잡 응용 문제' 라고 합니다.

만일 **예문 3**의 수량 관계는 변하지 않고 내용만 바꾼다면 더 재미있는 문제가 될 것입니다.

닭과 토끼가 모두 175마리 있었는데, 다리를 세어 보니 600개였습니다.

닭과 토끼가 각각 몇 마리 있습니까? 이 문제에서 두 가지 책의 총 권수를 닭과 토끼의 마릿수로, 두 가지 책의 총 금액 60만원을 600개의 다리로, 소설책 한 권값 4000원을 토끼 한 마리의 4개 다리로, 동화책 한 권값 2000원을 닭 한 마리의 2개 다리로 바꾸었습니다.

한 가지 문제를 여러 가지 형태로 바꿀 수 있으니 얼마나 재미있습니까?

이런 유형의 문제는 우리나라 조선시대의 유명한 수학책(신정산술)에도 이미 나와 있는 문제입니다. 이 문제의 정답은 토끼 125마리, 닭 50마리입니다.

(2) 단순 응용 문제의 수량 관계

단순 응용 문제의 수량 관계는 복합 응용 문제를 분석하여 답하는 데 있어서 중요한 기초입니다. 전체적으로 보면 단순 응용 문제에는 다섯 가지 기본 수량 관계와 다섯 가지 문제 해답식이 있습니다.

(가) 덧셈 구조의 수량 관계($A+B=C$)

① 총수 구하기

예 7과 5의 합은 $7+5=12$와 같은 것

② 어떤 수에 비해 몇이 더 많은 수 구하기

예 10보다 5가 큰 수는 $10+5=15$와 같은 것

(나) 뺄셈 구조의 수량 관계($C-A=B$, $C-B=A$)

① 나머지 구하기

예 12에서 3을 뺀 나머지는 $12-3=9$와 같은 것

② 어떤 수보다 몇이 적은 수 구하기

예 18보다 6이 적은 수는 $18-6=12$와 같은 것

③ 두 수의 차 구하기

예 24와 10의 차는 $24-10=14$와 같은 것

(다) 곱셈 구조의 수량 관계($a \times b = c$)

① 같은 수의 합 구하기

예 7개의 6의 합은 $7 \times 6 = 42$와 같은 것

② 어떤 수의 몇 배 구하기

예 3의 5배는 $5 \times 3 = 15$와 같은 것

(라) 등분 나눗셈 구조의 수량 관계($c \div b = a$)

① 어떤 수를 균등하게 몇 묶으로 나누기

예 55를 11묶으로 나누면 $55 \div 11 = 5$와 같은 것

② 배수 구하기

예 24가 어떤 수의 3배라면 어떤 수는 $24 \div 3 = 8$과 같은 것

(마) 포함 나눗셈 구조의 수량 관계($c \div a = b$)

① 어떤 수에 다른 수가 몇 개 포함되어 있는가를 구하기

예 18에 포함된 6의 개수는 $18 \div 6 = 3$(개)와 같은 것

② 어떤 수가 다른 수의 몇 배인가를 구하기

예 15는 5의 $15 \div 5 = 3$(배)와 같은 것

위의 다섯 가지 구조는 모든 단순 응용 문제의 수량 관계를 나타내었고, 다섯 가지 문제 해답식은 기본적으로 모든 복합 응용 문제의 해답 방식을 나타내었습니다.

2. 종합법, 분석법

종합법과 분석법은 응용 문제를 분석해서 풀이하는 기본 방법입니다.

이 방법은 복합 응용 문제에 주어진 조건과 문제 사이의 수량 관계에 근거하여 복합 응용 문제를 간단한 응용 문제로 바꾸어 답을 얻는 것입니다.

(1) 종합법

주어진 조건으로부터 출발하여 먼저 수량 두 개를 선택한 후 문제와 관련되는 다음 문제(중간 문제)를 만듭니다. 다음에 구한 수량을 미리 알고 있는 조건으로 문제의 다른 조건과 연결시켜 풀어낼 수 있는 두번째 문제(중간 문제)를 만듭니다.

이런 식으로 본래의 물음에 답할 때까지 계속하여 추리해 나갑니다. 이와 같이 원인으로부터 결과에 이르는 방법을 종합법이라고 합니다.

예제 01

한 의류 공장에서 신사복을 2480벌 가공하려고 합니다.
매일 100벌씩 20일간 가공한 후 매일 20벌씩 더 가공할 수 있게 되었습니다. 작업 능률을 높인 후 며칠 더 만들어야 목표량을 달성할 수 있습니까?

| 분석 | ① 매일 100벌씩 20일간 가공하였다는 주어진 조건에 의하여 이미 가공한 양을 구할 수 있습니다($100\times20=2000$).

② 가공해야 할 총량 2480벌과 이미 가공해 낸 수량에 의하여 더 가공해야 할 수량을 구할 수 있습니다.
($2480-2000=480$)

③ 매일 100벌씩 가공하던 것이 20일 이후에는 하루에 20벌씩 더 가공할 수 있게 되었다는 조건에 의하여 20일 이후의 하루 가공량을 구할 수 있습니다($100+20=120$).

④ 더 가공해야 할 양과 20일 이후의 하루 가공량에 의하여 며칠 더 가공해야 할 것인가를 구할 수 있습니다.
($480\div120=4$)

| 풀이 | $(2480-100\times20)\div(100+20)$

$=(2480-2000)\div120$

$=480\div120=4$(일)

따라서 4일간 더 가공해야 목표량을 달성할 수 있습니다.

검산 : $100\times20+(100+20)\times4$

$=2000+120\times4=2000+480=2480$(벌)

이외에 또 다른 검산 방법이 없을까요?

(2) 분석법

먼저 물음과 수량 관계에 근거하여 문제 풀이에 필요한 두 가지 조건을 찾으세요. 다음 그 중 한 개 또는 두 개의 알지 못하는 조건을 풀어야 할 문제(중간 문제)로 삼고 그 중간 문제 풀이에 필요한 조건을 찾습니다.

이런 식으로 모든 조건을 거꾸로 추리하면 됩니다.

이렇게 '결과로부터 원인을 찾는' 방법을 분석법이라고 합니다.

예제 02

배 1255kg을 몇 개의 상자에 담았습니다.
그 중 40kg짜리 상자가 7개이고 그 나머지는 75kg짜리입니다. 이 배들은 모두 몇 상자에 담긴 것입니까?

| 분석 | ① 배가 모두 몇 상자에 담겼는지를 알려면 작은 상자의 개수와 큰 상자의 개수를 알아야 합니다.

② 큰 상자가 몇 개인가를 알려면 큰 상자 전체에 배가 모두 몇 kg 담겼는가와 각 상자에 몇 kg 담겼는가를 알아야 합니다.

③ 큰 상자 전체에 담은 배의 수량을 알려면 배의 총 무게와 작은 상자에 모두 몇 kg 담겼는가를 알아야 합니다.

④ 작은 상자 전체에 모두 몇 kg 담겼는가를 알려면 작은 상자 하나에 몇 kg 담겼는가와 작은 상자가 몇 개인가를 알아야 합니다(두 개 조건이 다 아는 것임).

이 문제의 분석 과정을 그림으로 표시하면 다음과 같습니다.

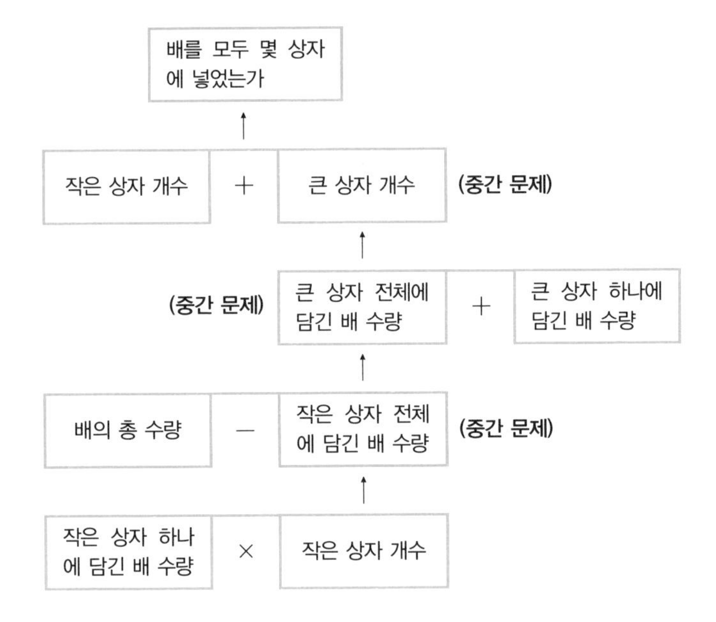

$7+(1255-40\times7)\div75$
$=7+(1255-280)\div75$
$=7+975\div75=7+13=20$(상자)
따라서 이 배는 모두 20상자에 넣어졌습니다.
검산 : $40\times7+75\times(20-7)$
$=280+75\times13=280+975=1255$(kg)
다른 검산 방법이 없을까요?

두 개 예문의 분석으로부터 분석법은 복합 응용 문제를 약간의 단순 응용 문제로 나누어 계산하는 방법이란 것을 알 수 있습니다.

또 종합법과 분석법의 방식은 정반대이지만 분석 사고 과정에서 이 두 방법은 단독으로 적용되는 것이 아니라 서로 관계된다는 것을 알 수 있습니다.

종합법을 적용하여 분석할 때 문제의 방향을 파악하는 것에 주의해야 하며, 문제 해결을 위하여 이미 알고 있는 수량에 근거하여 다음 문제를 만들어야 합니다. 그러므로 종합 속에 분석이 있다고 할 수 있습니다.

분석법을 적용할 때 이미 알고 있는 조건을 적용하는 것에 수시로 주의해야 하며 어떤 수량을 배합하여 문제를 풀 것인가를 생각해야 합니다.

그러므로 분석 속에 종합이 있다고 할 수 있습니다.

비교적 복잡한 복합 응용 문제를 풀 때 두 가지 방법을 결합시켜 적용한다면 조건과 물음 사이의 관계를 재빨리 찾아내어 해결할 수 있습니다.

연습문제 06

본 단원의 대표문제이므로 충분히 익히세요.

01 응용 문제를 분석하는 과정을 그림으로 그려 봅니다.

(1) 종합법으로 그리시오.

트랙터 1대로 밭을 21600평 갈려고 합니다. 첫 4일간은 하루에 2880평씩 갈았습니다. 나머지 밭을 3일간에 다 갈려고 한다면 하루에 몇 평씩 갈아야 합니까?

(2) 분석법으로 그리시오.

의류 공장에서 신사복을 만들려고 합니다. 원래는 하루에 40벌씩 25일간 다 만들려고 했습니다. 그런데 실제로는 계획보다 하루에 10벌씩 더 만들었습니다. 며칠 앞당겨 목표량을 달성할 수 있습니까?

02 아래 각 문제의 분석 과정을 알아맞춰 봅니다.

(1) 자동차 한 대가 A 지방에서 한 시간에 65km씩 달려서 4시간 만에 B 지방에 도착했습니다.
B 지방에서 A 지방으로 돌아올 때는 1시간 더 걸렸다면 돌아올 때는 한 시간에 얼마씩 달렸습니까?

(2) 방직 공장에 가는 실 150톤이 있습니다.
먼저 가는 실 30톤으로 천을 150m 짰다면 나머지 가는 실로는 천을 몇 미터 짤 수 있습니까?

07 수 응용 문제 풀이법 몇 가지

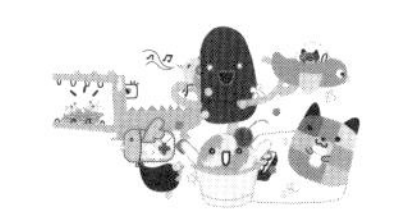

1. 도해법

수와 그림을 결합시키는 것은 수학 문제를 연구하는 중요한 방법입니다.

일부 응용 문제는 설명이 좀 복잡하거나 조건이 뚜렷하지 않습니다.

이럴 때 그림을 그리면 문제 중의 수량 관계가 구체적으로 되어 풀이하는 데 도움이 됩니다. 이런 방법을 도해법이라고 합니다.

예제 01

옥수수와 콩이 각각 한 가마니씩 있습니다. 이들 무게의 합은 옥수수 무게보다 35kg 더 무겁고, 이들 무게의 차는 15kg입니다. 이제 콩이 옥수수보다 더 무겁다는 것을 알고 이 두 가마니의 무게를 구하시오.

| 분석 | 이 문제에서 수량 관계는 아주 복잡하게 서술되어 있습니다. 그러나 만일 조건을 그림으로 나타낸다면 수량 관계가 확실해집니다. 따라서 풀이법도 아주 간단해집니다.

다음 그림에서 35kg에서 15kg을 뺀 것이 옥수수의 무게이고, 이들 무게의 합이 옥수수 무게보다 더 무거운 부분이 곧 콩의 무게 즉 35kg이라는 것을 바로 알 수 있습니다.

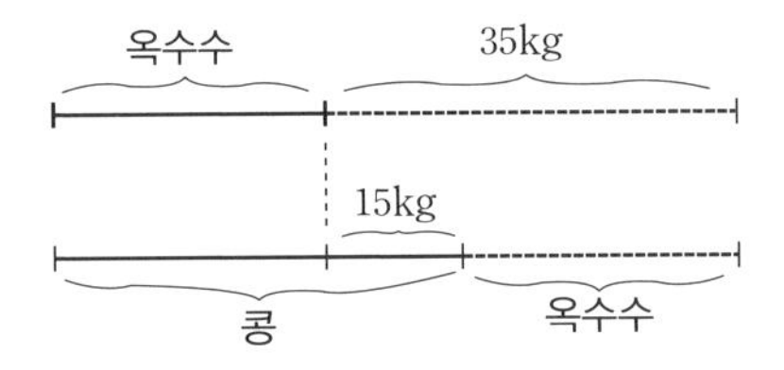

| 풀이 | $35-15+35=55(\text{kg})$

두 가마니의 총 무게는 55kg입니다.

예제 02

어느 학교의 특별 활동반 학생 중 26명이 6학년 학생이 아니고 25명이 5학년 학생이 아닙니다.
지금 5, 6학년 학생이 35명이란 것을 알고 이 특별 활동반 학생이 모두 몇 명인가를 구하시오.

| 분석 | '26명이 6학년 학생이 아니다'는 말은 6학년 외에 특별 활동반에 참가한 학생이 26명이라는 말과 같습니다.
같은 이치로 5학년 외에 특별 활동반에 참가한 학생이 25명 있다는 것을 알 수 있습니다.
문제에 근거하여 아래와 같이 그림을 그리면 수량 관계를 밝히는 데 도움이 됩니다.

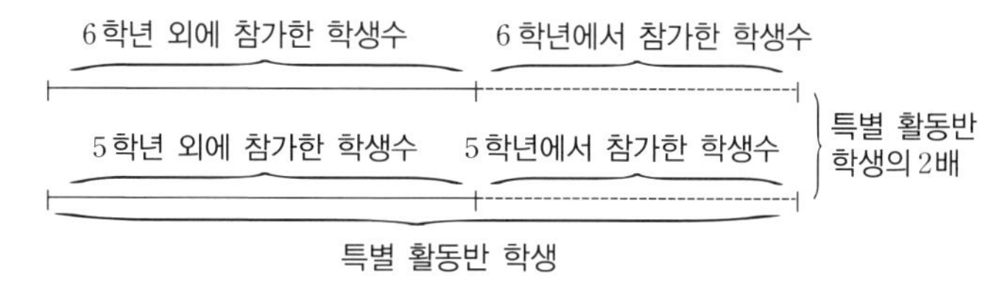

그림에서 두 점선의 합은 35명, 두 실선의 합은 51명, 이 두 수를 더하면 특별 활동반 학생수의 2배란 것을 알 수 있습니다.

| 풀이 | $(26+25+35)\div 2=86\div 2=43$(명)
이 학교 특별 활동반 학생은 43명입니다.

예제 03

어느 학급 학생들이 보트를 타게 되었습니다. 보트 한 척을 증가하면 한 척에 6명씩 앉아야 했고 보트 한 척을 감소하면 한 척에 9명씩 앉아야 했습니다. 이 학급의 학생은 모두 몇 명입니까?

| 분석 | 이 문제는 여러 가지 방법으로 풀 수 있습니다.
다음에 학급의 학생수가 계속 변하지 않았다는 것과 증가와 감소 사이에는 2척의 차이가 있다는 조건을 가지고 도해법으로 이 문제를 풀어 봅시다.

위 그림에서 직사각형의 넓이로 학급 학생수를, 직사각형의 가로와 세로로 각기 각 보트에 앉은 학생수와 보트 수를 표시했습니다.
학급의 학생수가 변하지 않았으므로 이 두 직사각형의 넓이는 같다고 할 수 있습니다.
이로부터 이 두 직사각형의 겹치는 부분을 제외한 어두운 부분 A와 B의 넓이도 같다는 것을 알 수 있습니다.
그림에서 볼 수 있는 바와 같이 어두운 부분 A의 넓이는

$$6 \times 2 = 12$$

그림에서 어두운 부분 B의 넓이도 12입니다.
그런데 어두운 부분 B의 가로(학생수의 차이)가 3이므로 직사각형의 넓이 공식에 의하여 어두운 부분의 가로를 구할 수 있습니다. 즉

$$12 \div 3 = 4$$

다시 말해서 보트 한 척을 감소하면 4척이 남습니다.

| 풀이 | $9 \times (6 \times 2 \div 3) = 9 \times 4 = 36$(명)
그러므로 이 학급에 학생이 모두 36명 있습니다.

예제 04

4학년 학생 90명이 놀이 공원으로 놀러갔습니다.
53명이 호수에서 보트를 탔고, 82명이 소형 기차를 탔으나 6명만은 아무것도 타지 않았습니다.
소형 기차도 타고 보트도 탄 학생은 몇 명입니까?

| 풀이 | 다음 그림에서와 같이 2개의 원으로 보트를 탄 학생, 소형 기차를 탄 학생을 각각 표시하면 중간의 겹친 부분(즉, 어두운 부분)이 보트도 타고 소형 기차도 탄 학생수를 표시합니다.

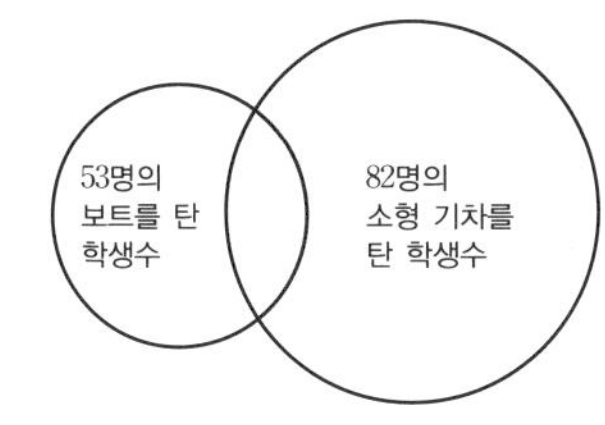

그런데 53+82=135(명) 중에는 보트만 탔거나 기차만 탄 학생이 포함될 뿐만 아니라 두 가지 활동에 모두 참가한 학생수가 반복되어 있습니다.
90−6=84(명)은 보트만 탔거나 기차만 탄 학생수와 두 가지 활동에 모두 참가한 학생수(계산에 한 번 들어갔음)의 총 합계입니다.
그러므로 두 가지 활동에 모두 참가한 학생수는

$$(53+82)-(90-6)=135-84=51(\text{명})$$

소형 기차도 타고 보트도 탄 학생은 51명입니다.

01 휘발유 40kg을 무게가 같은 통 3개에 갈라 넣었습니다. 통째로 달아보니 첫번째 통은 14kg, 두번째 통은 18kg이었습니다. 세번째 통에는 전체 휘발유의 절반을 넣었습니다. 통 하나의 무게는 얼마입니까?

02 갑, 을, 병 세 학생이 같은 액수의 돈을 거두어 연필을 사서 나누어 가지기로 하였습니다. 나눈 결과 갑, 을 두 학생은 각각 병 학생보다 연필을 6자루씩 더 가졌습니다. 그래서 갑, 을 두 학생은 병 학생에게 각각 1000원씩 주었습니다. 연필 한 자루의 값은 얼마입니까?

03 동물원에 날 수 없는 동물은 269종, 물을 떠나서는 살 수 없는 동물은 126종, 날 수 있는 동물과 물을 떠나서 살 수 있는 동물은 합쳐서 387종이 있습니다. 동물원에 동물이 모두 몇 종 있습니까?

04 화물 한 더미를 수송하려고 합니다. 적재량이 800kg인 화물 자동차로 수송하면 적재량이 600kg인 화물 자동차로 수송하는 것보다 6대 적게 들이고도 한 번에 다 수송할 수 있다고 합니다. 이 화물 더미의 무게는 얼마나 됩니까?

05 한 학급의 전체 학생이 속셈 시합과 글짓기 대회에 참가하였습니다. 그 중 속셈 시합에 참가한 학생이 25명, 글짓기 대회에 참가한 학생이 23명, 속셈 시합과 글짓기 대회에 모두 참가한 학생이 6명입니다. 이 학급의 학생은 모두 몇 명입니까?

06 어느 초등학교 생물반 모임의 46명 학생이 표본 채집을 떠났습니다. 그 중 동물 표본을 채집한 학생이 27명, 식물 표본을 채집한 학생이 35명입니다. 두 가지 표본을 모두 채집한 학생은 몇 명입니까?

2. 가설 추측법

가설로서 두 가지 또는 두 가지 이상의 미지의 양을 한 가지 미지의 양으로 결론지어 복잡한 수량 관계를 간단하게 만들거나, 먼저 구하려는 두 가지의 양을 같은 갈래의 양으로 가정한 다음, 이미 아는 조건에 의해 추산하고 수량 상에 나타난 차이를 분석하여 풀이법을 확정하는 방법을 가설 추측법이라고 합니다.

예제 05

묘목이 모두 670그루 있습니다. 첫번째 단은 두번째 단보다 30그루 더 많고 세번째 단은 두번째 단보다 40그루가 더 많다고 합니다. 단마다 묘목이 각각 몇 그루씩 있습니까?

| 분석 | 만일 묘목 3단의 그루 수가 모두 첫번째 단의 그루 수와 같다(즉, 첫번째 단의 그루 수를 표준으로 합니다)고 가정한다면 총 그루 수가 어떻게 변할까요? 그러면 두번째 단은 30그루 증가해야 되고 세번째 단은 10그루 감소해야 합니다. 따라서 총 그루 수가 $30-10$(그루) 증가하게 됩니다.

| 풀이 | $(670+30-10)\div3$

$=690\div3=230$(그루) …… 첫번째 단의 그루 수

$230-30=200$(그루) …… 두번째 단의 그루 수

$200+40=240$(그루) …… 세번째 단의 그루 수

묘목 3단의 그루 수는 각기 230그루, 200그루, 240그루입니다.

다른 풀이법으로 정답을 구하는 것은 답이 맞는지를 확인하는 좋은 방법입니다. 위에서는 첫번째 단의 그루 수를 기준으로 가정하고 답을 얻었습니다. 이제 두번째 단과 세번째 단을 각기 표준으로 하여 답을 구해 보시오.

가설 추측법을 적용하여 어느 것을 기준으로 삼을 때는 문제의 조건들을 바르게 연구하여 되도록 간편하게 풀 수 있도록 해야 합니다.

예제 06

5학년과 6학년 학생 160명이 나무 심기에 참가하였습니다. 6학년 학생들이 각각 평균 5그루, 5학년 학생들이 각각 평균 3그루씩 심은 결과, 모두 560그루를 심었습니다. 나무 심기에 참가한 5, 6학년 학생은 각각 몇 명입니까?

| 분석 | 가령 각 학생이 5그루(6학년 학생의 기준)씩 심었다면 모두 $5\times160=800$(그루) 심었을 것입니다. 이 수와 실제로 심은 양 560 사이에는 차이가 생깁니다. 이런 차이가 생긴 원인은 5학년 학생들이 각각 심은 평균 양을 2그루 더 계산에 넣었기 때문입니다. 총량의 차이 속에 2그루 같은 것이 몇 개 있는가를 찾아내면 바로 5학년 학생수가 됩니다.

| 풀이 | $(5\times160-560)\div(5-3)$

$=240\div2=120$(명) …… 5학년 학생수

$160-120=40$(명) …… 6학년 학생수

5학년 학생이 120명, 6학년 학생이 40명입니다.

예제 07

어머니가 사과를 아이들에게 나누어 주려고 합니다. 그런데 한 아이에게 4개씩 나누어 주려고 하니 8개가 남고 7개씩 나누어 주려고 하니 4개가 모자랐습니다. 어머니에게 사과가 몇 개 있겠습니까? 아이들은 또 몇 명입니까?

| 분석 | 문제를 읽어보면 어머니에게 있는 사과 개수가 일정하다는 것을 알 수 있습니다. 두 가지의 다른 배당 방법에 의하여 나누어 줄 사과의 총 개수 사이에는 $(8+4)$개라는 차이가 생기는 것을 알 수 있습니다. 이 차이는 두 가지 방법 중 각각의 아이들에게 주려는 개수의 차이$(7-4)$에 의한 것입니다.

| 풀이 | $(8+4)\div(7-4)=12\div3=4$(명) …… 아이들의 수

$7\times4-4=28-4=24$(개) …… 어머니에게 있는 사과의 개수

따라서, 어머니에게 있는 사과는 24개, 아이들은 4명입니다.

01 ㄱ, ㄴ, ㄷ 세 아저씨가 장난감을 모두 168개 만들었습니다. 그런데 ㄱ아저씨는 ㄴ아저씨보다 14개 더 많이 만들었고 ㄷ아저씨는 ㄴ아저씨보다 5개 적게 만들었습니다. 이 세 아저씨는 장난감을 각각 몇 개씩 만들었습니까?

02 어떤 아저씨가 어느 회사의 위탁을 받고 판유리 800상자를 수송해 주기로 하였습니다. 계약서에 따르면 각 상자의 수송비는 12000원이었는데 한 상자를 파손시키면 수송비를 못 받는 것은 물론 도리어 28000원씩 배상하기로 하였습니다. 수송 결과 이 아저씨는 수송비 680만원을 받았습니다. 수송 중 몇 상자가 파손되었습니까?

03 어느 학급 학생들이 보트 놀이를 하러 갔습니다. 보트 한 척에 5명씩 타려고 하니 3명이 남았고 7명씩 타려고 하니 보트 1척이 남았습니다. 보트는 모두 몇 척입니까? 또, 보트 놀이를 한 학생은 몇 명입니까?

04 학교 서점에서 35만원을 치르고 소설책 50권과 그림책 40권을 사왔습니다. 그런데 소설책 한 권 값이 그림책 한 권 값보다 평균 2000원이 싸다고 합니다. 소설책과 그림책의 평균 한 권 값은 각각 얼마입니까?

3. 대치법

어떤 응용 문제는 두 개 또는 두 개 이상의 미지의 양을 구하게 되어 있습니다. 이럴 때 미지의 양 사이의 관계에 근거하여 한 미지의 양으로 다른 미지의 양을 대치하면 수량 관계가 간단해져, 한 미지의 양을 구한 후 다른 미지의 양들을 구할 수 있습니다. 이런 문제 풀이 방법을 대치법이라고 합니다.

예제 08

4학년 학생 40명이 시 낭송 모임에 참가하였습니다. 그런데 여학생 수가 남학생 수의 2배에 4를 더한 것과 같다고 합니다.
4학년에서 시 낭송 모임에 참가한 남녀 학생은 각각 몇 명입니까?

| 분석 | 남학생 수를 1몫으로 한다면 여학생 수는 2몫에 4를 더한 것과 같습니다. 만일 남학생 수로 여학생 수를 대치한다면 시 낭송 모임에 참가한 4학년 학생인 $(2+1)$ 몫에 4를 더한 것과 같습니다. 다시 말해서 총 사람수에서 4를 빼면 3몫이 됩니다.

| 풀이 | $(40-4)\div(2+1)$
$=36\div3=12$(명) …… 남학생 수
$12\times2+4=28$(명) …… 여학생 수
시 낭송 모임에 참가한 남학생은 12명, 여학생은 28명입니다.

예제 09

가지 3kg 값이 오이 2kg 값과 같다고 합니다.
어머니가 오이 4kg과 가지 6kg을 사는 데 모두 3만원을 냈다고 합니다. 오이와 가지의 kg당 가격은 각각 얼마나 됩니까?

| 분석 | 오이의 값을 가지의 값으로 대치하여 두 가지 미지의 양을 한 가지 미지의 양으로 만든다면 가지의 kg당 가격을 계산해 낼 수 있습니다.
'가지 3kg 값과 오이 2kg 값과 같다'고 하니 오이 4kg 값은 가지 $3\times(4\div2)=6$(kg)값과 같습니다. 그러므로 3만원으로 모두 가지를 산다면 $6+6=12$(kg)을 살 수 있습니다.

| 풀이 | $30000\div\{3\times(4\div2)+6\}$
$=30000\div12=2500$(원) …… 가지의 kg당 가격
$2500\times3\div2=3750$(원) …… 오이의 kg당 가격
가지와 오이의 kg당 가격은 각각 2500원, 3750원입니다.
위의 문제에서 가지의 값을 오이의 값으로 대치하여 계산할 수도 있습니다.

예제 08과 **예제 09**에서 대치법의 핵심은 미지의 양 사이에서 서로 대치할 수 있는 수량 관계를 찾아내는 것임을 알 수 있습니다.

연습문제 07-3

01 학교에서 핸드볼공 6개와 농구공 8개를 사는 데 모두 31만 2천원을 썼습니다. 핸드볼공 5개와 농구공 2개의 값이 서로 같다면 핸드볼공과 농구공의 단가는 각각 얼마입니까?

02 아버지와 아들의 체중이 합쳐서 127kg입니다. 그런데 아버지의 체중이 아들 체중의 2배에 28kg을 더한 것과 같다고 합니다. 아버지와 아들의 체중은 각각 얼마입니까?

4. 소거법

어떤 응용 문제는 두 개의 아는 조건 중 수량이 같은 양이 들어 있습니다.

이럴 때 이 두 개의 아는 조건을 서로 덜어서 수량이 같은 양을 없애 버리고 다른 두 개 상관량의 차를 구한 후, 이 두 개의 차 사이의 관계를 분석하여 미지수를 구할 수 있습니다.

이런 문제 풀이 방법을 소거법이라고 부릅니다.

예제 10

A 운수 회사의 큰 트럭 3대와 작은 트럭 18대가 한 번에 모래를 48톤 운반할 수 있고 B 운수 회사의 큰 트럭 3대와 작은 트럭 26대가 한 번에 64톤의 모래를 운반할 수 있다고 합니다. 두 회사의 트럭은 모두 같은 자동차 회사에서 만든 같은 종류의 것입니다. 큰 트럭과 작은 트럭의 적재량은 각각 얼마입니까?

| 분석 | 두 운수 회사의 큰 트럭의 대수가 같으므로 수송량의 차이는 완전히 작은 트럭 대수의 차이에 의하여 이루어집니다. 소거법에 의해 다음과 같은 식으로 나타낼 수 있습니다.

　　큰 트럭 3대의 수송량+작은 트럭 26대의 수송량＝64톤
－) 큰 트럭 3대의 수송량+작은 트럭 18대의 수송량＝48톤
　　　　　　　　　　　　작은 트럭 8대의 수송량＝16톤

| 풀이 | $(64-48)\div(26-18)=2$(톤) …… 작은 트럭
$(48-2\times18)\div3=4$(톤) ………… 큰 트럭
적재량은 큰 트럭이 4톤, 작은 트럭이 2톤입니다.

때로는 아는 조건 중 어떤 양의 개수가 같지 않을 수 있습니다.

그러나 그것을 같게 만들 수만 있으며 여전히 소거법을 적용하여 풀 수 있습니다 (다음 연습 문제의 2번 문제가 바로 이런 경우입니다).

어떻게 풀까요?

연습문제 07-4

본 단원의 대표문제이므로 충분히 익히세요.

01 똑같은 트랙터 2대가 밭갈이와 운반 작업을 하였습니다. A 트랙터는 밭 $3000m^2$를 갈고 감자를 6번 나르는 데 360분이 걸렸고, B 트랙터는 밭 $4500m^2$를 갈고 감자를 6번 나르는 데 510분이 걸렸습니다.
만일 두 트랙터의 밭갈이 속도와 운반 속도가 같다고 하면 트랙터 한 대로 밭 $100m^2$를 가는 데 걸리는 시간과 감자를 한 번 나르는 데 걸리는 시간은 각각 얼마입니까?

02 미정이네 학교에서 농구공 2개와 배구공 4개를 사는 데 돈을 모두 12만 8천원을 썼고, 미형이네 학교에서 같은 농구공 6개와 배구공 21개를 사는 데 모두 56만 4천원을 썼습니다. 농구공 하나와 배구공 하나의 값은 각각 얼마입니까?

03 영남이가 자기의 그림책을 친한 친구들한테 나누어 주려고 합니다.
그런데 한 친구에게 4권씩 주려고 하니 9권이 남았고 한 친구에게 7권씩 주려고 하니 6권이 모자랐습니다.
영남이의 친구는 몇 명입니까? 또, 그에게는 그림책이 몇 권 있습니까?

5. 역추리법(거꾸로 풀기법)

어떤 응용 문제는 조건과 조건 사이의 앞뒤 인과 관계가 사슬처럼 연결되어 있습니다. 이런 유형의 응용 문제를 풀 때는 최종 결론으로부터 출발하여 조건과 조건 사이의 인과 관계를 역으로 더듬어 추리해 가면 나중에 정답을 얻을 수 있습니다.

이런 문제 풀이 방법을 역추리법(거꾸로 풀기법)이라고 합니다.

예제 11

어떤 수에 8을 빼고 7을 더하고 5로 나눈 다음 4를 곱한 값이 16입니다. 그렇다면 이 수는 몇입니까?

| 분석 | 최종 결과 16으로부터 출발하여 4를 곱하기 전(즉 4로 나누면)에는 몇입니까? … 이런 식으로 역추리하여 나가면 이 수를 구할 수 있습니다.

| 풀이 | $16 \div 4 \times 5 - 7 + 8 = 21$

따라서 이 수는 21입니다.

역추리법으로 결과를 얻은 후 문제에 근거하여 순서대로 계산해서 계산 결과가 맞는지를 검토할 수 있습니다.

예제 12

트랙터로 밭을 갈고 있었습니다. 첫째 날에는 밭의 절반보다 $500m^2$ 적게 갈았고, 둘째 날에는 갈고 남은 밭의 절반보다 $200m^2$ 더 갈았으며 셋째 날에는 $2000m^2$를 갈고도 $500m^2$가 남았습니다. 이 밭은 몇 m^2나 됩니까?

| 분석 | 만일 셋째 날에 갈지 않았다면 몇 m^2 남았겠습니까? 만일 둘째 날에 갈지 않았다면 또 몇 m^2 남았겠습니까? 첫째 날에 갈지 않았다면 이 밭은 몇 m^2이겠습니까? 이런 식으로 역추리하여 나가 보시오. 그리고 '절반보다 $500m^2$ 적게', '절반보다 $200m^2$ 더'라는 서술은 쉽게 혼란을 일으킬 수 있습니다. 그러므로 다음과 같이 그림으로 나타내 봅시다.

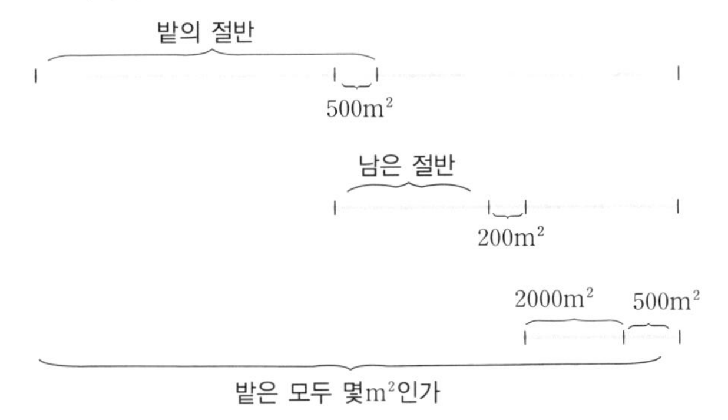

| 풀이 | $\{(2000+500+200)\times2-500\}\times2$

$=4900\times2=9800(m^2)$

따라서 이 밭은 $9800m^2$입니다.

어떻게 풀까요?

연습문제 07-3

01 어떤 수에 4를 더하고 5를 빼고 6을 곱한 후 7로 나눈 값이 12입니다. 이 수를 구하시오.

02 창고에 쌓여 있던 화학 비료를 트럭으로 실어갔습니다. 첫째 날에는 전체의 절반보다 2자루 더 실어갔고, 둘째 날에는 나머지의 절반보다 2자루 더 실어갔으며, 셋째 날에는 또 나머지의 절반보다 2자루 더 실어갔더니 이제는 2자루밖에 남지 않았습니다. 만일 이 창고의 화학 비료가 220만원어치라면 화학 비료 한 자루의 값은 얼마입니까?

03 어느 초등학교 특별 활동반 모임에 참가했던 학생 절반이 이미 중학교에 진학했습니다. 개학이 되자 25명의 학생이 새로 특별 활동반 모임에 가입했습니다. 지금 특별 활동반 모임 수의 절반보다 2명 더 많은 학생은 6학년 학생이고 나머지 36명은 5학년 학생입니다.
원래의 6학년이 졸업하기 전 특별 활동반 모임의 학생수는 몇 명이었습니까?

6. 열거법

기차를 타고 경치 좋은 관광지로 떠나려고 하는데 어느 기차를 타면 시간도 절약하고 관광도 충분히 할 수 있을까? 이런 문제에 부딪힐 때가 가끔 있습니까? 이 문제를 해결하는 가장 간단한 방법은 전국의 기차 시간표를 얻어 지금 자신이 있는 곳으로부터 관광지로 가는 모든 기차의 발착 시각을 하나하나 열거한 다음 그 중에서 선택하는 것일 겁니다.

이런 방법을 응용 문제 풀이에 적용할 수도 있습니다. 특히 어떤 응용 문제는 수량 관계가 좀 복잡하고 결론도 여러 가지일 수 있으므로, 열거 방법으로 조건에 관련되는 수량 또는 각종 가능한 결론을 빠짐없이, 그리고 중복됨이 없이 열거하여야 조건에 맞는 답을 얻을 수 있습니다.

예제 13

어느 과자점에 과자 5kg들이 10상자, 2kg들이 4상자, 1kg들이 8상자가 있습니다. 한 손님이 과자를 9kg 사겠는데 휴대하기 편리하게 상자를 뜯지 말아달라고 부탁했습니다. 몇 가지 포장 방법이 있습니까?

| 풀이 | 문제의 이미 아는 조건으로부터 포장 방법을 찾기는 어렵지 않습니다. 그러나 '방법이 있는가?' 라고 물었으니 각종 포장 방법을 빠짐없이 그리고 중복됨이 없이 찾아야 합니다.
이 경우 열거법을 이용하는 것이 가장 좋습니다.
열거 방식은 아주 많으나 중복 또는 누락을 피하기 위해 순서대로 취하여야 합니다.

상자 무게	5kg	2kg	1kg
상자수	1	2	0
	1	1	2
	1	0	4
	0	1	7
	0	2	5
	0	3	3
	0	4	1

따라서 상자를 뜯지 않고 7가지 포장 방법이 있습니다.

예제 14

갑, 을, 병 세 학생에게 그림책이 몇 권씩 있습니다. 갑이 자기의 그림책에서 몇 권을 꺼내어 을과 병에게 나누어 주었더니 을과 병의 그림책 수가 배로 증가하였고, 을이 자기의 그림책에서 몇 권을 꺼내어 갑과 병에게 나누어 주었더니 갑과 병의 그림책 수가 배로 증가하였으며, 병이 자기의 그림책에서 몇 권을 꺼내어 갑과 을에게 나누어 주었더니 갑과 을의 그림책 수가 배로 증가하였습니다. 이때 세 학생이 가지고 있는 그림책 수는 각각 48권이었습니다. 갑, 을, 병 세 학생에게 원래 그림책이 각각 몇 권씩 있었습니까?

| 풀이 | 이 문제는 역추리법과 열거법을 결합시키면 쉽게 풀 수 있습니다. 나중에 세 학생이 가지고 있는 그림책 수가 각각 48권이라는 결론으로부터 출발한다면 그 이전 갑과 을의 그림책 수가 배로 증가하기 전에 갑과 을은 각각 24권, 병은 $(48+24\times2)$권을 가지고 있었다는 것을 알 수 있습니다. 을이 갑과 병에게 그림책을 나누어 주기 전 갑은 $24\div2=12$(권),
병은 $96\div2=48$(권)을 가지고 있었습니다.
그러므로 갑이 그림책을 나누어 준 후 을에게는
$24+12+48=84$(권)이 있었습니다.
표로 나타내면 다음과 같습니다.

	갑	을	병
병이 자기의 것을 나누어 준 후	48	48	48
을이 자기의 것을 나누어 준 후	24	24	96
갑이 자기의 것을 나누어 준 후	12	84	48
세 학생에게 원래 있는 그림책 수	78	42	24

따라서 갑, 을, 병 세 학생에게 원래 그림책이 각각 78권, 42권, 24권 있었습니다.

앞의 예제에서 보면 역추리법과 열거법을 동시에 적용하였습니다. 실제적으로 응용 문제를 분석하는 과정에서 흔히 여러 가지 방법들을 동시에 사용하게 됩니다. 그리고 어떤 방법들은 서로 연관되어 있습니다.

예 대치법과 가설법은 실질적으로 '귀일법'(비례식을 쓰지 않고 처음에 단위가 되는 수나 양을 구하여 이것으로 계산하는 방법)에 속합니다.

또한 각종 문제 풀이 방법은 흔히 그림의 도움을 받게 됩니다.

그러므로 몇 가지 응용 문제 풀이 방법들을 배운 후 서로 연관시켜 사용할 수 있어야 합니다.

어떻게 풀까요?

연습문제 07-6

01 1000원짜리 2개, 500원짜리 4개, 100원짜리 8개가 있습니다. 지금 1800원을 내고 연필을 사려고 합니다. 거스름돈이 남지 않게 하려면 몇 가지 지불 방법이 있습니까?

02 5학년 학생 72명이 세 조로 나뉘어서 놀이를 하고 있습니다. 한참 놀다가 조를 재편성할 필요가 있어서 제1조에서 제2조의 인원수만큼 떼내어 제2조에 보내고, 제2조에서 제3조의 인원수만큼 떼내어 제3조에 보냈습니다. 그래도 만족스럽지 않아서 제3조에서 제1조 인원수만큼 떼내어 제1조에 보냈습니다. 그랬더니 세 조의 인원수가 똑같게 되었습니다. 원래 각 조의 인원수는 각각 몇 명이었습니까?

08 전형적인 응용 문제

1. 평균수, 기일, 식수(나무 심기) 문제

(1) 평균수 문제

각각 다른 수량을 총량이 변하지 않는 조건하에서 많은 곳의 것을 떼내어 적은 곳에 더해서 모든 양들을 같게 만들거나, 총 수량을 총 몫으로 나누면 평균수를 구할 수 있습니다.

평균수를 구하는 응용 문제를 풀 때 반드시 총 수량과 그에 대응한 총 몫을 구해야 합니다.

예제 01

어느 식당에서 11월에 첫 10일간은 매일 가스를 $34m^3$ 쓰다가 나머지 20일간은 하루에 원래보다 $3m^3$ 절약했습니다.
11월에 매일 평균 가스를 몇 m^3 썼습니까?

| 풀이 | ① 첫 10일간에 가스를 얼마나 썼습니까?

$34\times10=340(m^3)$

② 나머지 20일간에 가스를 얼마나 썼습니까?

$(34-3)\times20=620(m^3)$

③ 11월에 가스를 얼마나 썼습니까?

$340+620=960(m^3)$

④ 11월에 가스를 쓴 날은 며칠입니까?

$10+20=30$(일)

⑤ 11월에 매일 평균 가스를 얼마나 썼습니까?

$960\div30=32(m^3)$

종합 계산식 : $\{34\times10+(34-3)\times20\}\div(10+20)$

$=32$

그러므로 11월에 매일 평균 가스를 $32m^3$ 썼습니다.

예제 02

같은 규격의 나사못이 약간 있었는데, 너무 작아서 세기 힘들었습니다. 나사못 전체의 무게를 달아 보니 765g이었고 50개를 빼내고 나머지를 달아 보니 그 무게가 750g이었습니다.
나사못이 모두 몇 개 있습니까?

| 풀이 | ① 나사못 50개를 빼내기 전후의 무게 차는 얼마입니까?

$765-750=15(g)$

② 나사못 1개의 무게는 얼마입니까?

$15\div 50=0.3(g)$

③ 나사못이 모두 몇 개 있습니까?

$765\div 0.3=2550$(개)

나사못은 모두 2550개 있습니다.

(2) 기일 문제

문제에 주어진 총수 및 그에 대응하는 몫수에 근거하여 각 몫에 해당하는 수를 구하는 것이 기일 문제의 주요 특징입니다. 그런데 어떤 기일 문제는 각 몫에 해당하는 수를 구한 다음 곱셈으로 새로운 총수를 구하지만, 어떤 기일 문제는 각 몫에 해당하는 수를 구한 다음 그것으로 나누어 새로운 몫수를 구하게 됩니다.

예제 03

한 장난감 공장에서 16일 동안 장난감 7728개를 만들었습니다. 이런 속도로 만들어 나간다면 한 달 동안(30일)에 장난감을 몇 개 만들 수 있을까? 또 11592개를 만들려면 며칠이 걸립니까?

| 분석 | 장난감을 7728개 만들었다는 문제 조건에 근거하여 매일 평균 생산량을 구할 수 있고, 따라서 한 달 동안에 몇 개 만들 수 있는가와, 11592개를 만들려면 며칠 걸리겠는가를 구할 수 있습니다.

| 풀이 | $7728\div 16\times 30=14490$(개)

$11592\div(7728\div 16)=24$(일)

한 달 동안에 장난감을 14490개 만들 수 있고, 11592개를 만들려면 24일이 걸립니다.

예제 04

불도저 4대로 10일 동안에 흙을 $400m^3$ 밀어낼 수 있다고 합니다. 지금 같은 유형의 불도저를 11대 증가하여 흙을 $1200m^3$ 밀어내려면 며칠이 걸립니까?

| 분석 | 문제는 불도저 1대가 하루에 흙을 얼마나 밀어낼 수 있는가를 구하는 것입니다. 불도저 4대가 10일 동안에 흙을 $400m^3$ 밀어낼 수 있다는 조건으로부터 불도저 4대가 하루 동안에 흙을 $(400 \div 10)m^3$, 불도저 1대가 하루 동안에 흙을 $(400 \div 10 \div 4)m^3$ 밀 수 있다는 것을 구할 수 있습니다.
이렇게 되면 $(4+11)$대가 하루 동안에 밀 수 있는 흙량과 흙 $1200m^3$를 밀어내는 데 걸리는 날 수가 쉽게 구해집니다.

| 풀이 | $1200 \div \{400 \div 10 \div 4 \times (4+11)\} = 8$(일)
흙 $1200m^3$를 밀어내는 데 8일이 걸립니다.

기일 문제를 푸는 핵심은 먼저 단위 수량, 즉 각각의 몫에 해당하는 수를 구하는 것입니다.

(3) 식수(나무 심기) 문제

식수 문제에서는 일반적으로 총 길이, 나무의 간격, 나무의 숫자 이 세 가지의 관계를 연구하게 됩니다. 총 길이에는 막힌 선과 열린 선의 구별이 있습니다. 그리고 열린 선일 경우 두 끝점에 모두 심느냐, 한 끝점에만 심느냐, 두 끝점에 모두 심지 않느냐 하는 세 가지 경우가 있습니다. 그러므로 문제를 풀 때 문제를 올바로 이해해야 하며, 실제와 결부시켜 '분단 수'와 '나무 수' 사이의 관계를 가지고 식을 올바르게 세워야 합니다.

예제 05

총 길이가 12km인 버스 노선이 있습니다. 만일 2km에 하나씩 역을 설치한다면 이 길에 역을 모두 몇 곳 설치해야 합니까?

| 풀이 | ① 이 노선을 몇 개로 분단할 수 있습니까?

$12 \div 2 = 6$개

② 역을 모두 몇 곳에 설치해야 합니까?

$6 + 1 = 7$(곳)

종합 계산식 : $12 \div 2 + 1 = 7$(곳)

이 노선에 역을 모두 7곳 설치해야 합니다.

예제 06

서로 100m 떨어진 두 아파트 사이에 나무를 심으려고 합니다. 10m 건너 나무를 한 그루씩 심는다면 이 구간에 나무를 모두 몇 그루나 심을 수 있습니까?

| 분석 | 두 아파트 사이에 나무를 심기 때문에 두 끝점에는 나무를 심지 말아야 합니다. 그러므로 그루 수는 분단 수보다 1이 적어야 합니다.

| 풀이 | $100 \div 10 - 1 = 9$(그루)

나무를 모두 9그루 심을 수 있습니다.

예제 07

원형 스케이트장의 둘레가 400m입니다. 20m에 하나씩 전등을 가설한다면 전등을 모두 몇 개나 가설할 수 있습니까?

| 풀이 | $400 \div 20 = 20$(개)

전등을 모두 20개 가설할 수 있습니다.

위의 세 예제에서 **예제 5**가 두 끝점에 모두 '식수' 하는 문제임을 알 수 있습니다. 이런 유형의 문제는 '그루 수' 가 분단 수보다 1이 많습니다. 이를 식으로 나타내면

그루 수=총 길이÷그루 사이의 거리+1

예제 6은 두 끝점에 모두 '식수' 하지 않는 문제입니다. 이런 유형의 문제는 '그루 수' 가 분단 수보다 1이 적습니다. 이를 식으로 나타내면

그루 수=총 길이÷그루 사이의 거리−1

한 끝점에만 '식수' 하지 않는 문제는 '그루 수' 와 분단 수가 같습니다. 이를 식으로 나타내면

그루 수=총 길이÷그루 사이의 거리

예제 7은 막힌 선에 '식수' 하는 문제인데, 열린 선에 '식수' 하는 문제보다 간단합니다. 이때는 분단 수와 그루 수가 같습니다.

예제 08

회의실 천장에 전등이 9개 설치되어 있는데, 각 줄에 3개씩 10줄로 배열되었습니다. 어떻게 배열되어 있습니까?

| 풀이 | 전등 9개를 한 줄에 3개씩 모두 10줄로 배열하였다고 하니 전등 하나가 계산에 거듭 들어간다는 것은 분명합니다. 다음 그림은 배열 방식의 한 예입니다.

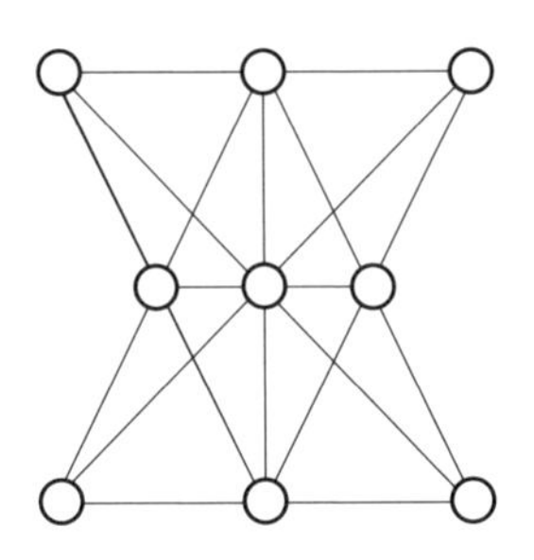

이는 일반적인 것과 다른, '그루 수' 와 행수만 고려하는 지능 문제입니다.

연습문제 08-1

본 단원의 대표문제이므로 충분히 익히세요.

01 어느 의류 공장에서 이번 주에 신사복을 만들었습니다. 5일간의 통계를 보면 매일 평균 125벌씩 만들었고, 6일간의 통계를 보면 매일 평균 127벌씩 만들었습니다. 제6일에는 신사복을 몇 벌이나 만들었습니까?

02 기말 시험에서 철수는 국어, 사회, 수학 3과목에서 평균 87점을 얻었습니다. 여기에다가 자연과 체육까지 합치면 5과목에서 평균 89점을 받은 셈입니다. 그런데 자연을 체육보다 12점이나 적게 받았습니다.
철수는 자연에서 몇 점을 받았습니까?

03 선희, 보라, 성실이는 마을 뒷산에서 딸기를 따서 똑같이 나누어 가졌습니다. 각자 10개씩 먹었더니 세 사람의 것을 합쳐도 한 사람이 나누어 가진 것만큼밖에 안 되었습니다. 세 사람은 딸기를 몇 개나 땄습니까?

04 네 아저씨가 시계를 조립하고 있었습니다. 갑, 을, 병 세 아저씨는 한 사람당 평균 72개를 조립하고 을, 병, 정 세 아저씨는 각각 평균 78개씩 조립했습니다. 정 아저씨가 84개를 조립했다면 갑 아저씨는 몇 개를 조립했습니까?

05 같은 유형의 기계 5대로 8시간 만에 밀가루 96톤을 만들 수 있습니다. 이제 기계 3대를 증가하여 밀가루 115.2톤을 만들려고 합니다.
몇 시간이면 다 만들 수 있습니까?

06 사람 힘으로는 20명이 5시간에 목화를 500kg밖에 딸 수 없으나 목화 따는 기계 1대로는 1시간에 250kg이나 딸 수 있습니다.
100명이 6시간을 따야 할 목화를 기계 1대로 몇 시간이면 다 딸 수 있습니까?

07 어느 공원에 둘레가 190m인 인공 호수가 하나 있습니다.
지금 인공 호 수 둘레를 따라 같은 간격으로 길이가 9m인 화단 10개를 만들려고 합니다. 화단 사이의 간격을 몇 m로 해야 합니까?

08 버스가 갑, 을 두 역 사이를 달리는 데 2시간이 걸린다고 합니다.
날마다 갑, 을 두 역에는 30분 사이를 두고 각각 버스 1대가 동시에 마주 향하여 출발합니다. 버스에 앉아 갑역에서 을역으로 오는 도중 을역에서 갑역으로 오는 버스를 몇 대나 만날 수 있습니까?

09 묘목 9그루를 같은 간격으로 한 줄에 3그루씩 8줄이 되게 심으려고 합니다. 어떻게 심으면 됩니까? 그림을 그려서 나타내 보시오.

2. 합차, 합배, 차배 문제

예제 09

기말 시험에서 정남이는 국어, 수학 2과목에서 평균 94점을 받았습니다. 그런데 국어를 수학보다 6점 적게 받았습니다.
정남이의 국어, 수학 성적은 각각 얼마입니까?

| 분석 | 2과목의 평균 점수가 94점이란 것을 알았으므로 2과목의 총 점수를 구할 수 있습니다. 그런데 국어를 수학보다 6점 적게 받았으므로 총 점수에서 6을 빼면 국어 점수의 2배가 됩니다. 따라서 국어 점수를 쉽게 구할 수 있습니다.

| 풀이 | ① 국어 점수는 몇 점입니까?

$(94 \times 2 - 6) \div 2 = 91$(점)

② 수학 점수는 몇 점입니까?

$188 - 91 = 97$(점) 또는 $91 + 6 = 97$(점)

국어는 91점, 수학은 97점을 받았습니다.

위의 문제와 같이 두 수의 합과 두 수의 차를 알고 이 두 수를 구하는 문제를 합차 문제라고 합니다.

이런 유형의 문제는 일반적으로 가설법을 적용하여 풉니다. 문제 풀이의 핵심은 먼저 **작은 수(또는 큰 수)를 기준으로 두 수를 같다고 가정하는 것**입니다. 이때 두 수의 합에서 두 수의 차를 빼면(더하면) 작은 수(또는 큰 수)의 2배가 됩니다. 즉,

(합－차)÷2＝작은 수

(합＋차)÷2＝큰 수

예제 10

어느 공장에 직원이 1850명 있습니다. 이제 여기에 남성 직원이 50명 더 증가하면 남성 직원이 여성 직원의 3배가 됩니다. 이 공장에 남녀 직원은 각각 몇 명씩 있습니까?

| 분석 | 남성 직원 50명을 더 증가한다면 직원 총 수는 $(1850+50)$명입니다. 이 수는 여성 직원의 $(1+3)$배에 해당합니다.
이로부터 여성 직원 수를 구할 수 있습니다.

| 풀이 | ① 여성 직원은 몇 명입니까?

$(1850+50)\div(1+3)=475$(명)

② 남성 직원은 몇 명입니까?

$475\times3-50=1375$(명) 또는 $1850-475=1375$(명)

그러므로 이 공장에는 남성 직원은 1375명, 여성 직원은 475명 있습니다.

위의 문제와 같이 두 수의 합과 그들의 배수 관계를 알고 이 두 수를 구하는 문제를 합배 문제라고 합니다.

이런 유형의 문제는 일반적으로 대치법을 사용합니다.

문제 풀이의 핵심은 **먼저 작은 수를 기준수(배수)로 삼은 다음 이 두 수의 배수 관계에 근거하여 합이 기준수의 몇 배인가를 구하는 것**입니다.

이렇게 되면 작은 수와 큰 수를 구할 수 있습니다. 즉,

합÷(1＋배수)＝작은 수

작은 수×배수＝큰 수, 또는 합－작은 수＝큰 수

예제 11

ㄱ, ㄴ의 두 사과 더미가 있습니다. 그런데 ㄱ더미가 ㄴ더미보다 540kg 적습니다. 이제 두 더미에서 각각 600kg씩 실어갔더니 ㄴ더미의 사과가 ㄱ더미의 사과의 4배가 되었습니다.
이 두 더미에 원래 사과가 각각 몇 kg씩 있었습니까?

| 분석 | 두 더미에서 각각 600kg씩 실어간 후에도 ㄱ, ㄴ 두 더미의 수량 차는 여전히 540kg입니다.
이것은 ㄱ더미 사과의 (4−1)배에 해당합니다. 이로부터 ㄱ더미에 남은 사과 수량을 구할 수 있고, 나아가서 두 더미에 원래 있던 사과 수량을 구할 수 있습니다.

| 풀이 | ① 600kg을 실어간 후 ㄱ더미에 사과가 얼마나 남아 있습니까?

$540 \div (4-1) = 180(\text{kg})$

② ㄱ더미에 원래 사과가 얼마나 있었습니까?

$180 + 600 = 780(\text{kg})$

③ ㄴ더미에 원래 사과가 얼마나 있었습니까?

$180 \times 4 + 600 = 1320(\text{kg})$

그러므로 사과가 원래 ㄱ더미에 780kg, ㄴ더미에 1320kg 있었습니다.

위의 문제와 같이 두 수의 차와 그들의 배수 관계를 알고 이 두 수를 구하는 문제를 차배 문제라고 합니다. 문제 풀이의 핵심은 **작은 수를 기준수(배수)로 하고 기준수의 몇 배로 큰 수를 표시한 다음 두 수의 차가 몇 배수인가를 구하는 것**입니다. 이것을 알게 되면 작은 수를 구할 수 있고 나중에는 큰 수까지 구할 수 있습니다. 즉,

차÷(배수−1)=작은 수

작은 수×배수=큰 수

01 어느 양돈장에서 올해에 돼지를 작년보다 2500마리 더 길렀습니다. 다시 말해서 올해에 기른 마릿수가 작년의 3배인 셈입니다. 올해와 작년에 돼지를 각각 몇 마리씩 길렀습니까?

02 크기가 서로 다른 사과 두 광주리의 무게가 88kg, 값이 12만 3200원입니다. 지금 첫째 광주리 사과의 무게가 둘째 광주리 사과 무게의 3배라는 것을 압니다. 두 광주리의 사과 무게는 각각 얼마입니까? 값은 또 각각 얼마입니까?

03 갑, 을, 병 세 수의 합이 458인데, 갑이 을보다 29가 더 크고, 병이 을보다 36이 더 작다고 합니다. 갑, 을, 병 세 수는 각각 얼마입니까?

04 ㄱ광주리의 배 무게는 ㄴ광주리 배 무게의 3배입니다. 만일 ㄱ광주리에서 배 30kg을 꺼내어 ㄴ광주리에 넣는다면 두 광주리의 배 무게가 같게 됩니다. 배 두 광주리의 원래 무게는 각각 얼마입니까?

05 두 수를 나누면 서로 몫이 3, 나머지가 4이고, 나눠지는 수 · 나누는 수 · 몫 · 나머지를 더하면 그 합이 43입니다. 나눠지는 수와 나누는 수를 구하시오.

3. 속력과 작업 능률에 관한 문제

속력 문제에서는 운동하는 물체의 속력(평균 속력) · 시간 · 경유하는 거리, 이 세 가지 사이의 관계를 연구하게 됩니다.

운동하는 물체의 노선에 따라 나눈다면 크게 열린 노선상에서의 운동과 막힌 노선상에서의 운동의 두 유형으로 나뉘며, 또 운동하는 물체의 운동 방향에 따라 나눈다면 크게 만나기 · 따라잡기 · 멀어지기의 세 가지 유형으로 나눌 수 있습니다.

이런 유형의 문제의 기본 수량 관계는 다음과 같습니다.

속력×시간=거리, 거리÷속력=시간
거리÷시간=속력

속력 문제를 **분석하고 해답할 때 문제에 근거하여 선분도를 그리면 수량 관계를 분석하고 풀이 방법을 찾는 데 도움**이 됩니다.

(1) 만나기 문제

문제 풀이에 쓰이는 주요 관계식

① 속력의 합×만나는 시간=두 곳 사이의 거리
② 두 곳 사이의 거리÷속력의 합=만나는 시간
③ 두 곳 사이의 거리÷만나는 시간=속력의 합
④ 속력의 합－갑 물체의 속력=을 물체의 속력

예제 12

갑, 을 두 트럭이 각각 A, B 두 도시에서 동시에 마주 향해 떠났는데, 갑은 한 시간에 40km씩, 을은 한 시간에 45km씩 달렸습니다. 두 트럭은 제1차로 만난 후 계속 달렸는데, 을은 A 도시에 도착한 후 바로 원래 속력으로 원래 노선을 따라 B 도시로 떠났고, 갑도 B 도시에 도착한 후 바로 원래 속력으로 원래 노선을 따라 A 도시로 떠났습니다. 두 트럭이 출발해서부터 제2차로 만날 때까지는 6시간이 걸렸습니다. A, B 도시 사이의 거리는 몇 km입니까?

| 풀이 | 다음 그림에서 6시간 내에 갑, 을 두 트럭이 똑같이 A, B 사이 거리의 3배만큼의 거리를 달렸다는 것을 알 수 있습니다.
그러므로 A, B 사이의 거리는

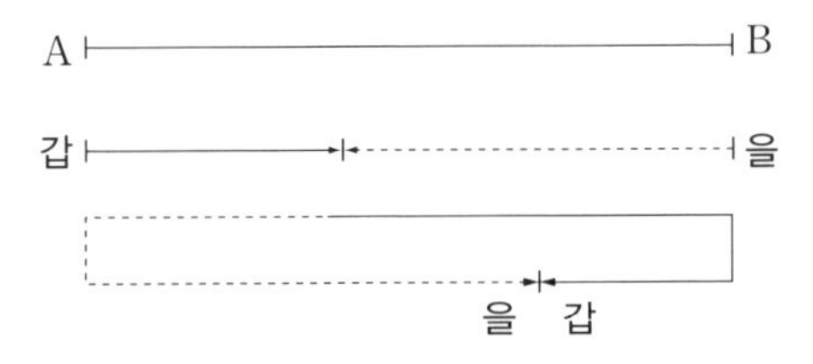

$$(40+45)\times 6\div 3=170(\text{km})$$

A, B 두 도시 사이의 거리는 170km입니다.

예제 13

A, B 두 도시 사이의 거리는 45km입니다. 조 아저씨는 오전 8시에 A 도시에서 걸어서 B 도시를 향해 떠났고, 영수는 오전 9시에 B 도시에서 자전거를 타고 A 도시를 향해 떠났습니다. 두 사람은 오전 11시에 도중에서 만났는데 영수의 속력이 조 아저씨의 3배라고 합니다. 조 아저씨와 영수는 매시간에 각각 몇 km씩 갔습니까?

① 조 아저씨와 영수는 공동으로 몇 시간 갔습니까?

$11-9=2$(시간)

② 두 사람의 속력의 합은 조 아저씨 속력의 몇 배나 됩니까?

$1+3=4$(배)

③ 총 거리는 조 아저씨가 매시간에 간 거리의 몇 배나 됩니까?

$4\times2+1=9$(배)

④ 조 아저씨는 매시간에 몇 km씩 갔습니까?

$45\div9=5$(km)

⑤ 영수는 매시간에 몇 km씩 갔습니까?

$5\times3=15$(km)

조 아저씨는 매시간에 5km씩, 영수는 매시간에 15km씩 갔습니다.

(2) 따라잡기 문제

따라잡기 문제를 푸는 핵심은 **먼저 따라잡는 데 필요한 거리 및 운동하는 두 물체의 속력 차**를 구하는 것입니다.

따라잡는 거리÷속력 차=따라잡는 시간

예제 14

갑이 매시간에 4km의 속력으로 걸어서 시가지를 향해 떠난 뒤 4시간 지나서 을이 자전거를 타고 같은 지점에서 갑을 뒤쫓아 갔습니다. 을의 시속이 12km라면 몇 시간 후 을이 갑을 따라잡을 수 있습니까?

| 분석 | 갑이 매시간에 4km의 속력으로 4시간 먼저 떠났으므로 따라잡는 거리는 4×4(km), 속력차는 $(12-4)$라는 것을 알 수 있습니다.

| 풀이 | $(4\times4)\div(12-4)=2$(시간)

을은 출발해서 2시간 후 갑을 따라잡을 수 있습니다.

예제 14

갑이 매시간에 4km의 속력으로 걸어서 도시를 향해 떠난 뒤 4시간 지나서 을이 자전거를 타고 같은 지점에서 갑을 뒤쫓아 갔습니다. 을의 시속이 12km라면 몇 시간 후 을이 갑을 따라잡을 수 있습니까?

| 분석 | 갑이 매시간에 4km의 속력으로 4시간 먼저 떠났으므로 따라잡는 거리는 4×4(km), 속력차는 $(12-4)$라는 것을 알 수 있습니다.

| 풀이 | $(4\times4)\div(12-4)=2$(시간)

을은 출발해서 2시간 후 갑을 따라잡을 수 있습니다.

예제 15

400m 원형 경주로에서 갑, 을 두 사람이 동시에 출발선을 떠났습니다. 갑의 속력은 매초에 4m, 을의 속력은 매초에 6m입니다.

(1) 만일 그들이 반대 방향으로 달린다면 출발 후 몇 초 만에 제1차로 만날 수 있습니까?

(2) 만일 그들이 같은 방향으로 달린다면 출발 후 몇 초 만에 제1차로 만날 수 있습니까? 출발선에서 얼마나 떨어진 곳에서 만날 수 있습니까?

| 분석 | 이것은 원형 노선에서 운동하는 물체의 따라잡기 문제입니다.
두 사람이 반대 방향으로 달릴 경우 같이 한 바퀴(400m) 달리면 만날 수 있고 두 사람이 같은 방향으로 달릴 경우 을(빠른 사람)이 한 바퀴 더 달려야 갑(늦은 사람)을 따라잡을 수 있습니다.

| 풀이 | (1) $400\div(4+6)=40$(초)

(2) $400\div(6-4)=200$(초)

갑이 달린 거리 : $4\times200\div400=2$(바퀴)

을이 달린 거리 : $6\times200\div400=3$(바퀴)

그러므로 반대 방향으로 달릴 경우는 출발 후 40초 만에 만날 수 있습니다. 같은 방향으로 달릴 경우 출발 후 200초 만에 만날 수 있는데 만나는 곳은 출발선입니다.

(3) 작업 능률 문제

작업 능률 문제에서는 **총 작업량 · 작업 능률 · 작업 시간, 이 세 가지 사이의 관계**를 연구하게 됩니다. 기본적 수량 관계는 다음과 같이 표시할 수 있습니다.

총 작업량 ÷ 작업 능률 = 작업 시간

예제 16

갑, 을 두 사람이 32000자 되는 자료를 8시간 만에 모두 컴퓨터에 입력하였습니다. 갑이 한 시간에 2200자씩 자판을 친다면 을은 한 시간에 몇 자씩 쳤습니까?

| 풀이 | $32000 \div 8 - 2200 = 1800$(자)

을은 한 시간에 1800자씩 쳤습니다.

예제 17

부속품 350개를 박씨 아저씨 혼자서는 14시간에 모두 만들 수 있고 박씨 아저씨와 그의 아들이 함께 만들면 10시간이 걸린다고 합니다. 만일 박씨 아저씨의 아들이 혼자서 만든다면 몇 시간이 걸립니까?

| 분석 | 주어진 조건으로부터 박씨 아저씨가 한 시간에 만드는 부속품 수와 박씨 아저씨와 그의 아들 둘이서 한 시간에 만드는 부속품 수를 구할 수 있습니다. 이 두 수의 차가 바로 박씨 아저씨의 아들이 한 시간에 만드는 부속품 수입니다. 이렇게 되면 박씨 아저씨의 아들이 혼자서 만드는 데 걸리는 시간을 구할 수 있습니다.

| 풀이 | $350 \div (350 \div 10 - 350 \div 14) = 35$(시간)

박씨 아저씨의 아들이 혼자서 만든다면 35시간 걸립니다.

연습문제 08-3

본 단원의 대표문제이므로 충분히 익히세요.

01 객차와 화물차가 A, B 두 지점의 중간 지점(등거리점)에서 반대 방향을 향하여 동시에 떠났습니다. 4시간 후 객차는 A 지점에 도착했으나 화물차는 B 지점에서 40km 떨어진 곳까지 왔습니다. 객차의 속력이 화물차 속력의 1.25배라면 A, B 두 지점 사이의 거리는 몇 km나 됩니까?

02 갑, 을 두 사람이 서로 17km 떨어진 곳에서 마주 향해 떠났습니다. 갑은 매시간에 4800m, 을은 매시간에 4200m 걸을 수 있다고 합니다. 갑이 떠나서 25분 후에 을이 떠났다면 을은 몇 분 후 갑과 만날 수 있습니까?

03 A, B 두 지점 사이의 거리는 900m입니다. 영남이와 동철이는 B점에서 A점을 향해 동시에 출발하였습니다. 영남이는 매분에 80m, 동철이는 매분에 100m씩 걷습니다. 동철이는 A점에 도착한 후 바로 방향을 바꾸어 영남이를 향해 마주 걸었습니다. 그들 둘은 출발 후 몇 분 만에 만났습니까?

04 갑, 을 두 기선이 654km 떨어진 두 부두에서 마주 향해 동시에 떠났습니다. 8시간 후 두 기선 사이의 거리는 390km로 줄어들었습니다. 갑은 물을 거슬러 올라가므로 매시간에 15km밖에 갈 수 없습니다. 그러면 을은 매시간에 몇 km씩 갑니까?

05 화물 열차와 여객 열차가 각각 ㄱ역에서 ㄴ역으로 떠납니다. 화물 열차는 매시간에 50km, 여객 열차는 매시간에 80km씩 달릴 수 있습니다. 화물 열차가 떠나서 2시간 후 여객 열차가 떠나게 되어 있는데, 규정에 따르면 두 열차 사이의 거리는 10km 이하이어서는 안 된다고 합니다. 이 규정에 의하여 화물 열차는 발차 후 제일 늦으면 몇 시간 후 여객 열차가 통과하기를 기다려야 합니까?

연습문제 08-3

06 해적선이 우리나라 어떤 섬에서 6km 떨어진 곳에 들어왔다가 매분 400m의 속력으로 도망치고 있습니다. 섬에서 출발한 우리 해군 순찰선은 11분 만에 해적선에서 500m 떨어진 곳에 당도하여 포 사격으로 해적선을 침몰시켰습니다. 해군 순찰선의 속력은 해적선보다 얼마나 더 빠릅니까?

07 화물이 160톤 있는데, 갑, 을 두 트럭으로 동시에 운반한다면 4시간이 걸린다고 합니다. 만일 을 트럭이 매시간에 22톤을 운반할 수 있다면 갑 트럭은 매시간에 몇 톤씩 운반할 수 있습니까?

08 아스팔트 포장공들이 A, B 두 개 조로 나뉘어 69km되는 길을 포장하려고 합니다. A조에서는 매일 500m, B조에서는 매일 600m씩 포장할 수 있습니다. 만일 A조가 단독으로 6일간 포장한 후 두 조가 함께 포장한다면 며칠 더 걸려야 모두 포장할 수 있습니까?

09 작업 능률이 같은 갑, 을 두 사람이 모두 26개의 공정을 거쳐서 부속품을 만들었는데, 갑이 16500개, 을이 22500개 만들었습니다.
갑, 을 두 사람이 각각 며칠 동안 만들었습니까?

4. 연령 문제

연령 문제에는 다음과 같은 세 가지의 특징이 있습니다.

특징 1 두 사람의 연령차는 영원히 변하지 않습니다.

특징 2 두 사람의 연령은 동시에 같은 자연수로 증가합니다.

특징 3 두 사람의 연령 사이의 배수 관계는 햇수의 변화(연령의 증가)에 따라 변합니다. 즉, 연령이 많아질수록 그 배수가 더 작아집니다.

연령 문제를 풀 때 꼭 이 세 가지 특징을 고려하여야 정답을 얻을 수 있습니다. 문제 풀이에 적용되는 주요 관계식은 다음과 같습니다.

① 큰 연령－작은 연령＝연령차

② 연령차÷배수차＝작은 연령

또는 연령합÷배수합＝작은 연령

③ 작은 연령×배수＝큰 연령

예제 18

3년 전 아버지와 아들의 나이의 합은 49세입니다. 지금 아버지의 나이는 아들 나이의 4배라고 합니다. 아버지와 아들의 금년 나이는 각각 얼마입니까?

풀이 ① 지금 아버지와 아들 나이의 합은 얼마입니까?

$49+3\times2=55$(세)

② 아들은 지금 몇 살입니까?

$55\div(1+4)=11$(세)

③ 아버지의 나이는 금년에 얼마입니까?

$11\times4=44$(세)

아버지는 현재 44세, 아들은 현재 11세입니다.

예제 19

아버지는 현재 아들보다 30세가 더 많습니다. 3년 후 아버지의 나이가 아들의 4배로 된다면 아들의 현재 나이는 몇 살입니까?

| 풀이 | ① 3년 후 아들은 몇 살입니까?

$30 \div (4-1) = 10$(세)

② 금년에 아들은 몇 살입니까?

$10 - 3 = 7$(세)

그러므로 아들은 금년에 7세입니다.

예제 20

금년에 정희는 2세, 그의 어머니는 26세입니다. 몇 년 후 어머니의 연령이 정희의 3배로 됩니까?

| 풀이 | ① 어머니는 정희보다 몇 살 더 많습니까?

$26 - 2 = 24$(세)

② 몇 년 후 정희는 몇 살입니까?

$24 \div (3-1) = 12$(세)

③ 정희는 몇 년이 지나야 12세로 됩니까?

$12 - 2 = 10$(년)

따라서 10년 후 어머니의 연령은 정희의 3배가 됩니다.

연습문제 08

01 정민이의 나이는 아버지보다 28세 적습니다. 아버지의 금년의 나이는 정민이의 나이의 5배라면 정민이와 그의 아버지의 금년 나이는 각각 얼마입니까?

02 금년에 형님과 동생의 나이 합은 41세입니다. 5년 후 형의 나이가 동생의 2배로 된다면 금년에 형님과 동생의 나이는 각각 얼마입니까?

03 1990년에 딸은 25세, 어머니는 52세였습니다. 몇 해 전에 어머니의 나이가 딸의 4배였다면 그 해는 어느 해입니까?

04 아버지, 어머니와 나 셋의 나이의 합은 72세입니다. 아버지와 어머니의 나이가 같고 어머니의 나이가 나의 4배라면 셋의 나이는 각각 얼마입니까?

05 길동이의 집에는 여섯 식구가 있는데, 평균 나이가 40세입니다. 할머니는 할아버지보다 2살 적고, 어머니는 아버지보다 2살 적고, 길동이는 누나보다 2살 어립니다. 길동이와 할아버지의 연령 합이 80세이고 길동이가 금년에 11살이라면 다른 식구들의 나이는 각각 얼마입니까?

09 방정식

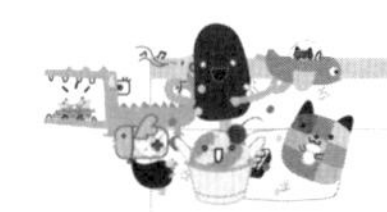

초등학교에서 방정식에 관한 약간의 지식을 배운바 있는데 중학과정에서는 더욱 어려운 문제를 다루게 됩니다.
이 장에서는 응용 문제를 분석 · 풀이하는 데 도움을 주고자 초등학교에서 배운 지식의 기초 위에 약간의 지식을 보충하려고 합니다.

1. 간단한 방정식의 풀이

(1) 방정식

$x+70=105$, $4x=120x-252$, $x\div11=13$, $128\div x=8$, $150-3x=30$과 같이 미지수를 갖는 등식을 방정식이라고 합니다.

$x=40$을 마지막 방정식에 대입하면 좌변$=150-3\times40=30=$우변이 얻어지는데, 이때 $x=40$을 방정식의 해(또는 근)라고 합니다.

일반적으로 방정식의 좌우 양변이 같아지게 하는 미지수의 값을 방정식의 해라고 합니다. 즉 방정식의 해를 구하는 과정을 방정식을 푼다고 합니다.

(2) 간단한 방정식

초등학교에서 방정식을 풀 때는 사칙연산을 이용하였으나, 중학교에서 방정식을 풀 때는 등식의 일부 성질, 예컨대 등식의 양변에 같은 수를 더하거나 빼도, 0이 아닌 같은 수를 곱하거나 나누어도 등식이 여전히 성립한다는 성질을 이용하게 됩니다.

예제 01

방정식 $6x-5=1+4x$를 풀으시오.

| 분석 | $(1+4x)$를 $6x$에서 5를 뺀 차로 보면 $6x=(1+4x)+5$, 즉 $6x=(1+5)+4x$. 또 $6x$를 $4x$와 $(1+5)$의 합으로 보면
$6x-4x=1+5$
이 방정식을 원 방정식과 비교하면 등식 좌변의 '-5'를 등식 우변으로 옮기면 '$+5$'로, 등식 우변의 '$+4x$'를 등식 좌변으로 옮기면 '$-4x$'로 된다는 것을 알 수 있습니다.
이 결론은 보편성을 띠고 있는데 '+'를 옮기면 '−'로, '−'를 옮기면 '+'로 된다고 간단히 말할 수 있습니다.
$6x-4x=(6-4)x=2x$를 6개의 x에서 4개의 x를 빼면 2개의 x가 남는다고 이해할 수 있습니다.

| 풀이 | $6x-4x=1+5$

$2x=6$

$x=6\div2=3$

예제 02

방정식 $2(5y-9)=2y-2$를 풀으시오.

| 분석 | 방정식은 미지수를 품은 등식이므로 등식의 양변을 0이 아닌 같은 수로 나누어도 등식이 여전히 성립합니다.
그러므로 이 방정식의 양변을 2로 나누면 간편해집니다.

| 풀이 | $5y-9=y-1$

$5y-y=9-1$

$4y=8$

$y=8\div4=2$

어떻게 풀까요?

연습문제 09-1

01 $11x+42-2x=100-9x-22$

02 $8x-3+2x+1=7x+6-5x$

03 $5(2x-3)=3(x+2)$

04 $15-(7-5x)=2x+(11-3x)$

05 $2(5x-9)=2x-2$

06 $95\div(2x-3)=5$

2. 방정식을 세워서 응용 문제 풀기

응용 문제를 풀 때 사칙연산의 제한으로 말미암아 좀 복잡한 응용 문제는 풀기 어렵습니다.

만일 방정식을 세워서 응용 문제를 푸는 방법을 이해하면 사칙연산으로는 풀기 어렵거나 심지어는 풀 수 없는 문제라도 간단하게 풀 수 있게 됩니다.

그러므로 계산식을 세워서 응용 문제를 풀던 것으로부터 방정식을 세워서 응용 문제를 푸는 것으로 발전한 것은 문제 풀이 방법상의 한 단계의 진보라고 말할 수 있습니다.

방정식을 세워서 응용 문제를 푸는 것을 배울 때 중요한 것은 문제의 방정식을 세우는 데 있는 것이 아니라, 분석하는 방법을 배우는 것입니다.

이렇게 하여야만 같은 유형의 문제를 만나더라도 척척 풀어나갈 수 있습니다.

사고 방향의 다름에 따라 **방정식을 세우는 데는 종합법과 분석법의 두 가지 사고 방법**이 적용됩니다.

(1) 종합법

종합법에서는 설정한 미지수로부터 출발해서 이미 주어진 수(양)와 미지수(양) 사이의 수량 관계에 근거하여 관련 대수식들을 구성한 다음, 등식 관계를 이용하여 이런 대수식으로 등식(즉 방정식)을 구성하게 됩니다.

이는 부분으로부터 전체에 이르는 하나의 과정입니다.

예제 03

빠른 말은 하루에 120km 걸을 수 있고, 느린 말은 하루에 75km 걸을 수 있습니다. 느린 말이 12일 먼저 떠났다면 빠른 말은 며칠이면 느린 말을 따라잡을 수 있습니까?

| 분석 | 문제에 근거하여 빠른 말이 x일이면 느린 말을 따라잡을 수 있다고 가정해 봅시다. 그러면 빠른 말은 x일 동안 120km 갈 수 있고, 느린 말은 $(x+12)$일 걸었으므로 $75(x+12)$km 갈 수 있습니다. 빠른 말이 느린 말을 따라잡으려면 다음의 등식 관계를 만족시켜야 합니다.

즉 빠른 말이 걸은 거리=느린 말이 걸은 거리

| 풀이 | 빠른 말이 x일이면 느린 말을 따라잡는다고 가정하면 문제에 의하여 다음의 방정식이 얻어집니다. 즉

$$120x=75(x+12)$$
$$120x=75x+900$$
$$120x-75x=900$$
$$x=20$$

빠른 말은 20일이면 느린 말을 따라잡을 수 있습니다.

(2) 분석법

분석법에서는 먼저 등량 관계를 찾아낸 다음(즉 개괄적인 등식을 구성한 다음) 이 식의 요구에 따라 이미 주어진 수(양)와 설정한 미지수(양)로 관련 대수식을 구성하고 방정식을 세우게 됩니다.

이는 전체로부터 부분에 이르는 하나의 과정입니다.

예제 04

어느 가게에서 광주리에 사과를 담으려고 합니다. 한 광주리에 50개씩 담으면 광주리 하나가 모자라고 한 광주리에 55개씩 담으면 광주리 하나가 남습니다. 이 가게에 광주리가 몇 개 있습니까? 사과는 또 몇 개 있습니까?

| 분석 | 광주리가 x개 있다고 가정합시다. 가게에 있는 사과 개수가 일정하기 때문에 다음의 등식 관계가 성립됩니다.
즉 한 광주리에 50개씩 담을 때의 총 사과 개수=한 광주리에 55개씩 담을 때의 총 사과 개수. 그런데 한 광주리에 50개씩 담을 때의 사과 개수는 $50(x+1)$로, 한 광주리에 55개씩 담을 때의 총 사과 개수는 $55(x-1)$로 표시할 수 있습니다.

| 풀이 | 가게에 광주리가 x개 있다고 가정하면 다음의 방정식이 얻어집니다. 즉,

$$55(x-1)=50(x+1)$$
$$55x-55=50x+50$$

$$5x=105$$
$$x=21$$

총 사과 개수 : $50\times(21+1)=1100$(개)

이 가게에 광주리가 21개, 사과가 1100개 있습니다.

방정식을 세워서 응용 문제를 풀 때 종합법을 쓸까 분석법을 쓸까 생각할 것 없이 일반적으로 먼저 미지수(양)를 x라고 가정(때로는 구하려는 미지수와 관련된 다른 한 미지수를 x라고 가정)하고 이 미지수(양)를 잠시 기지수(양)로 삼습니다.

다음으로 문제에 근거하여 x와 각종 기지수로 대수식을 구성하고, 등식 관계를 이용하여 방정식을 세웁니다.

방정식을 풀 때에야 x는 비로소 자기의 본성 즉 미지수로 회복하게 됩니다.

예제 05

닭과 토끼를 한 우리에 가두었는데, 세어 보니 머리가 35개, 다리가 94개였습니다. 닭과 토끼는 각각 몇 마리입니까?

| 분석 | 닭의 마릿수를 x라고 가정하면 토끼의 마릿수는 $(35-x)$로 표시할 수 있습니다. 닭은 다리가 둘이므로 닭의 총 다릿수는 $2x$, 토끼는 다리가 넷이므로 토끼의 총 다릿수는 $4(35-x)$입니다. 닭과 토끼의 총 다릿수가 94개이므로 다음의 등식 관계가 성립됩니다. 즉

닭의 총 다릿수+토끼의 총 다릿수$=94$

| 풀이 | 닭의 마릿수를 x라고 가정하면 토끼의 마릿수는 $(35-x)$라고 할 수 있습니다. 따라서

$$2x+4(35-x)=94$$
$$2x+140-4x=94$$
$$2x=46$$
$$x=23$$

토끼의 마릿수 : $35-23=12$(마리)

이 우리에는 닭이 23마리, 토끼가 12마리 들어 있습니다.

예제 06

정 아저씨는 견습공 광호와 함께 부속품 만드는 임무를 30일 동안에 다 완수하였습니다.
정 아저씨는 하루에 광호보다 부속품을 2개 더 만든다고 합니다. 그런데 광호는 중도에 병으로 5일이나 출근하지 못한 탓으로 정 아저씨의 절반밖에 못 만들었습니다.
그들이 만든 부속품은 모두 몇 개입니까?

| 분석 | 광호가 부속품을 매일 x개씩 만든다고 가정하면 정 아저씨는 매일 $(x+2)$개 만들었습니다. 광호가 5일이나 출근하지 못했다 하므로 그의 작업일 수는 $(30-5)$일, 그가 만든 부속품 수는 $(30-5)x$개로 표시할 수 있습니다.
정 아저씨는 매일 $(x+2)$개 만들므로 30일 동안에
$30(x+2)$개 만들었습니다.
광호가 정 아저씨의 절반만큼밖에 못 만들었다고 하므로 다음의 등식 관계가 성립됩니다. 즉,

광호가 만든 부속품 수 = 정 아저씨가 만든 부속품 수 ÷ 2

| 풀이 | 광호가 매일 x개씩 만든다고 가정하면 정 아저씨는 매일 $(x+2)$개 만듭니다. 따라서 다음의 방정식이 얻어집니다. 즉,

$$(30-5)x=\{30\times(x+2)\}\div 2$$
$$25x=15x+30$$
$$x=3$$

정 아저씨가 매일 만드는 개수 : $3+2=5$(개)
부속품의 총 개수 : $5\times 30+3\times 25=225$(개)
따라서 그들이 만든 부속품은 모두 225개입니다.

연습문제 09-2

본 단원의 대표문제이므로 충분히 익히세요.

01 5학년 두 개 학급 학생들이 교외로 나가려고 학교에서 동시에 떠났습니다. 1반은 매시간 4km, 2반은 매시간 3km의 속력으로 걸었습니다. 1시간 걸은 후 1반은 과수원에 도착하여 계속 가지 않고 1시간 둘러본 후 2반을 따라 떠났습니다. 1반은 얼마나 지나서 2반을 따라잡을 수 있습니까?

02 A, B 두 시가지를 연결하는 도로를 도로 공사 아저씨들이 2개 조로 나누어 보수하였습니다. 제1조에서는 매일 1.6km, 제2조에서는 매일 1.4km씩 수선하였는데, 마주치고 보니 제1조가 제2조보다 4km를 더 보수하였습니다. 이 도로의 길이는 몇 km입니까?

03 영길이는 매일 아침 7시에 집을 떠나 학교로 갑니다. 그런데 만일 매분 60m씩 걷는다면 6분 지각하게 되고, 매분 80m씩 걷는다면 3분 일찍 도착하게 됩니다. 영길이가 집에서 출발하여 몇 분 걸어야 빠르지도 늦지도 않게 학교에 도착할 수 있습니까? 또 영길이네 집은 학교에서 몇 m 떨어져 있습니까?

04 배가 두 광주리 있습니다. 만일 ㄴ광주리에서 5kg을 꺼내어 ㄱ광주리에 넣는다면 두 광주리 배의 무게가 같게 되고, 만일 ㄱ광주리에서 5kg을 꺼내어 ㄴ광주리에 넣는다면 ㄴ광주리 배의 무게가 ㄱ광주리 배 무게의 2배가 됩니다. ㄱ, ㄴ 광주리에 배가 각각 몇 kg 있습니까?

연습문제 09-2

본 단원의 대표문제이므로 충분히 익히세요.

05 거북이와 학이 한 우리에 있습니다. 세어 보니 머리가 53개, 다리가 180개였습니다. 거북이와 학은 각각 몇 마리씩 있습니까?

06 1천원짜리와 5천원짜리 돈이 모두 25장 있는데, 합하면 7만 3천원입니다. 두 가지 돈이 각각 몇 장씩 있습니까?

07 한동네에 사는 갑, 을 두 사람이 동시에 시내로 떠났습니다. 갑은 한 시간에 14km, 을은 한 시간에 10km씩 갈 수 있다고 합니다. 반시간을 간 후 갑은 급한 일 때문에 집으로 되돌아와서 1시간 지체한 다음 다시 시내로 떠났습니다. 갑은 몇 시간 후에 을을 따라잡을 수 있습니까?

08 학교에서는 아침 8시 정각에 수업을 시작합니다. 만일 용진이가 매분 60m씩 걷는다면 10분 일찍 도착할 수 있고, 매분 50m씩 걷는다면 8분 일찍 도착할 수 있습니다. 용진이는 몇 시에 떠나면 학교에 정확하게 도착합니까?

09 어떤 세 자리 수가 있는데 십의 자리의 수가 백의 자리의 수보다 3이 크고, 일의 자리의 수가 십의 자리의 수보다 4가 작고, 각 자리 숫자의 합의 절반이 십의 자리의 수와 같습니다. 이 세 자리 수를 구하시오.

10 자동차 부속품을 만드는 공장에서 부속품을 250개 만든 후 기술을 개발하여 생산 능률을 원래의 2배로 높였기 때문에 300개를 만드는 시간이 원래 250개를 만드는 시간보다 10시간 적게 걸린다고 합니다. 원래는 매 시간에 부속품을 몇 개씩 만들었습니까?

3. 부정방정식의 풀이법

(1) 부정방정식

하루는 길남이가 숙제를 다 하고 나서 우연히 형의 책에서 이런 문제를 보았습니다.

거북이와 학이 한 우리에 갇혀 있는데 다리가 모두 28개입니다.

이 우리에 거북이와 학이 각각 몇 마리가 들어 있습니까?

이튿날 길남이는 수학 선생님을 찾아가서 이 문제는 조건 하나가 모자라서 풀 수 없지 않느냐고 물었습니다. 수학 선생님은 빙그레 웃으시면서 이 문제는 부정방정식을 이용하여 푸는 응용 문제로서, 거북이와 학의 마릿수를 각기 x, y로 가정한다면, 거북이는 다리가 4개이고 학은 다리가 2개이기 때문에 $4x+2y=28$이라는 방정식을 세울 수 있다고 말씀하시는 것이었습니다.

길남이는 더 어리벙벙해졌습니다.

"한 개의 방정식에 미지수가 2개나 있으면 어떻게 푼담?"

이윽고 수학 선생님은 말씀을 계속 이어나가셨습니다.

이런 유형의 방정식은 길남이가 이전에 푼 적이 없다는 것, 그러나 곰곰이 생각해 보면 여기의 x, y는 자연수만을 취할 수 있다는 것과, 그 중의 한 미지수만 안다면 다른 한 미지수도 구할 수 있다는 것, 만일 $x=1$이라면 $y=12$라는 것 등을 상세히 설명하셨습니다.

자연수가 그렇게 많은데 일일이 다 구할 수 있는가요? 하는 길남이의 물음에 수학 선생님은 잘 물었다고 만족해하시면서 방정식의 양변을 2로 나누어 보라는 것이었습니다.

$2x+y=14$, 즉 $y=14-2x$

이런 힌트까지 받게 되자 길남이는 알았다는 듯이 머리를 끄덕여 보였습니다. 그는 바로 모든 정답을 구해냈습니다.

거북이 마릿수 x : 1, 2, 3, 4, 5, 6

학의 마릿수 y : 12, 10, 8, 6, 4, 2

위의 $4x+2y=28$과 같이 두 개의 미지수를 가진 방정식을 부정방정식이라 하고, 방정식의 좌우 양변이 같게 되는 미지수의 값을 부정방정식의 해라고 합니다. 그리고 부정방정식의 해를 구하는 과정을 부정방정식을 푼다고 합니다.

(2) 부정방정식의 풀이

위에서 길남이가 사용한 방법을 열거법 이라고 합니다.

어떤 부정방정식은 해가 있을 수도 있고 해가 없을 수도 있습니다.

그리고 해가 있을 때 유한개 있을 수도 있고, 무한개 있을 수도 있습니다.

부정방정식을 풀 때는 다만 부정방정식의 정수(0 또는 자연수)해만 구하게 됩니다.

부정방정식을 이용하여 응용 문제를 풀 때는 일반적으로 자연수해를 구하게 됩니다.

예제 07

부정방정식 $6x+30y=180$의 자연수해를 구하시오.

| 풀이 | 6과 30의 최대공약수는 6. 6은 180을 나누어떨어지게 할 수 있으므로 방정식의 양변을 6으로 나누면

$$x+5y=30,\ 즉\ x=30-5y$$

먼저 y의 값을 확정한 다음 x의 값을 구할 수 있습니다.

표로 나타내면

y의 값	1	2	3	4	5
x의 값	25	20	15	10	5

주 방정식을 $y=6-x\div5$의 꼴로 변형시킨 다음 $x=5,\ 10,\ 15,\ 20,\ 25$일 때 y의 값 5, 4, 3, 2, 1을 구할 수도 있습니다.

예제 08

부정방정식 $7x+21y=50$의 자연수해를 구하시오.

| 풀이 | 7과 21의 최대공약수는 7인데, 7이 50을 나누어떨어지게 할 수 없으므로 이 부정방정식은 자연수해가 없습니다.

예제 09

부정방정식 $5y-3x=30$의 자연수해를 구하시오.

| 풀이 | 5와 3이 서로소이므로 그들의 최대공약수 1은 30을 나누어떨어지게 할 수 있습니다. 따라서 방정식을 $y=6+3x\div5$의 꼴로 변형시킬 수 있습니다.

이 방정식에서 x의 값으로 5의 배수, 즉 5, 10, 15, …를 취하기만 하면 y의 값으로 9, 12, 15, …가 얻어집니다. 그러므로 이 부정방정식은 무한개의 근이 있습니다. 즉,

$$x=5 \qquad x=10 \qquad x=15$$
$$y=9 \qquad y=12 \qquad y=15 \quad \cdots$$

위의 예제에서 부정방정식에 정수해가 있는가는 다음의 규칙에 따른다는 것을 알 수 있습니다. 즉, 만일 x, y 계수의 최대공약수가 등식 우변의 수를 나누어떨어지게 할 수 있다면 부정방정식은 정수해(**예제 7**, **예제 9**)가 있고, 그렇지 않을 경우는 정수해(**예제 8**)가 없습니다.

어떤 응용 문제는 두 개의 미지수를 설정하고 조건에 따라 부정방정식을 세운 다음 풀 수도 있습니다.

예제 10

새학기를 앞두고 철호는 1만 2천원을 가지고 문구를 사러 갔습니다. 공책 하나가 600원, 볼펜 하나가 1000원이었습니다. 두 가지를 다 사면서도 돈이 딱 맞게 사려면 몇 가지의 사는 방법이 있습니까? 각각 얼마씩 사야 합니까?

| 풀이 | 만일 공책을 x권, 볼펜을 y개 산다고 가정하면 조건에 근거하여 다음의 방정식이 얻어집니다.

$$600x+1000y=12000,\ 즉\ y=12-3x\div 5$$

이 부정방정식을 풀면

$$x=5 \qquad x=10 \qquad x=15$$
$$y=9 \qquad y=6 \qquad y=3$$

따라서 사는 방법은 세 가지 있습니다. 즉 공책 5권에 볼펜 9개, 공책 10권에 볼펜 6개, 공책 15권에 볼펜 3개입니다.

어떻게 풀까요?

연습문제 09-3

본 단원의 대표문제이므로 충분히 익히세요

01 다음 부정방정식의 자연수해를 구하시오.

(1) $2x+6y=14$

(2) $5x+4y=9$

(3) $4x+y=15$

(4) $8x-12y=16$

02 귀뚜라미와 거미 몇 마리가 같은 통 안에 갇혀 있는데, 세어 보니 다리가 46개였습니다. 귀뚜라미와 거미는 각각 몇 마리씩 들어 있습니까?
(귀뚜라미는 다리가 6개, 거미는 다리가 8개입니다)

03 41m 길이의 강철관을 3m짜리와 5m짜리 두 가지 규격으로 자르려고 합니다. 나머지가 없이 똑 떨어지게 하려면 어떻게 잘라야 합니까?

04 어떤 두 자리 수가 있는데, 7로 나눈 몫과 나머지가 같다고 합니다. 이런 조건을 만족시키는 두 자리 수들을 구하시오.

10 점 · 선 · 각

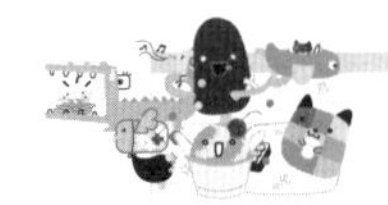

이 장에서는 도형의 기본을 이루는 점 · 선 · 각에 관한 지식을 배워 보고 계수 문제, 시계 바늘의 각도 문제 등을 소개하기로 합니다.

1. 직선 · 선분과 반직선

줄을 팽팽하게 당기면 직선이 되고 종이를 접어도 접힌 자리가 직선이 됩니다. 직선은 양쪽으로 무한히 뻗어나갑니다. 따라서 직선은 무한히 길고 그 위에는 무한히 많은 점들이 있습니다. 직선은 곧은 막대로 그을 수 있습니다.

다음 그림의 직선을 기호로 $\overleftrightarrow{AB}$ 또는 a로 표기합니다.

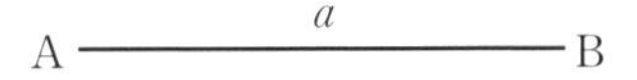

직선상 두 점 사이의 한정된 부분을 선분이라고 합니다.

선분은 직선의 한 부분입니다. 두 점을 지나는 직선은 하나밖에 그을 수 없고, 두 점을 연결하는 여러 가지 선 중에서 선분의 길이가 제일 짧습니다.

선분의 길이를 이 두 점 사이의 거리라고 부릅니다.

선분에 두 개의 끝점이 있기 때문에 자로 선분을 그을 때에는 다음 그림 중의 A와 B처럼 두 끝점을 반드시 찍어야 합니다.

선분의 한 끝을 무한히 연장하게 되면 반직선을 얻을 수 있습니다.

반직선에는 끝점이 하나뿐입니다. 자로 반직선을 그을 때에는 다음 그림에서처럼 끝점을 반드시 찍어야 합니다.

직선상의 한 점은 이 직선을 두 개 부분, 즉 두 개의 반직선으로 나눕니다. 직선상의 두 점은 이 직선을 세 개 부분, 즉 1개의 선분, $2 \times 2 = 4$개의 반직선으로 나눕니다.

다음 그림에는 선분이 1개(즉 A_1A_2), 반직선이 4개(즉 A_1A, A_2A, A_1B, A_2B) 있습니다.

예제 01

다음 그림에서와 같이 한 직선상에 점이 100개 있습니다. 선분이 몇 개, 반직선이 또 몇 개 얻어집니까?

| 풀이 | 선분의 개수를 셀 때에 차례로 A_1, A_2, A_3, $\cdots$, A_{99}를 왼쪽 끝점으로 하여 셀 수 있습니다. 즉

A_1A_2, A_1A_3, $\cdots$, A_1A_{100}, A_2A_3, $\cdots$, A_2A_{100}, $\cdots$, $A_{99}A_{100}$

이렇게 세면 등차수열이 얻어집니다. 즉, 99, 98, 97, $\cdots$, 2, 1.

등차수열의 각 항의 합을 구하는 공식에 의하여 선분의 개수를 구할 수 있습니다. 즉,

$99+98+97+\cdots+2+1=(99+1)\times 99 \div 2=4950$(개)

각각의 점을 끝점으로 하여 두 개의 반직선이 얻어지는데, 이런 점이 100개 있기 때문에 반직선은 모두 $2\times 100=200$개 있습니다.

만일 한 직선상에 점이 n개 있다면 선분이 $(n-1)+(n-2)+\cdots+2+1=n\times(n-1)\div 2$개, 반직선이 $2\times n$(개) 얻어집니다. 이 점은 **예제 1**로부터 어렵지 않게 추리해 낼 수 있습니다.

예제 02

다음 그림에서와 같이 선분 AB는 8cm, 선분 BC는 4cm, 선분 CD는 5cm, 선분 DE는 9cm입니다. 모든 선분의 길이의 합을 구하시오.

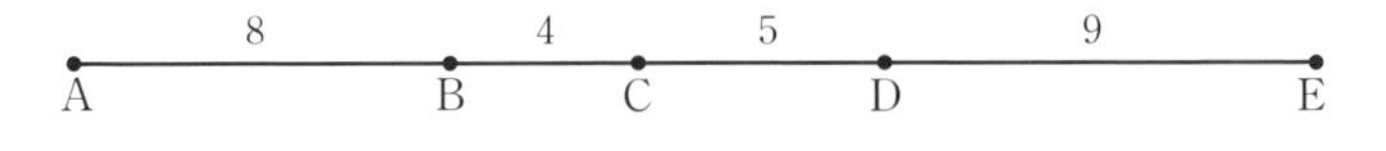

| 풀이 | 이 선분상에 점이 5개 있으므로 선분이 모두

$5\times(5-1)\div2=10$개 있습니다.

이 문제는 10개 선분의 길이의 총합이 선분상에 점이 5개 있으므로 선분이 모두 $5\times(5-1)\div2=10$개 있습니다.

이 문제는 10개 선분의 길이의 총합을 구하는 문제입니다. 즉,

$\overline{AB}+\overline{AC}+\overline{AD}+\overline{AE}+\overline{BC}+\overline{BD}+\overline{BE}+\overline{CD}+\overline{CE}+\overline{DE}$

$=8+(8+4)+(8+4+5)+(8+4+5+9)+4+(4+5)$

$\quad+(4+5+9)+5+(5+9)+9$

$=8\times4+4\times6+5\times6+9\times4=122(\text{cm})$

위의 계산에서는 먼저 기본 선분의 길이에 근거하여 각 선분의 길이를 구한 다음 그것들을 합하였습니다.

그렇다면 규칙성을 찾아서, 먼저 각 선분의 길이를 구하지 않고도 각 선분의 길이의 총합을 구하는 방법은 없을까?

규칙성을 찾기 위하여 아래에 각 기본 선분이 쓰인 차수를 자세히 분석해 봅시다.

선분 위에 점이 5개 있으므로 8cm는 $5-1=4$번 쓰였고,

A를 왼쪽 끝점으로 선분을 셌을 때 4cm가 $5-2=3$번,

B를 왼쪽 끝점으로 셌을 때 4cm가 3번 쓰여서 4cm는

모두 $(5-2)\times2=6$번 쓰였고, A, B, C를 왼쪽 끝점으로

선분을 셌을 때 5cm가 각각 $5-3=2$번씩 쓰였으므로

모두 $(5-3)\times3=6$번 쓰였고, A, B, C, D를 왼쪽 끝점으로

선분을 셌을 때 9cm가 각기 1번씩 쓰였으므로

모두 $5-1=4$번 쓰였습니다.

그러므로 예제 2는 또 다음과 같이 계산해도 됩니다.

$8\times(5-1)+4\times(5-2)\times2+5\times(5-3)\times3+9\times(5-1)$

$=32+24+30+36=122(\text{cm})$

위의 분석에 근거하여 만일 선분 위에 모두 n개 점(두 끝점을 포함)이 있고, $n-1$개 기본 선분의 길이가 차례로 $a_1, a_2, \cdots, a_{n-1}$이라고 하면 모든 선분의 길이의 총합을 다음의 식으로 표시할 수 있습니다. 즉,

a_1 a_2 a_3 a_{n-1}

A_1 A_2 A_3 A_4 ······· A_{n-1} A_n

$$a_1\times(n-1)+a_2\times(n-2)\times2+a_3\times(n-3)\times3+\cdots+a_{n-1}\times(n-1)$$

2. 각

한 점으로부터 뻗어나간 두 직선은 각 하나를 형성합니다.

이때 이 점을 각의 꼭짓점, 이 두 반직선을 각의 변이라고 합니다.

그리고 각은 보통 기호 ∠로 표시합니다.

아래 그림의 각은 ∠ABC 또는 ∠B와 각 ∠1로 표시할 수 있습니다.

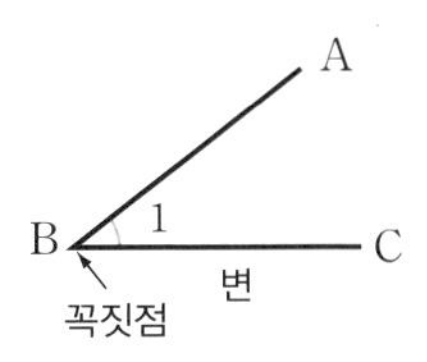

직각은 90°입니다. 각의 두 변이 일직선을 이룰 때 그 두 변이 만드는 각을 평각(180°)이라고 합니다. 한 반직선이 그 끝점을 에워싸고 한 바퀴 돌 때 만드는 각을 회전각이라 합니다. 0°보다 크고 90°보다 작은 각을 예각, 90°보다 크고 180°보다 작은 각을 둔각이라고 부릅니다.

각의 개수를 계산할 때, 보통 말하는 각은 0°보다는 크고 180°보다는 작은 각을 가리킵니다.

예제 03

다음 그림에서와 같이 한 점 A로부터 10개의 반직선을 그었습니다. 그림에서 각이 모두 몇 개 있습니까?

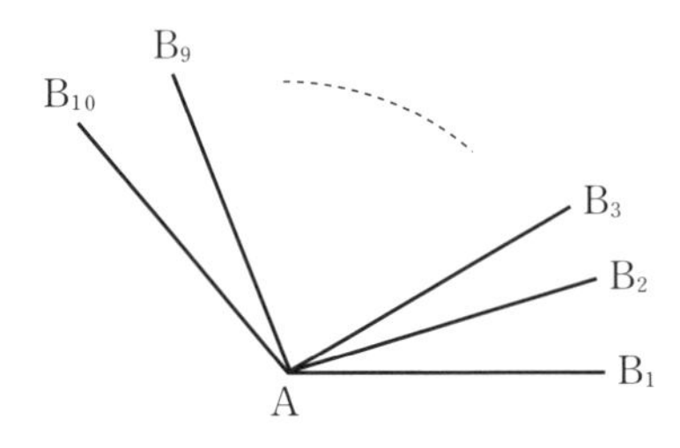

| 풀이 | 예제 1에서 선분의 개수를 세던 경우와 비슷하게 반직선 AB_1, AB_2, ⋯, AB_9를 각각의 각을 한 변으로 하여 각의 개수를 셀 수 있습니다. 그러면 각의 개수가 각각 9, 8, 7, ⋯, 2, 1이 얻어집니다. 그러므로 각의 개수의 총합은

$$9+8+7+\cdots+2+1=(9+1)\times 9\div 2=45(\text{개})$$

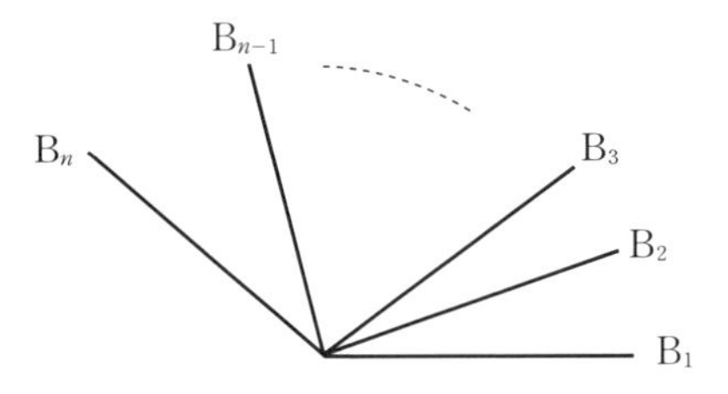

이로부터 한 점에서 $n(n>1)$개의 반직선을 그었을 때, 모든 각의 개수를 얻는 공식을 추리해 낼 수 있습니다. 즉,

$$(n-1)+(n-2)+\cdots+2+1=n\times(n-1)\div 2(\text{개})$$

예제 04

다음 그림에서 $\angle 1=40^\circ$, $\angle AOB$가 직각일 때 $\angle 2$의 각도를 구하시오.

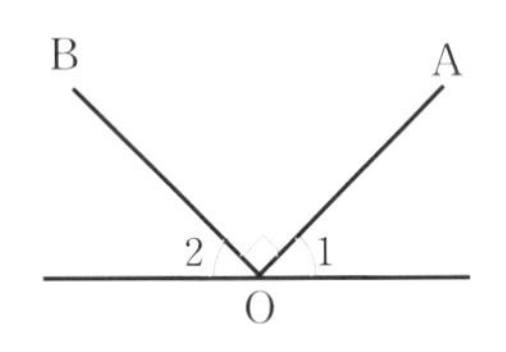

| 풀이 | $\angle 1+\angle AOB+\angle 2=180^\circ$, $\angle 1=40^\circ$

$\angle AOB=90^\circ$이기 때문에

$\angle 2=180^\circ-(40^\circ+90^\circ)=50^\circ$

예제 05

다음 그림에서 모든 각의 각도의 합이 380°이고 $\angle 1=\angle 3$, $\angle 2=\angle 4$일 때 $\angle AOB$의 각도를 구하시오.

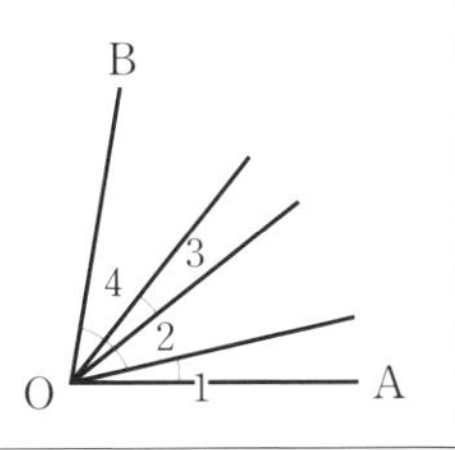

| 풀이 | **예제 2**에서 모든 선분의 길이의 총합을 구하던 것처럼 다음의 식으로 구할 수 있습니다.

$\angle 1\times(5-1)+\angle 2\times(5-2)\times 2+\angle 3\times(5-3)\times 3+\angle 4\times 4$

$=\angle 1\times 4+\angle 2\times 6+\angle 3\times 6+\angle 4\times 4$

$=(\angle 1\times 4+\angle 2\times 4+\angle 3\times 4+\angle 4\times 4)+(\angle 2\times 2+\angle 3\times 2)$

$=(\angle 1+\angle 2+\angle 3+\angle 4)\times 4+(\angle 2+\angle 3)\times 2$

$=\angle AOB\times 4+(\angle 3+\angle 2+\angle 3+\angle 2)$

$=\angle AOB\times 4+(\angle 1+\angle 2+\angle 3+\angle 4)$

$=\angle AOB\times 4+\angle AOB=\angle AOB\times 5$

모든 각의 각도의 총합이 380°이므로 $\angle AOB\times 5=380^\circ$,

$\angle AOB=380^\circ\div 5=76^\circ$

여러분들이 매일 보는 것 중의 하나가 시계일 것입니다. 그런데 시침과 분침의 각도를 어떻게 계산해 내는지 알고 있습니까? 그리고 시침과 분침의 각도를 알려 줬을 때, 그 때가 몇 시 몇 분인지 알 수 있습니까?

먼저 다음 그림의 시계 숫자판을 보고 다음의 것들을 생각해 봅니다.

① 그림에서 시침과 분침의 각도는 몇 도입니까? 분침이 한 바퀴 돌았을 때, 시침과 분침의 각도는 또 몇 도입니까?

시침이 한 바퀴 돌면 12시간이기 때문에 1시 정각에 시침과 분침의 각도는 $360^\circ \div 12 = 30^\circ$입니다. 이로부터 분침이 한 바퀴 더 돌면 시침과 분침의 각도는 $30^\circ \times 2 = 60^\circ$라는 것을 알 수 있습니다.

② 분침이 가는 속도는 시침의 12배입니다. 무엇 때문입니까?

③ 분침이 1분 동안 간 각도는 얼마입니까? ($360^\circ \div 60 = 6^\circ$)

예제 06

5시 8분(5 : 08로 표기할 수 있음)일 때 시침과 분침의 각도는 몇 도입니까?

| 풀이 | 이런 유형의 문제를 풀 때 먼저 아래 그림에서와 같이 시계 숫자판의 그림을 그리는 것이 좋습니다.

5시 정각(그림에서 점선이 표시한 것)에 시침과 분침의 각도는 $30^\circ \times 5 = 150^\circ$입니다.

분침이 8분 동안 가면 $6^\circ \times 8 = 48^\circ$만큼 가게 되고, 이때 시침은 $48^\circ \div 12 = 4^\circ$만큼 가게 되므로 5시 08분일 때 시침과 분침의 각도는 $150^\circ - 48^\circ + 4^\circ = 106^\circ$입니다

주 4°는 다음 식으로 계산할 수도 있습니다. 즉

$(8 \div 60) \times 30^\circ = 4^\circ$

식에서 $(8 \div 60)$은 실제로 8분을 시간으로 고친 것이고, 매 시간에 시침이 30°만큼 가기 때문에 30°를 곱한 것입니다.

예제 07

9시 45분에 시침과 분침의 각도는 몇 도입니까?

| 풀이 | 9시 정각에 시침은 9를 가리키고, 분침은 12를 가리킵니다.
분침이 45분 동안 가게 되면 9를 가리키게 되고
$6^\circ \times 45 = 270^\circ$만큼 가게 됩니다.
이 때 시침은 9를 가리키던 것이 $270^\circ \div 12 = 22.5^\circ$만큼 가게 되었습니다. 그러므로 9시 45분일 때 시침과 분침의 각도는 22.5°입니다

주 예제 6에서와 마찬가지로 22.5°는 다음 식으로 계산해낼 수 있습니다. $(45 \div 60) \times 30^\circ = 22.5^\circ$)

예제 08

3시 15분 이전에 시침과 분침의 각도가 35°이었습니다.
이때 시계가 3시 몇 분입니까?

| 풀이 | 문제에서 3시 15분 이전이라고 알려주었는데,
이는 시침이 3을 약간 지난 곳을 가리킨다는 것을 말해 줍니다.
왜냐하면 3시 정각에는 시침과 분침의 각도가 $90°$이기 때문입니다. 3을 가리키던 시침이 앞으로 나가고 12를 가리키던 분침이 시침을 뒤쫓는 상태에서 그들의 각도가 $35°$가 되려면 분침이 시침보다 $35°$만큼 뒤떨어져야 합니다.
시침과 분침이 다 앞으로 나가는 형편에서 $35°$각을 이룬다는 것은 분침이 시침보다 $90° - 35° = 55°$만큼 더 갔다는 것을 말해 줍니다. 그런데 분침의 속도는 시침의 12배입니다.
즉 시침이 $1°$만큼 갈 때마다 분침은 $12°$만큼 가게 되고 2분이란 시간이 흘러야 합니다.
$55° \div (12° - 1°) = 5$이므로 시침은 $2 \times 5 = 10$분 가게 됩니다.
그러므로 이때의 시각은 3시 10분입니다.
3시 15분 이후 시침과 분침의 각도가 $42°$라면 이 시각은 3시 몇 분일까요? 스스로 풀어 보세요.

3. 수직선과 평행선

두 직선이 교차하여 직각을 이룰 때 이 두 직선은 서로 수직이라고 말하고 그 중의 한 직선을 다른 한 직선의 수선, 이 두 수선의 교차점을 수선의 발이라고 부릅니다. 보통 삼각자로 수선을 그을 수 있습니다.

한 점을 지나는 한 직선의 수선은 하나밖에 그을 수 없습니다.

직선 밖의 한 점으로부터 이 직선에 그은 수선의 길이를 이 점과 직선 사이의 거리라고 부릅니다.

한 평면 위에서 서로 교차하지 않는 두 직선을 평행선이라고 부릅니다.

평행선은 자와 삼각자로 그을 수 있는데, 직선 밖의 한 점을 지나는 한 직선의 평행선은 하나밖에 그을 수 없습니다.

두 평행선 사이에 수직인 수선을 임의로 몇 개 그었을 때 그것들의 길이는 같습니다. 이 길이를 두 평행선 사이의 거리라고 부릅니다.

예제 10

다음 그림과 같이 갑, 을 두 중학교가 도로의 같은 쪽에 있습니다. 지금 두 학교 부근의 도로 곁에 버스 정류장과 두 학교의 거리의 합이 가장 짧게 버스 정류장을 설치하려고 합니다.
버스 정류장은 도로 곁의 어떤 위치에 설치해야 합니까? 그림을 그려서 나타내시오.

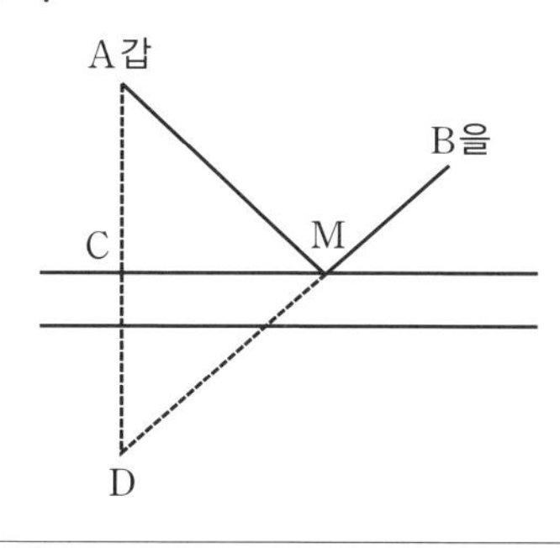

| 풀이 | 두 점을 연결하는 선들 중 선분이 가장 짧습니다.
만일 갑 중학교를 도로에 대칭되게 옮겨 놓는다고 가정하면 이 두 중학교를 연결하는 직선은 도로와 교차되는데, 이 교차점이 바로 버스 정류장을 설치할 위치입니다.
이렇게 분석한 기초 위에서 그림에서와 같이 A, B로 갑, 을 두 중학교의 위치를 나타냅시다.
이제 A를 지나면서 도로에 수직인 수선을 긋고, 이 수선의 발을 C라 하고, 수선상에서 $\overline{CD}=\overline{AC}$가 되게 D점을 취합시다.
그러면 이 D점이 바로 갑 중학교를 도로와 대칭되게 옮겨놓는다고 가정하는 점입니다.
다음 B와 D를 지나는 선분을 긋고 도로와의 교차점을 M이라고 합시다.
그러면 이 M점이 바로 버스 정류장을 설치할 위치가 됩니다.
그림에서 볼 수 있는 바와 같이 $\overline{CD}=\overline{AC}$, $\overline{DM}=\overline{AM}$이고 $\overline{DB}$가 가장 짧으므로 $\overline{AM}+\overline{BM}$이 가장 짧은 거리가 됩니다.

예제 11

다음 그림과 같이 갑, 을 두 마을 사이에 강이 흐르고 있습니다. 지금 강기슭과 수직되게 다리 하나를 놓으려고 합니다. 강기슭의 어느 위치를 선택하여 다리를 놓아야 갑, 을 두 마을 사이의 거리(다리를 건너서 가는 거리)가 가장 짧습니까?

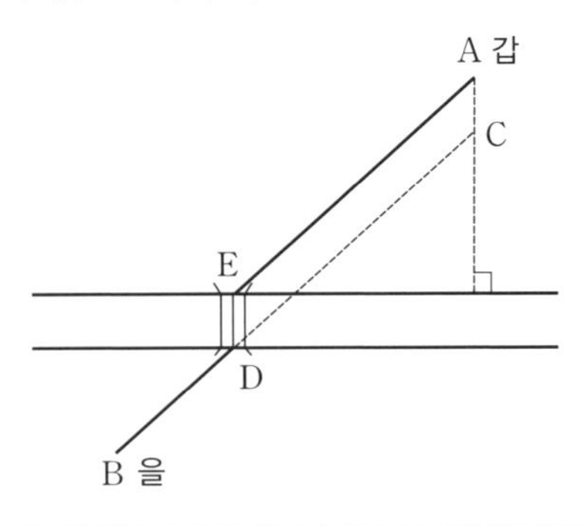

| 풀이 | 그림에서와 같이 갑마을이 A점, 을마을이 B점에 있다고 가정합시다. 다리가 강기슭과 수직된다고 하였으므로 A에서 다리를 건너서 B로 가자면 그 노선이 반드시 꺾은선일 것입니다. 가장 짧은 노선을 찾기 위하여 이제 A로부터 강기슭에 수직선을 내리고 이 수직선상에서 $\overline{AC}$=다리의 길이(즉 강의 너비)가 되게 C점을 취합시다.

다음 B와 C를 연결하는 선분을 긋고 이 선분이 을마을과 가까운 강기슭과 D점에서 교차된다고 합시다.

이제 D점을 지나 강기슭에 수직되게 수선을 긋고 갑마을과 가까운 강기슭과의 교차점을 E라고 합시다. 그러면 D, E가 바로 다리를 놓을 위치가 됩니다.

삼각자로 재어 보면 $\overline{AE}$와 $\overline{CD}$는 평행되면서도 같다는 것을 알 수 있습니다. 그런데 $\overline{BC}$가 가장 짧고, $\overline{ED}$는 강의 너비이므로 갑마을에서 다리를 건너서 을마을로 가는 노선 중에서 $\overline{AE}+\overline{ED}+\overline{DB}=(\overline{ED}+\overline{BC})$가 가장 짧다고 할 수 있습니다.

01 다음 그림에 선분이 몇 개 있습니까?

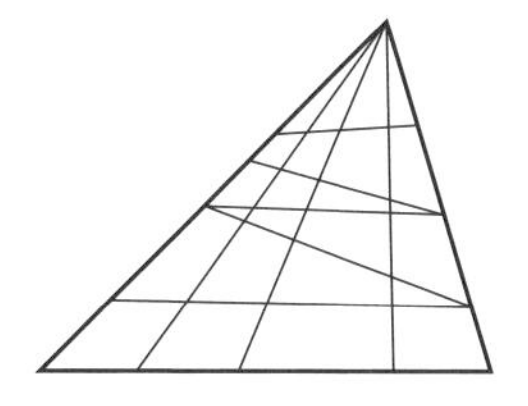

02 다음 그림에서 $\overline{AB}=2cm$, $\overline{BC}=3cm$, $\overline{CD}=4cm$, $\overline{DE}=5cm$, $\overline{EF}=6cm$, $\overline{FG}=7cm$라면

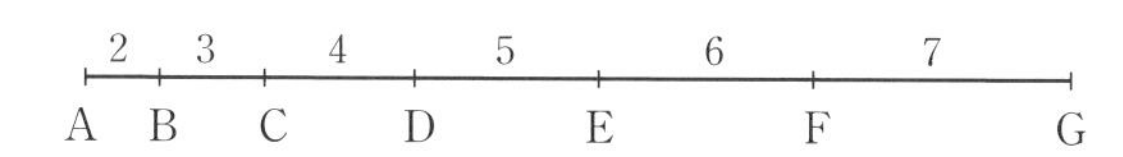

(1) 모든 선분 길이의 총합을 구하시오.

(2) 메뚜기 한 마리가 다음과 같은 규칙에 따라 뛴다고 합시다. 즉 A에서 B로 뛰어갔다가 다시 A로 돌아오고, 다음 A에서 C로 뛰어갔다가 다시 A로 돌아오고, …, 이렇게 차례로 D, E, F로 뛰어갔다가 A로 돌아온 후 A에서 G로 뛰어갔다가는 A로 돌아오는 것이 아니라 B로 돌아옵니다. 이런 식으로 B , C, D, E를 지난 다음 F에서 G로 뛰어갔을 때는 그 자리에 멈춰 섭니다. 이 메뚜기가 뛰기 시작해서부터 멈춰 설 때까지 모두 몇 cm나 뛰었습니까?

03 선분 하나를 네 몫으로 똑같이 나누었습니다. 모든 선분 길이의 합이 100cm라면 원래 이 선분의 길이는 얼마입니까?

04 다음 그림에서 $\angle 1=20^\circ$, $\angle 2=30^\circ$, $\angle 4=60^\circ$이고 모든 각도의 합이 650°입니다. $\angle 3$의 각도를 구하시오.

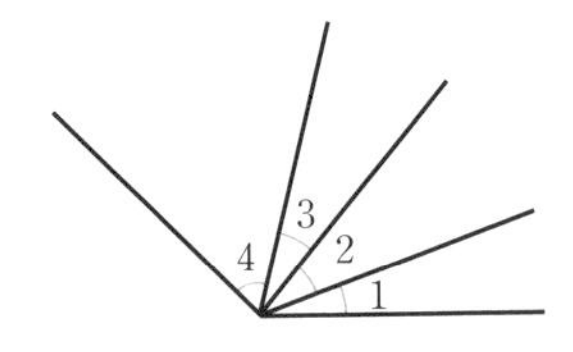

05 10시 10분 정각에 시침과 분침의 각도는 몇 도입니까?

06 4시 반 이후 시침과 분침의 각도가 100°입니다. 4시 몇 분입니까?

07 다음 그림에서와 같이 A와 B 두 마을 사이에 강이 두 갈래로 흐르고 있습니다. 지금 강마다 기슭과 수직되게 다리 하나씩 놓으려고 합니다. 어느 위치에 다리를 놓아야 두 마을 사이의 거리가 가장 짧습니까?

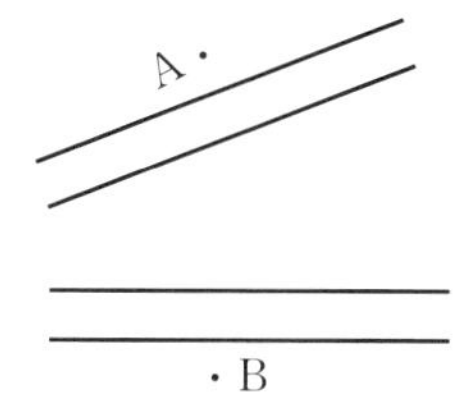

08 다음 그림의 삼각형 ABC 안에 각(180°보다 작은 것)이 모두 몇 개나 있습니까?

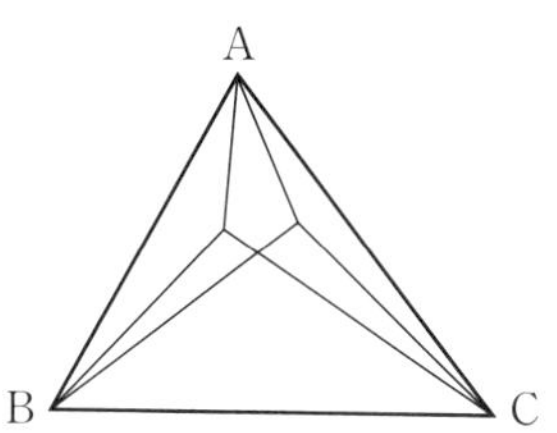

11 평면도형(1)

앞 장에서 점 · 선 · 각을 배운 기초 위에 이 장에서는
평면도형 중 직사각형 · 정사각형 · 평행사변형 · 삼각형 · 사다리꼴에 관한
지식을 배우기로 합시다.

1. 직사각형 · 정사각형과 평행사변형

(1) 직사각형과 정사각형

① 직사각형과 정사각형의 특징

직사각형과 정사각형은 일상 생활에서 흔히 보는 특수한 사각형입니다.
마주 보는 변의 길이가 같고 네 각이 모두 직각인 사각형을 직사각형,
네 변이 같고 네 각이 모두 직각인 사각형을 정사각형이라고 합니다.
보통 직사각형에서는 보다 긴 마주 보는 두 변의 길이를 직사각형의 가로, 보다 짧은 마주 보는 두 변의 길이를 직사각형의 세로라고 합니다.
정사각형에서는 각 변의 길이를 그 변의 길이라고 합니다.
정사각형은 가로와 세로가 같은 직사각형이라고도 말할 수 있습니다.

② 직사각형과 정사각형의 둘레

마주 보는 변이 같다는 특징에 근거하여 다음과 관계가 얻어집니다.

$$\text{직사각형의 둘레} = \text{가로} \times 2 + \text{세로} \times 2 = (\text{가로} + \text{세로}) \times 2$$

만일 직사각형의 둘레를 c, 가로를 a, 세로를 b로 표시하면 직사각형의 둘레를 계산하는 공식은 다음과 같이 표시할 수 있습니다.

$$c = (a+b) \times 2 = 2(a+b)$$

정사각형은 가로와 세로가 같은($a=b$) 직사각형이기 때문에 그 둘레를 계산하는 공식은 다음과 같이 표시할 수 있습니다.

$$c=(a+a)\times 2=4a$$

③ 직사각형과 정사각형의 넓이

직사각형의 넓이=가로×세로

만일 직사각형의 넓이를 S, 가로를 a, 세로를 b로 표시한다면 직사각형의 넓이를 계산하는 공식은

$$S=a\times b=ab$$

따라서 정사각형의 넓이를 계산하는 공식은

$S=a\times a=a^2$(a는 정사각형의 변의 길이)

예제 01

가로 6cm, 세로 3cm인 직사각형 모양의 두꺼운 종이와 한 변의 길이가 3cm인 정사각형 모양의 두꺼운 종이 두 장으로 정사각형 하나를 만들려고 합니다.
이렇게 만든 정사각형의 둘레와 넓이를 구하시오.

| 분석 | 한 변의 길이가 3cm인 정사각형의 두꺼운 종이 두 장으로 가로 6cm, 세로 3cm인 직사각형을 만들 수 있는데, 이것은 이미 있는 직사각형과 크기가 똑같습니다. 그런데 이 두 직사각형의 세로의 합이 새로 만든 정사각형의 한 변의 길이와 같습니다. 그러므로 묶어 만든 정사각형의 한 변의 길이는 6cm입니다.

| 풀이 | $c=a\times 4=6\times 4=24(\text{cm})$

$S=a^2=6^2=36(\text{cm}^2)$

묶어 만든 정사각형의 둘레는 24cm, 넓이는 36cm^2입니다.

예제 02

한 변의 길이가 7cm인 정사각형의 종이가 있습니다.
이 종이로 가로 4cm, 세로 1cm인 직사각형의 종이 조각을 몇 개나 오려낸 수 있습니까?

| 풀이 | 정사각형 종이의 넓이는 $7 \times 7 = 49(\text{cm}^2)$,
종이 조각의 넓이는 $4 \times 1 = 4(\text{cm}^2)$, $49 \div 4 = 12 \cdots\cdots 1$이므로 종이 조각은 최대로 12개를 오릴 수 있습니다.
오리는 방법은 다음 그림을 참고하세요.

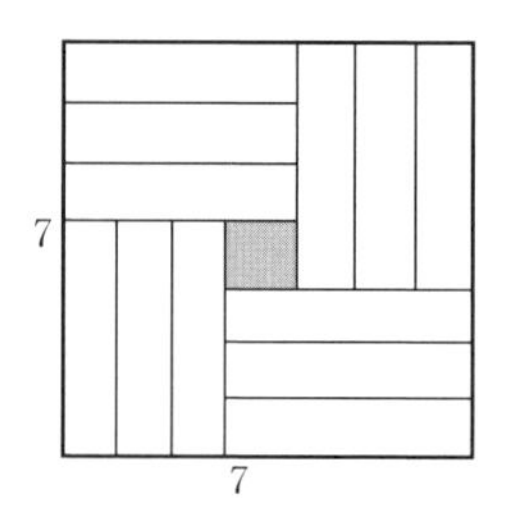

(2) 평행사변형

① 평행사변형의 특징

서로 마주 대하는 두 쌍의 변의 각기 평행인 사각형을 평행사변형이라고 합니다.

평행사변형에서는 마주 보는 두 쌍의 변이 같고, 마주 보는 두 쌍의 각이 같습니다.

직사각형 · 정사각형과 평행사변형 사이에는 다음과 같은 관계가 있습니다. 즉, 네 각이 직각인 평행사변형은 직사각형이고, 네 변이 같은 직사각형은 정사각형입니다.

그러므로 직사각형은 특수한 평행사변형, 정사각형은 특수한 직사각형(물론 특수한 평행사변형)이라고 말할 수 있습니다.

② 평행사변형의 넓이

평행사변형에서 한 변 위의 한 점으로부터 대변에 수선을 내렸을때 이 점과 수선의 발 사이의 선분을 평행사변형의 높이, 이 대변을 평행사변형의 밑변이라고 합니다.

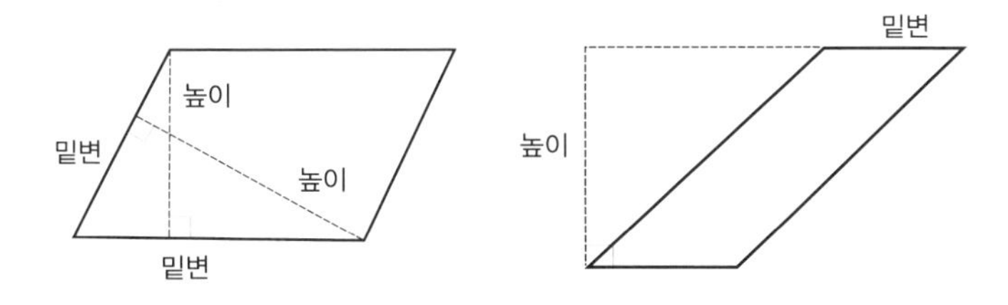

평행사변형의 넓이를 계산하는 공식

평행사변형의 넓이=밑변×높이

만일 평행사변형의 넓이를 S, 밑변을 a, 높이를 h로 표시하면 평행사변형의 넓이를 계산하는 공식은

$$S=a\times h=ah$$

예제 03

평행사변형의 강철판이 있는데, 밑변은 42cm, 높이는 20cm입니다. 이 강철판의 넓이는 몇 cm^2입니까?

| 풀이 | 넓이 $S=ah=42\times 20=840$

이 강철판의 넓이는 $840cm^2$입니다.

어떻게 풀까요?

연습문제 11-1

01 다음 그림의 갑, 을 두 도형의 둘레를 비교하시오.

02 다음 그림에서 다변형의 각은 모두 직각입니다. 이 다변형의 둘레는 얼마입니까?

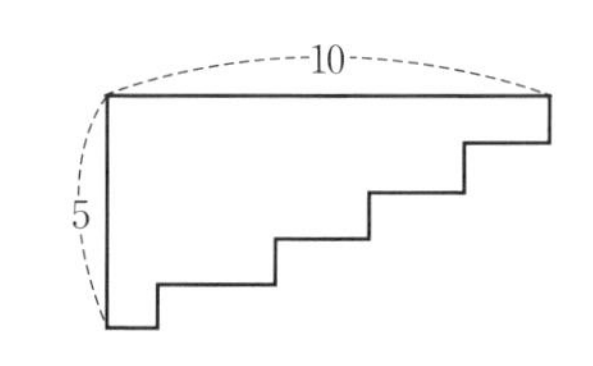

03 직사각형의 수영장에 서 있는데 길이는 100m, 폭은 길이보다 40m 작습니다. 이 수영장의 둘레와 넓이를 구하시오.

04 가로가 8cm, 세로가 4cm인 직사각형과 한 변의 길이가 4cm인 작은 정사각형이 몇 개 있어야 한 변의 길이가 12cm인 큰 정사각형을 만들 수 있습니까?

05 다음 그림은 크기가 똑같은 4개의 직사각형과 넓이가 4cm^2인 작은 정사각형으로 만든, 한 변의 길이가 16cm인 큰 정사각형입니다. 직사각형의 가로와 세로를 구하시오.

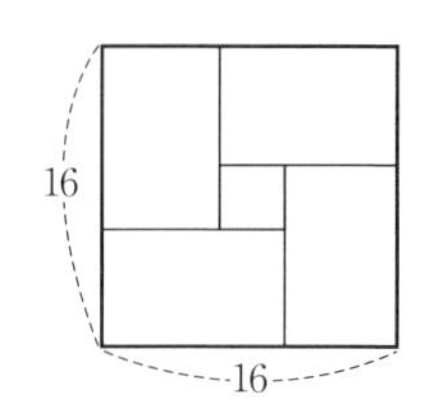

06 다음 그림은 작은 직사각형의 논밭 4뙈기로 이루어진 직사각형입니다. 그 중 $S_1=400\text{m}^2$, $S_2=200\text{m}^2$, $S_3=150\text{m}^2$라면 S_4의 넓이를 구하시오.

S_1	S_3
S_2	S_4

07 다음 그림의 각 평행사변형에서 같지 않은 대변에 그은 높이를 그리시오.

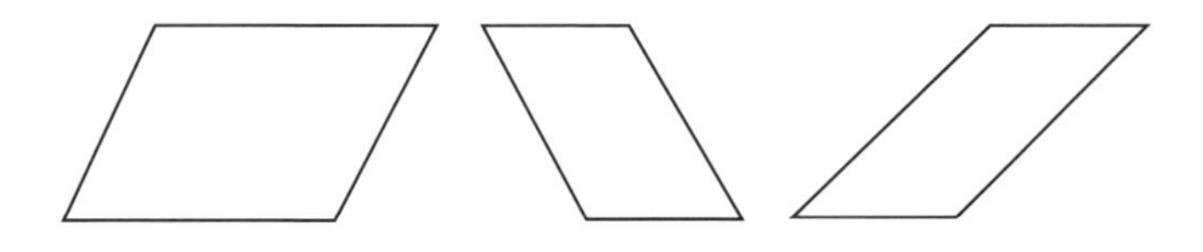

08 다음 그림의 두 평행사변형의 넓이가 같을까요? 그렇다면 무엇 때문일까요? 두 평행사변형의 넓이는 각각 얼마입니까? (길이의 단위는 cm임)

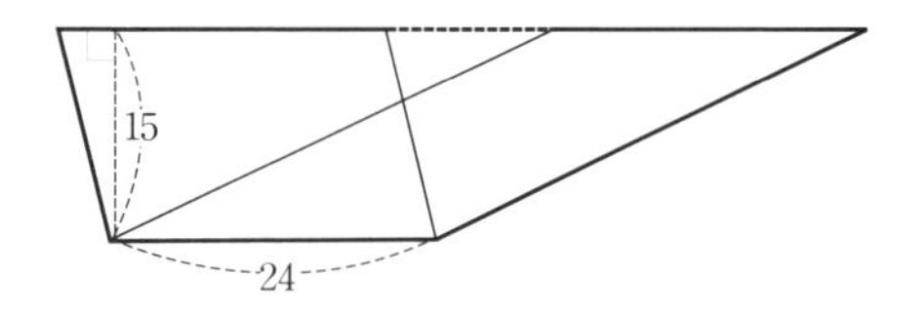

09 어떤 평행사변형의 넓이가 $24m^2$입니다. 그 밑변과 높이는 각각 몇 m 입니까?(정수만 구합니다) 몇 가지 답안이 있습니까?

10 다음 그림의 평행사변형에서 한 변의 길이가 30cm, 그에 대응하는 높이가 12cm, 다른 한 변의 길이는 15cm입니다. 다른 한 변에 대응하는 높이는 얼마입니까?

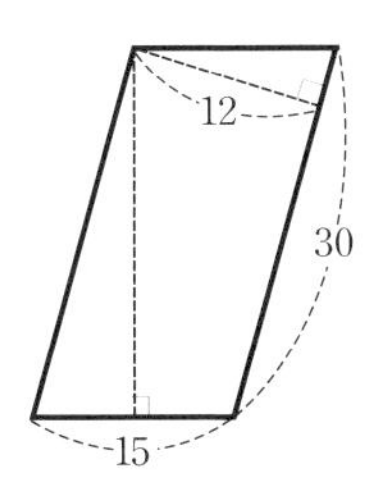

2. 삼각형과 사다리꼴

(1) 삼각형

① 삼각형의 특징

삼각형에는 변이 세 개, 각이 세 개 있습니다.

삼각형은 변의 개수가 가장 적은 평면도형입니다.

삼각형의 세 변 중 임의의 두 변의 길이의 합이 제 3 변보다 크고, 임의의 두 변의 길이의 차가 제 3 변보다 작습니다.

한 삼각형에서는 큰 변에 큰 각이 마주하고 있습니다.

② 삼각형의 분류

삼각형은 다음 그림과 같이 내각의 크기에 따라 세 가지 유형으로 나눌 수 있습니다.

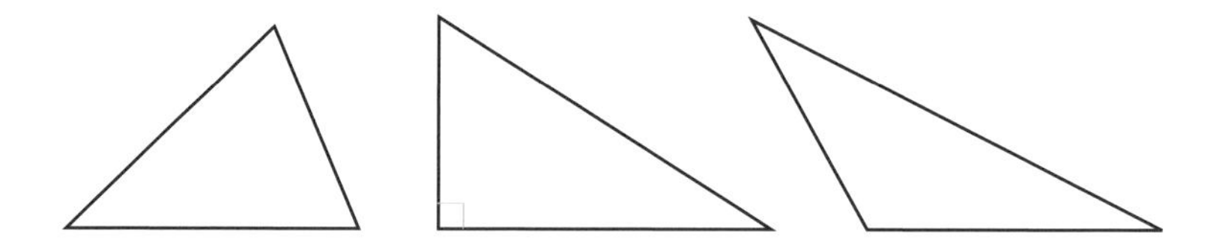

예각삼각형 : 세 각이 모두 예각인 삼각형

직각삼각형 : 한 각이 직각인 삼각형

둔각삼각형 : 한 각이 둔각인 삼각형

삼각형의 한 꼭짓점에서 대변에 수선을 내렸을 때 꼭짓점과 수선 사이의 선분을 삼각형의 높이, 이 대변을 삼각형의 밑변이라고 부릅니다.

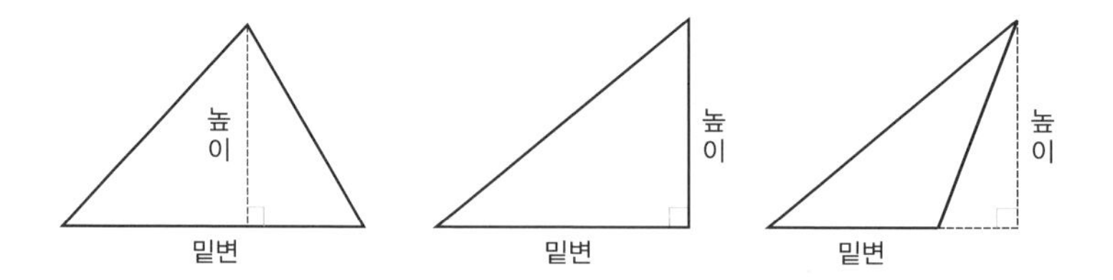

③ 삼각형 내각의 합

다음 그림에서와 같이 삼각형의 세 각을 점선에 따라 꺾어 봅시다.

그러면 세 각이 평각을 이룰 것입니다.

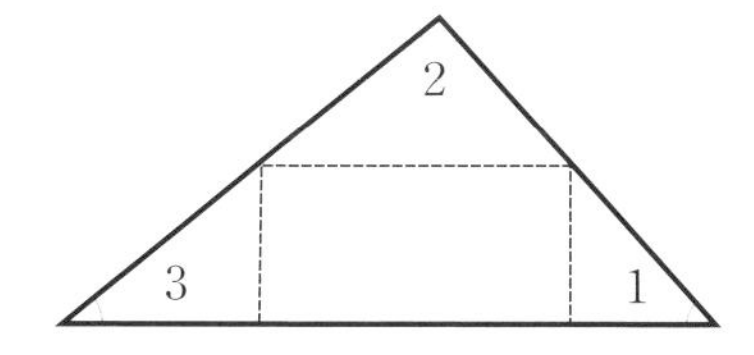

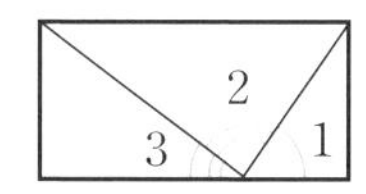

여기에서 삼각형의 내각의 합은 180°라는 것을 알 수 있습니다.

이 관계에 근거하여, 삼각형에서 두 각의 각도만 알면 나머지 세번째 각의 각도를 구할 수 있습니다.

④ 이등변삼각형

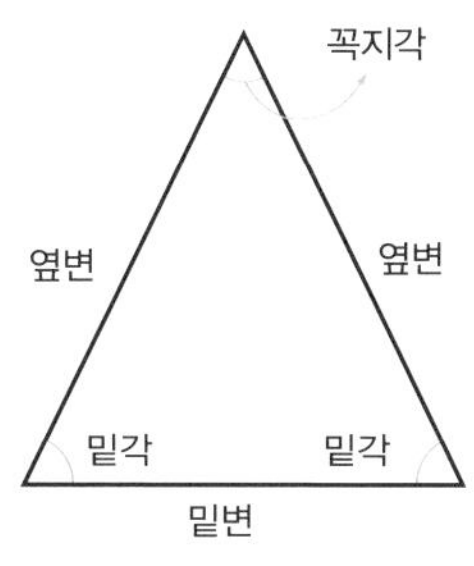

두 변의 길이가 같은 삼각형을 이등변삼각형이라고 합니다.

같은 두 변을 옆변, 다른 한 변을 밑변, 두 옆변의 이룬 각을 꼭지각, 밑변의 양쪽 끝을 꼭짓점으로 하는 내각을 밑각이라고 합니다.

이등변삼각형 꼭지점의 꼭짓점을 지나 밑변에 수선을 내리고, 이 수선을 따라 이등변삼각형을 포개면 수선의 양쪽 도형이 완전히 일치하는 것을 볼 수 있습니다. 그러므로 이등변삼각형은 대칭도형, 이 수선은 이등변삼각형의 대칭축이라고 부릅니다.

세 변이 모두 같은 삼각형을 정삼각형이라고 합니다.

정삼각형의 세 각은 모두 같습니다.

정삼각형은 대칭도형으로, 임의의 변으로 그은 높이가 있는 직선이 모두 그의 대칭축으로 될 수 있습니다.

⑤ 삼각형의 넓이

삼각형의 넓이＝밑변×높이÷2

만일 삼각형의 넓이를 S, 밑변과 그에 대응한 높이를 각각 a와 h로 표시하면 삼각형의 넓이는

$$S = a \times h \div 2 = ah \div 2$$

예제 04

다음 그림에서 $\angle 1$과 $\angle 2$ 중 어느 것이 큽니까? 왜 그렇습니까?

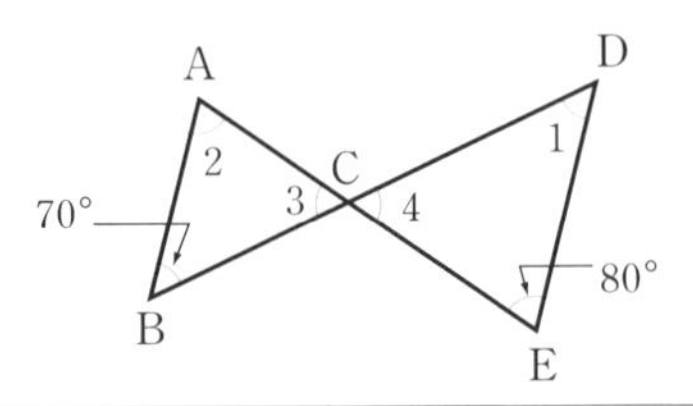

| 풀이 | 삼각형 ABC와 삼각형 DEC에서 $\angle 2+\angle 3+70^\circ=180^\circ$, $\angle 4+\angle 1+80^\circ=180^\circ$이기 때문에

$\angle 2=110^\circ-\angle 3$, $\angle 1=100^\circ-\angle 4$

그런데, $\angle 3=\angle 4$이므로

$\therefore \angle 2>\angle 1$

예제 05

다음 그림의 평행사변형에서 어두운 두 삼각형의 넓이 S_1과 S_2의 합이 40cm^2, 변 BC가 10cm입니다. 이 평행사변형의 넓이를 구하시오.

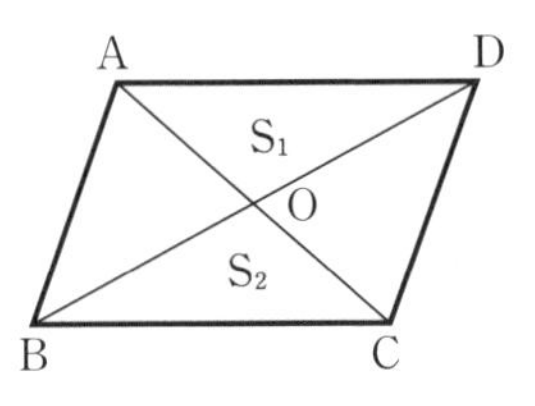

| 풀이 | 삼각형 AOD와 BOC에서 변 AD와 BC에 대응하는 높이를 각각 h_1과 h_2라 하면

$$S_1=ah_1\div 2 \text{ 즉 } 2S_1=ah_1$$

$$S_2=ah_2\div 2 \text{ 즉 } 2S_2=ah_2$$

$$\therefore 2(S_1+S_2)=a(h_1+h_2)$$

따라서 $h_1+h_2=2(S_1+S_2)\div a=2\times 40\div 10=8$

즉, 평행사변형의 높이 $h=8$

$\therefore$ 평행사변형의 넓이 $S=10\times 8=80$

따라서 평행사변형의 넓이는 80cm^2입니다.

(2) 사다리꼴

① 사다리꼴의 특징

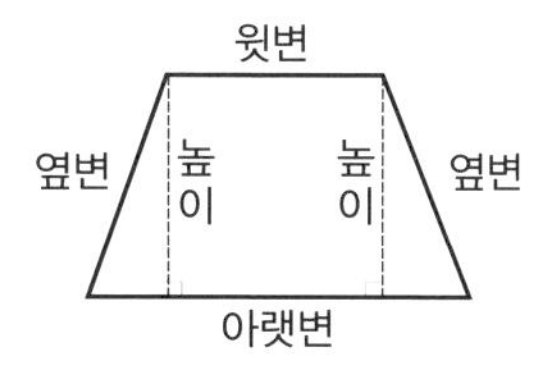

네 변에서 한 쌍의 대변이 평행인 사변형을 사다리꼴이라고 합니다. 서로 평행한 한 쌍의 대변을 각각 사다리꼴의 윗변과 아랫변, 평행하지 않은 한 쌍의 대변을 사다리꼴의 옆변, 윗변 위의 한 점으로부터 밑변에 수선을 내렸을 때 이 점과 수선 사이의 선분을 사다리꼴의 높이라고 합니다.

두 옆변이 같은 사다리꼴을 등변사다리꼴이라고 합니다.

등변사다리꼴은 선대칭도형으로, 윗변 · 아랫변의 중점을 연결한 직선이 바로 대칭축이 됩니다.

② 사다리꼴의 넓이

사다리꼴의 넓이=(윗변+아랫변)×높이÷2

만일 사다리꼴의 넓이를 S, 윗변 · 아랫변 · 높이를 각각 $a \cdot b \cdot h$로 표시한다면 사다리꼴의 넓이는

$$S=(a+b)\times h\div 2$$

예제 06

다음 그림은 큰 정사각형과 작은 정사각형으로 만든 조합도형입니다. 작은 정사각형 한 변의 길이는 4cm, 어두운 부분의 넓이는 28cm^2입니다. 사다리꼴 ABPD의 넓이를 구하시오.

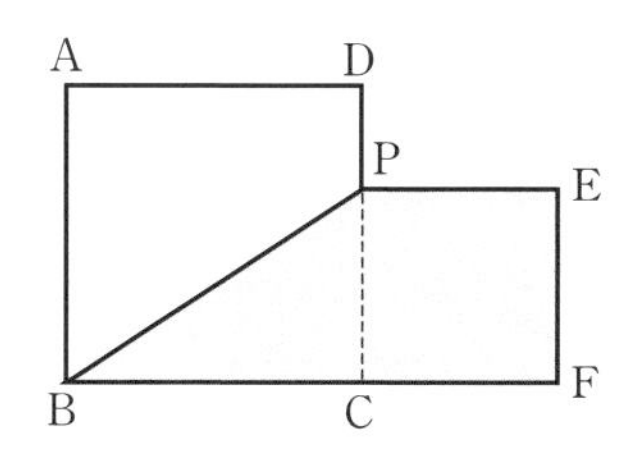

| 풀이 | $\overline{BC}=(28-4\times4)\times2\div4=6(\text{cm})$이므로 사다리꼴 ABPD의 넓이는 $\{6+(6-4)\}\times6\div2=24(\text{cm}^2)$

사다리꼴 ABPD의 넓이는 24cm^2입니다.

어떻게 풀까요?

연습문제 11-2

본 단원의 대표문제이므로 충분히 익히세요.

01 다음 그림에서 $\angle 1$은 각각 몇 도입니까?

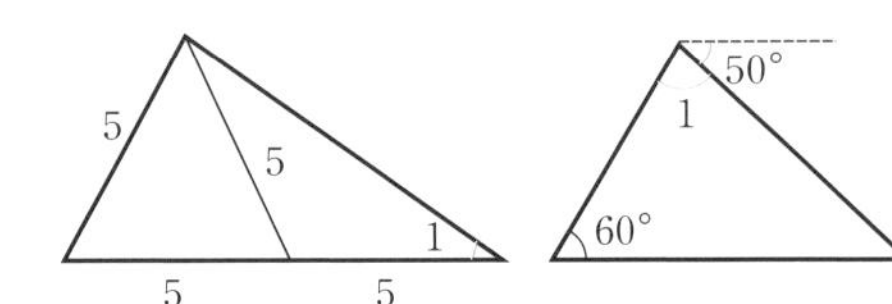

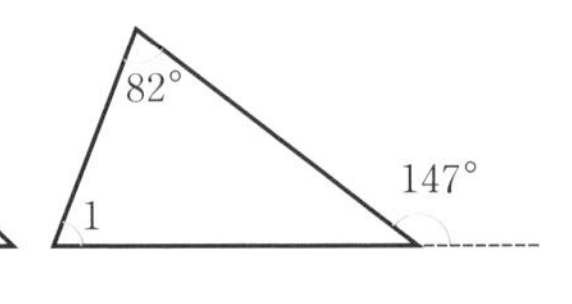

02 다음 그림의 삼각형 ABC에서 D는 $\overline{AC}$의 중점, $\overline{AC}$의 길이는 $\overline{AB}$의 2배입니다.

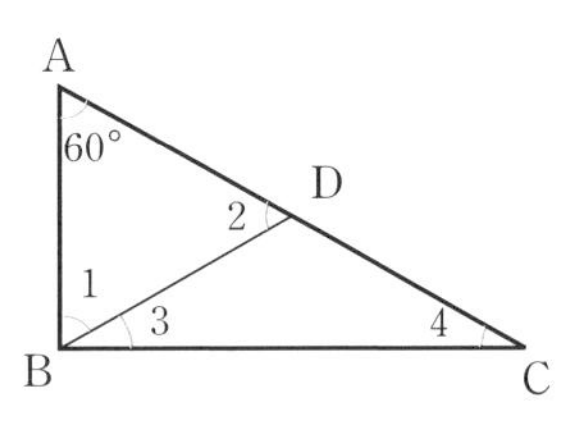

(1) 삼각형 ADB, 삼각형 DBC, 삼각형 ABC는 각각 무슨 삼각형입니까?

(2) $\angle 1$, $\angle 2$, $\angle 3$, $\angle 4$는 각각 몇 도입니까?

03 다음 그림에서 갑, 을 두 도형은 크기가 똑같은 직사각형입니다. 어느 직사각형의 어두운 부분의 넓이가 더 큽니까?

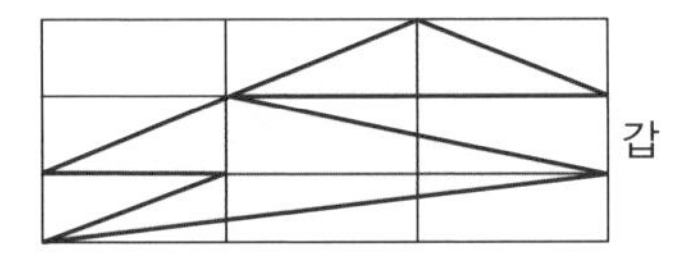

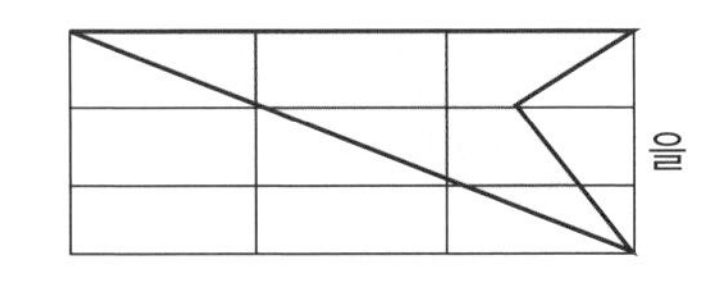

04 다음 그림에서 사각형 AECF의 넓이는 32cm^2, 평행사변형 ABCD의 넓이는 80cm^2, $\overline{AB}=\overline{AD}$, $\overline{DF}=6\text{cm}$입니다. $\overline{AF}$는 몇 cm입니까?

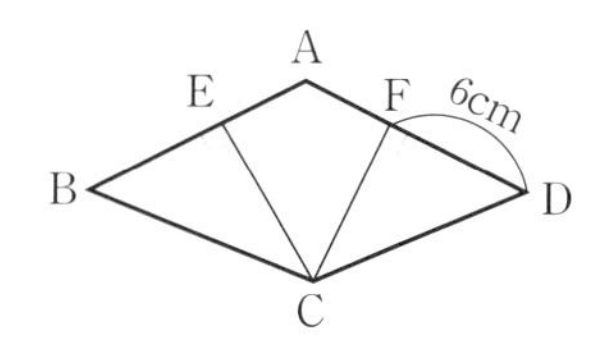

05 다음 그림에서 평행사변형 EFNM의 넓이는 16m^2, A·B·C·D는 평행사변형 각 변의 중점입니다. 어두운 부분의 넓이를 구하시오.

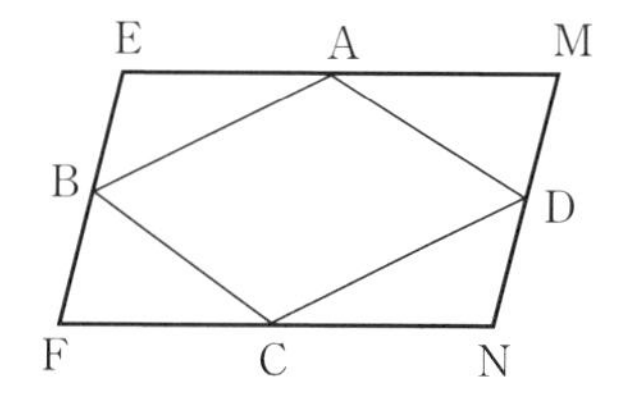

06 다음 그림과 같이 한 변의 길이가 12cm인 정사각형 안에 P점을 취하고 P점과 변 $\overline{AD}$·$\overline{BC}$의 3등분점 및 $\overline{AB}$·$\overline{CD}$의 2등분점을 연결하였습니다. 어두운 부분의 넓이를 구하시오.

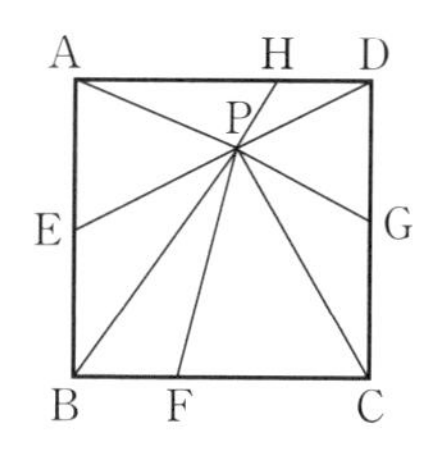

07 다음 그림에서 어두운 부분의 넓이는 40cm^2입니다. 나머지 부분의 넓이를 구하시오.

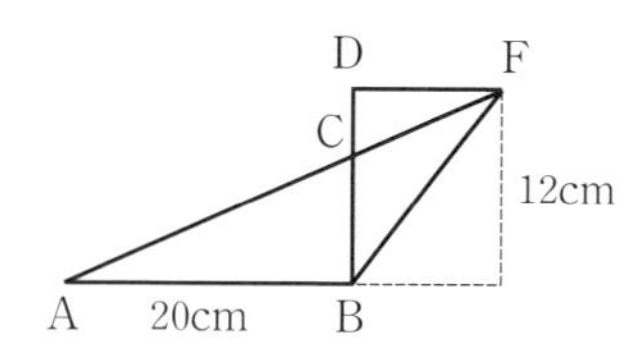

08 다음 그림에서 사다리꼴의 넓이는 35cm^{2}입니다. 어두운 부분의 넓이를 구하시오.

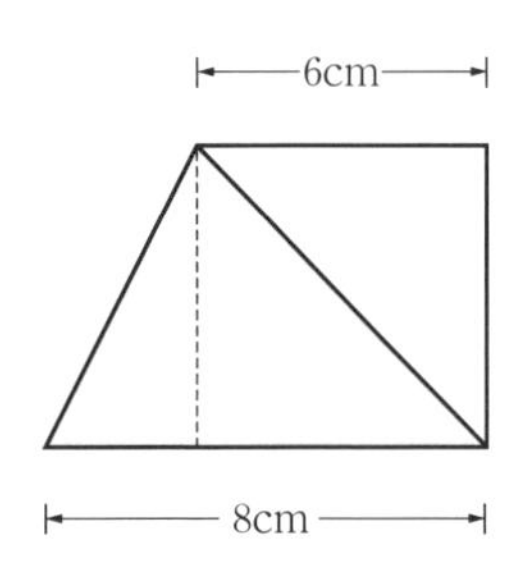

09 다음 그림에서 ABCE와 BCDF는 평행사변형, 삼각형 ABF와 평행사변형 BCDF의 넓이는 모두 10cm^{2}입니다. 어두운 부분의 넓이를 구하시오.

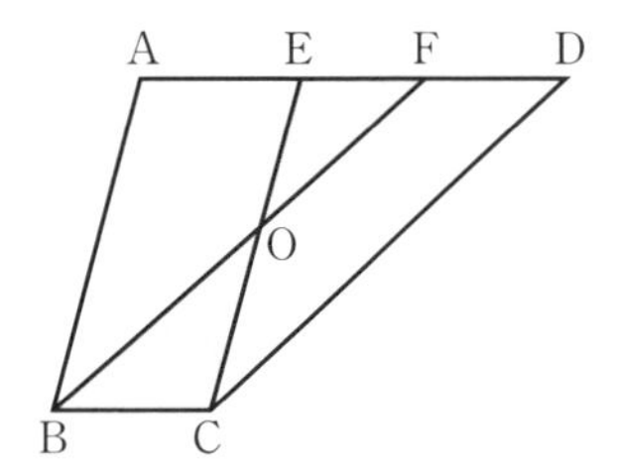

10 다음 그림의 사다리꼴 ABCD에서 $\overline{AD}$는 32cm, 삼각형 ABD의 넓이는 384cm^{2}이고 삼각형 AOD의 넓이는 삼각형 BOC의 넓이보다 288cm^2 작습니다. 사다리꼴 ABCD의 넓이를 구하시오.

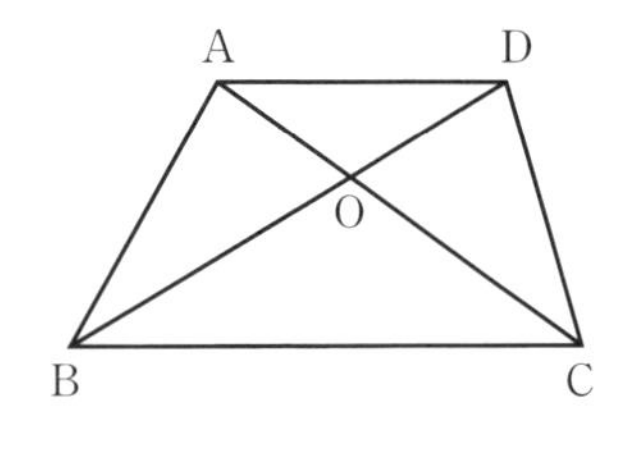

11 다음 그림에서 삼각형 ABC와 DEF는 모두 직각이등변삼각형입니다. 그림에 주어진 조건에 근거하여 어두운 부분의 넓이를 구하시오 (단위는 cm).

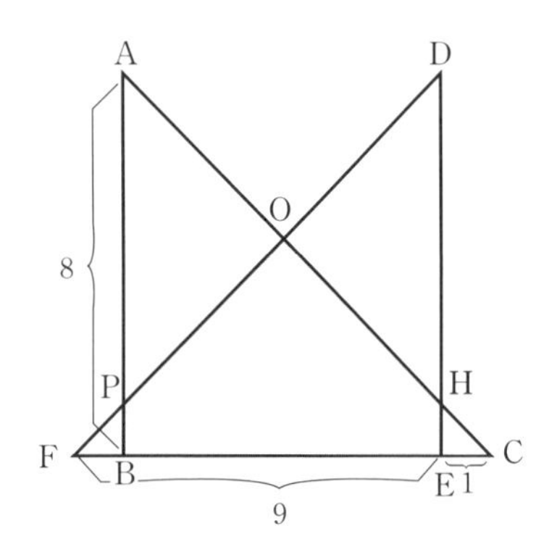

3. 대칭도형

(1) 선대칭도형

만일 한 평면을 어느 직선에 따라 포개었을 때 평면 위의 두 도형이 완전히 겹쳐진다면 이 두 도형을 이 직선을 대칭축으로 한 대칭도형이라고 합니다.

다음 그림의 삼각형 ABC와 삼각형 A′B′C′가 바로 $\overline{MN}$을 대칭축으로 한 대칭도형입니다.

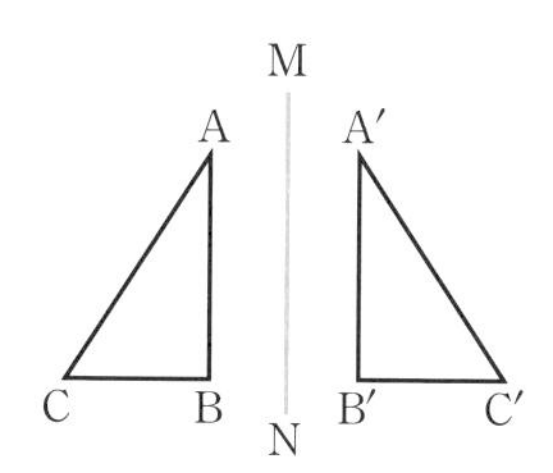

만일 한 평면도형을 한 직선에 따라 겹쳤을 때 직선 양쪽 부분이 완전히 겹쳐진다면 이 도형을 선대칭도형, 이 직선을 대칭축이라고 합니다.

앞에서 배운 직사각형 · 정사각형 · 이등변삼각형 · 등변사다리꼴은 모두 선대칭도형입니다.

이것들 중 어떤 것은 대칭축이 1개, 어떤 것은 대칭축이 몇 개입니다.

(2) 점대칭도형

만일 한 도형이 한 점을 축으로 돌아 180° 회전하였을 때 그것과 다른 한 도형이 완전히 겹쳐진다면 이 두 도형이 이 점을 중심으로 대칭된다고 말하고, 이 점을 대칭의 중심이라고 합니다.

다음 그림에서 삼각형 ABC가 점 O를 중심으로 돌아 180° 회전한 후 그것과 삼각형 A′B′C′가 완전히 겹쳐집니다. 그러므로 삼각형 ABC와 삼각형 A′B′C′는 점 O를 중심으로 대칭됩니다. 이때 점 O는 대칭의 중심이라 하고 점 A와 A′, 점 B와 B′, 점 C와 C′는 O를 중심으로 한 대칭점이라고 합니다.

따라서 $\overline{OA}=\overline{OA'}$, $\overline{OB}=\overline{OB'}$, $\overline{OC}=\overline{OC'}$라는 것을 쉽게 알 수 있습니다.

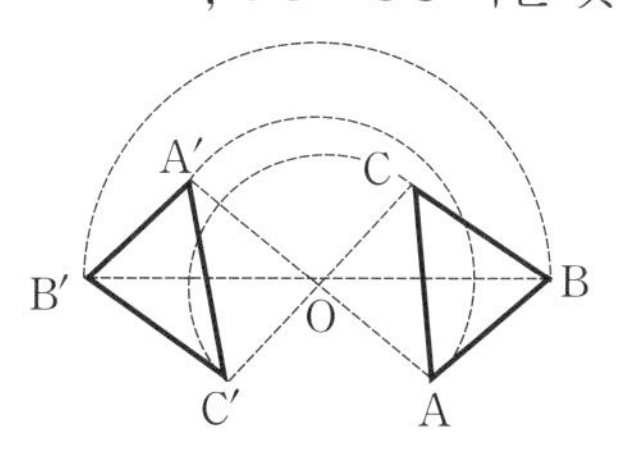

만일 한 도형이 한 점을 돌아 180° 회전한 후 원래의 도형과 완전히 겹쳐진다면 이 도형을 점대칭도형, 이 점을 그 대칭의 중심이라고 합니다.

예 평행사변형 · 직사각형 · 정사각형은 대각선의 교차점을 대칭의 중심으로 하는 점대칭도형입니다.

도형의 대칭성을 이용하여 일부 도형의 넓이를 쉽게 계산할 수 있습니다.

예제 07

다음 그림에서 삼각형 DBC는 이등변삼각형, $\overline{DO}$는 밑변에 그은 높이, 삼각형 DOC의 넓이는 $4cm^2$입니다.
사다리꼴 ABCD의 넓이를 구하시오.

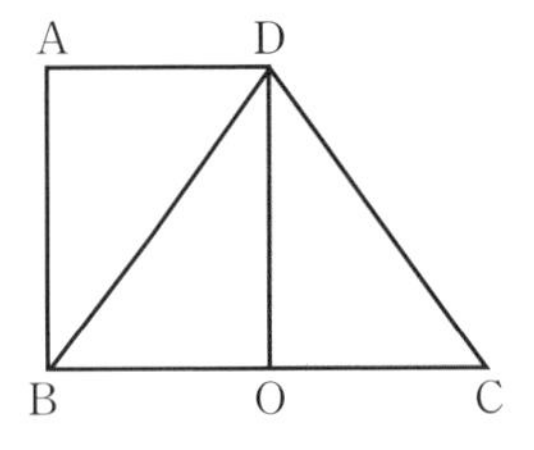

| 풀이 | $\overline{DO}$가 이등변삼각형 DBC의 대칭축이므로 이등변삼각형의 대칭성에 근거하여 삼각형 BDO의 넓이도 $4cm^2$라는 것을 알 수 있습니다. 그런데 ABOD가 직사각형이므로 그 넓이는 삼각형 BDO의 2배입니다. 그러므로 사다리꼴 ABCD의 넓이 $S=4\times3=12(cm^2)$입니다.

01 다음 그림에서, 어느 것이 선대칭도형입니까? 모든 대칭축을 다 그려 보시오. 또 어느 것이 점대칭도형입니까? 대칭의 중심을 말해 보시오.

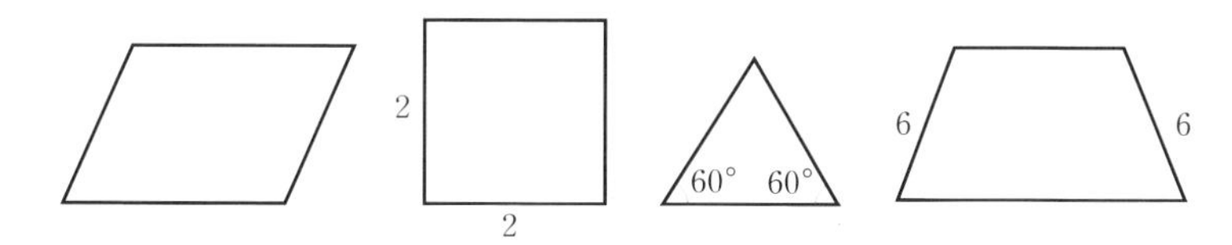

02 다음 그림에서 어두운 부분의 넓이가 $4cm^2$입니다.
정사각형 AEDF의 넓이를 구하시오.

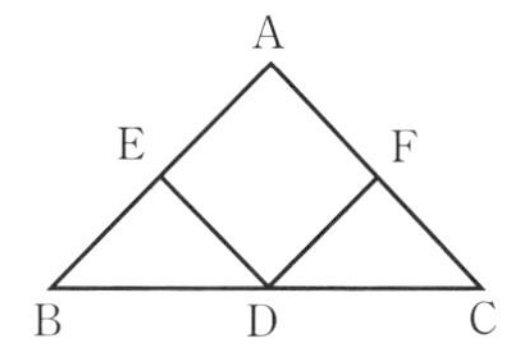

03 다음 그림에서 E·F·M·N은 정사각형 ABCD 각 변의 중점, 정사각형 ABCD의 넓이는 $24cm^2$입니다.
사변형 EFMN의 넓이를 구하시오.

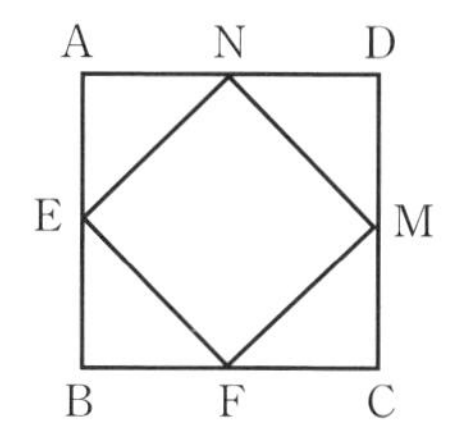

12 평면도형(2)

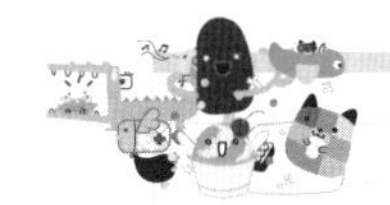

이 장에서는 앞 장에 이어서 평면도형 중의 원 · 부채꼴 및 기타 평면도형으로 이루어진 조합도형에 관련된 문제를 소개하기로 합니다.

1. 원

(1) 원

원이란 무엇일까요? 한 선분이 고정된 한 끝을 중심으로 하여 평면 내에서 1회전했을 때 그 다른 끝은 평면 안에 밀폐된 곡선을 그려냅니다. 이 밀폐된 곡선이 바로 원입니다.

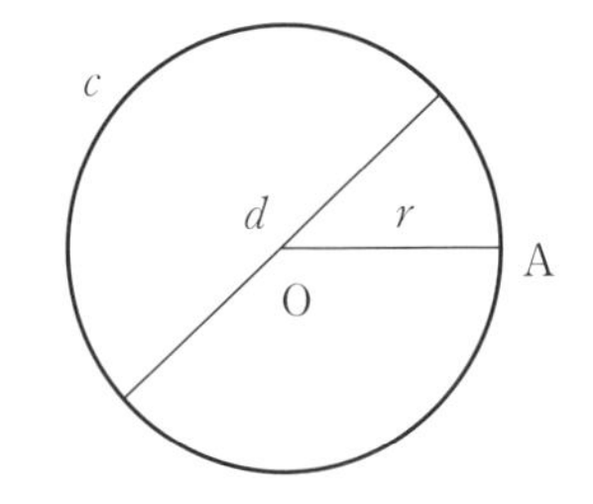

원을 그릴 때 고정된 한 점을 원의 중심이라 하는데, 일반적으로 알파벳 O로 표시합니다.

따라서 O를 원의 중심으로 한 원을 ⊙O로 표기합니다.

원의 중심으로부터 원주상의 한 점에 이르는 선분을 원의 반지름이라 하는데, 반지름은 보통 대문자 R 또는 소문자 r로 표시합니다.

동일 원에서 모든 반지름은 다 같습니다.

원의 중심을 통과하여 원주상에 두 끝을 가지는 선분의 지름이라 하는데, 지름은 보통 대문자 D 또는 소문자 d로 표시합니다.

동일 원에서 모든 지름은 다 같습니다.

동일 원에서 지름은 반지름의 2배, 즉 $d=2r$ 또는 $r=\frac{d}{2}$ 입니다.

(2) 원주율

원주 길이 c와 지름 d 사이에는 어떤 관계가 있을까? 사람들은 어떤 원이든지 원주 길이를 지름으로 나눈 몫이 고정된 수라는 것을 발견했습니다.

이 고정된 수를 원주율이라 하고 그리스 문자 π로 표시합니다.

즉 원주율 $\pi=\frac{c}{d}$

원주율 π는 규칙이 없는 무한소수(=무한 비순환소수), 다시 말하면 무리수입니다. 즉,

$$\pi=3.14159265358979323846\cdots$$

초등학교 수학에서는 흔히 원주율 π의 값을 근사값 3.14로 취합니다.

(3) 원주 길이와 넓이

$\pi=\frac{c}{d}$이므로 원주 길이 $c=\pi d$ 또는 $c=2\pi r$로 표시할 수 있습니다.

예제 01

괘종 시계가 하나 있는데 분침의 길이가 50cm입니다. 이 분침의 한 끝이 1회전하였다면 그것이 간 거리는 얼마입니까?

| 분석 | 분침이 1회전하면서 그리는 도형은 원입니다. 분침의 길이가 바로 원의 반지름이므로 이 문제는 원의 반지름을 알고 원주 길이를 구하는 문제입니다.

| 풀이 | $c=2\pi r=2\times3.14\times50=314$

분침의 한 끝이 1회전하면 314cm 가게 됩니다.

원주에 둘러싸인 부분의 크기를 원의 넓이라 합니다.

원의 넓이는 다음 공식으로 계산할 수 있습니다.

$$S=\pi r^2$$

주 (1) $c=2\pi r$이라는 것은 원주 길이는 지름의 π배임을 뜻하고 $S=\pi r^2$이라는 것은 원의 넓이는 반지름을 한 변의 길이로 한 정사각형 넓이의 π배임을 뜻합니다.

(2) $S=\pi r^2=\frac{1}{2}\times2\pi r\times r=\frac{1}{2}cr$이므로 원의 넓이는 원주 길이를 밑변으로 하고 반지름을 높이로 한 삼각형의 넓이와 같습니다.

예제 02

한 원의 원주 길이가 18.84cm입니다. 이 원의 넓이는 얼마입니까?

| 분석 | 한 원의 넓이를 구하려면 이 원의 반지름을 꼭 알아야 합니다. 그러므로 먼저 원의 반지름을 구한 다음 원의 넓이를 구할 수 있습니다.

| 풀이 |

$r=\frac{c}{2\pi}=\frac{18.84}{2\times3.14}=3$

$S=\pi r^2=3.14\times3^2=3.14\times9=28.26$

이 원의 넓이는 28.26cm^2입니다.

2. 부채꼴

다음 그림에서 ∠1의 꼭짓점은 원심 O 위에 있습니다.
이와 같이 꼭짓점이 원심에 있는 각을 중심각이라 합니다.
원주상 A·B 두 점 사이의 부분을 호라 부르는데, $\overset{\frown}{AB}$로 표기하고 '호 AB' 라고 읽습니다. $\overset{\frown}{AB}$를 ∠1에 대한 호라고 합니다.

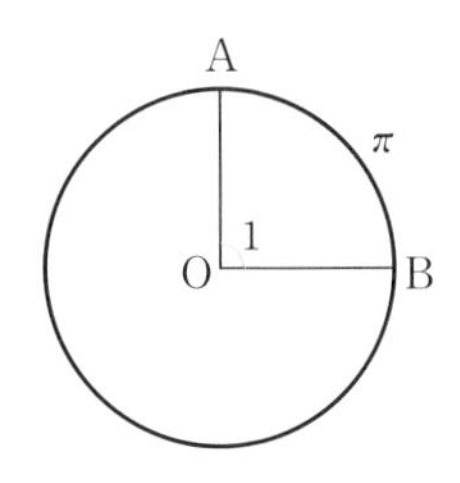

반지름이 r인 원에서 만일 호 AB에 대한 중심각이 $n°$라면 AB의 길이 $l=\frac{n}{360}\times2\pi r=\frac{n\pi r}{180}$입니다.

중심각을 이룬 두 반지름과 중심각에 대한 호로 둘러싸인 도형을 부채꼴이라고 합니다. 그림에서 어두운 부분이 바로 부채꼴입니다. 부채꼴의 넓이는 다음 식으로 계산할 수 있습니다. 즉,

$$S=\frac{n}{360}\times\pi r^2=\frac{1}{2}\times\frac{n\pi r}{180}\times r=\frac{1}{2}\times l\times r$$

식에서 n은 중심각의 각도, l은 중심각에 대한 호의 길이입니다.

위의 공식은 원의 넓이의 공식으로부터 얻어낼 수 있습니다.

부채꼴은 원의 일부분이므로 부채꼴의 넓이는 원 넓이의 일부분, 부채꼴의 호의 길이는 원주 길이의 일부분, 부채꼴의 중심각은 꼭짓점이 원심에 있는 원각의 일부분으로 볼 수 있습니다.

부채꼴의 넓이와 원의 넓이, 부채꼴의 호의 길이와 원주 길이, 부채꼴의 중심각과 꼭짓점이 그 원심에 있는 원각, 이 세 부분 사이에는 같은 배수 관계가 있습니다.

예 한 부채꼴의 넓이가 원 넓이의 $\frac{1}{12}$이라면 이 부채꼴의 호 길이도 원주 길이의 $\frac{1}{12}$, 이 부채꼴의 중심각도 원주의 $\frac{1}{12}$, 즉 30°일 것입니다.

원과 부채꼴은 모두 선대칭도형입니다.

예제 03

한 부채꼴의 반지름이 12cm, 중심각이 36°입니다. 이 부채꼴의 넓이는 얼마입니까?

| 풀이 |

$$S=\frac{\pi r^2}{360}\times n=\frac{3.14\times 12^2}{360}\times 36=45.216$$

이 부채꼴의 넓이는 45.216cm^2입니다.

3. 조합도형의 넓이 계산

기본도형(평행사변형, 삼각형, 사다리꼴, 원, 부채꼴)의 넓이 계산을 배운 다음 일부 조합도형의 넓이 계산에 부딪힐 때가 많습니다.

이런 도형들은 보기에는 아주 불규칙적인 것 같지만 분할, 조합 또는 보충을 거치면 기본도형으로 변화시킬 수 있습니다. 따라서 이런 조합도형의 넓이는 몇 개 기본도형의 넓이의 합 또는 차로 계산할 수 있습니다.

조합도형의 넓이를 계산하려면 일정한 도형 식별 능력이 있어야 합니다.

그래야만 이 조합도형은 어떤 기본도형으로 이루어졌는가, 구하려는 넓이는 넓이의 합인가 아니면 넓이의 차인가를 바로 알아낼 수 있습니다. 이 밖에 문제 풀이에 필수적인 조건들이 다 구비되었는가를 잘 살펴보아야 합니다.

예제 04

다음 그림에서 어두운 부분의 둘레 길이와 넓이를 계산하시오 (단위 : cm).

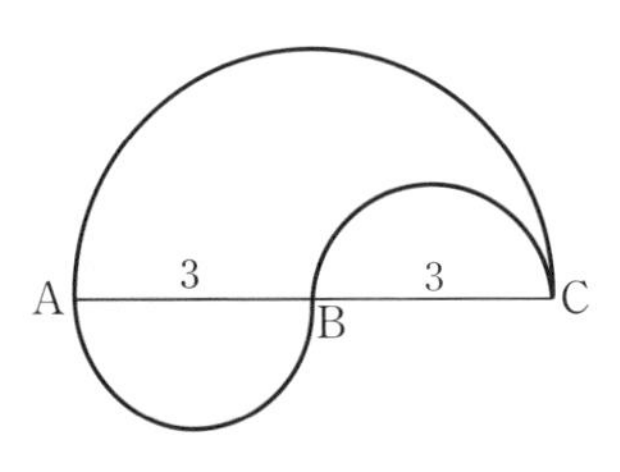

| 풀이 | 그림에서 어두운 부분의 둘레 길이는 $\overline{AC}$를 지름으로 한 반원의 길이에 $\overline{AB}$와 $\overline{BC}$를 지름으로 한 두 반원의 길이의 합을 더한 것과 같습니다. 즉 어두운 부분의 둘레 길이

$=\{3.14\times(3+3)+3.14\times3+3.14\times3\}\div2$

$=(18.84+9.42+9.42)\div2$

$=37.68\div2=18.84(cm)$

또 이렇게 이해해도 됩니다.

그림에서 $\overline{AB}$와 $\overline{BC}$를 지름으로 한 두 반원의 길이의 합은 $\overline{AC}$를 지름으로 한 원주 길이의 절반과 같습니다.

그러므로 어두운 부분의 둘레 길이는

$3.14\times(3+3)=3.14\times6=18.84(cm)$

어두운 부분의 넓이는 $\overline{AC}$를 지름으로 한 반원의 넓이에 $\overline{AB}$를 지름으로 한 반원의 넓이를 더한 합에 $\overline{BC}$를 지름으로 한 반원의 넓이를 빼면 나옵니다. 즉,

$(3.14\times3^2+3.14\times1.5^2-3.14\times1.5^2)\div2$

$=28.26\div2=14.13(cm^2)$

이 밖에도 불규칙적인 도형의 한 부분을 잘라서 도형의 공백 부분에 보충해 넣음으로써 규칙적인 도형이 되도록 하여 계산할 수도 있습니다.

먼저 도형 중에서 $\overline{AB}$를 지름으로 한 반원을 잘라낸 다음 그것을 $\overline{BC}$를 지름으로 한 반원형 공백에 채웁니다.

이때 어두운 부분은 $\overline{AC}$를 지름으로 한 큰 반원형으로 됩니다. 이리하여 계산이 아주 간편하게 됩니다. 즉,

$$3.14\times3^2\div2=28.26\div2=14.13(\text{cm}^2)$$

따라서 어두운 부분의 둘레 길이는 18.84(cm),

넓이는 14.13cm^2입니다.

예제 05

다음 그림에서 어두운 부분의 넓이를 구하시오(단위 : cm).

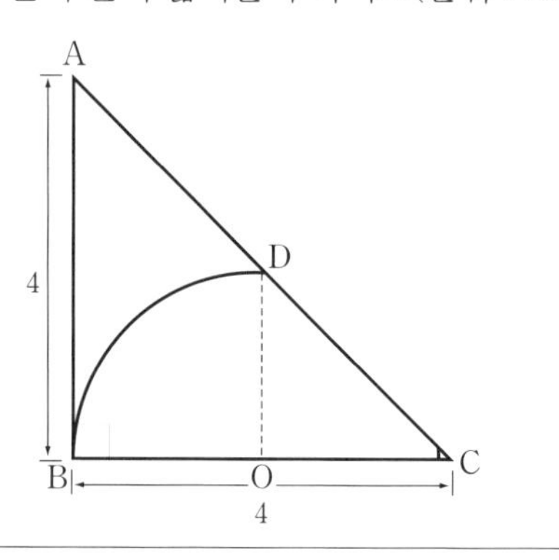

| 분석 | 도형에서 점 D가 $\overline{\text{AC}}$의 중점이라는 것을 알 수 있습니다.

그런데 어두운 부분의 넓이를 직접 구하기는 어려울 것 같습니다.

그래서 $\overline{\text{BC}}$의 중점 O를 찾아 D와 O를 연결해 봅시다.

그렇게 되면 도형의 공백 부분이 부채꼴(원의 4분의 1) 하나와 삼각형 하나로 나누어집니다.

이때 ABOD는 직각사다리꼴로 됩니다. 이리하여 큰 삼각형의 넓이에서 공백 부분의 작은 삼각형과 부채꼴의 넓이를 빼내든가, 직각사다리꼴 ABOD의 넓이에서 부채꼴의 넓이를 빼내는 방법으로 어두운 부분의 넓이를 구할 수 있습니다.

| 풀이 | $\frac{1}{2}\times4\times4-\frac{1}{2}\times2\times2-\frac{1}{4}\times3.14\times2^2$

$=8-2-3.14=2.86(\text{cm}^2)$

또는 $\frac{(2+4)\times2}{2}-\frac{1}{4}\times3.14\times2^2=2.86(\text{cm}^2)$

그러므로 어두운 부분의 넓이는 2.86cm^2입니다.

예제 06

다음 그림에서 어두운 부분의 넓이를 구하시오(단위 : cm).

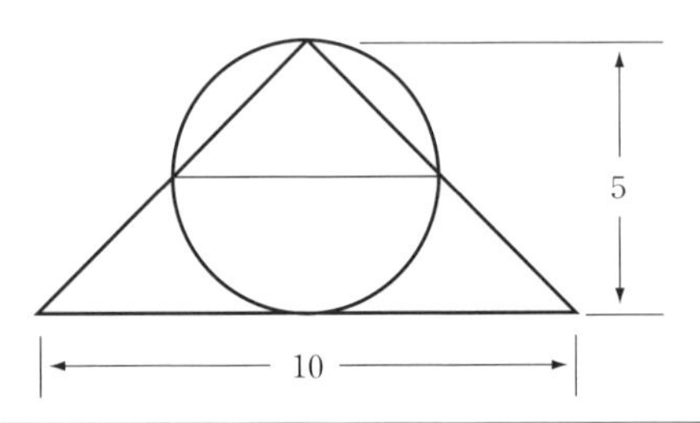

| 분석 | 그림에서 어두운 부분의 넓이는 위의 반원과 사다리꼴 넓이의 합에서 위의 작은 삼각형과 아래 반원 넓이의 합을 뺀 것과 같습니다. 또, 다음과 같이 할 수도 있습니다.

먼저 위의 반원을 아래로 겹쳐 보세요.

그렇게 되면 어두운 부분의 넓이는 사다리꼴의 넓이에서 위의 작은 삼각형의 넓이를 뺀 것과 같다는 것을 알 수 있습니다.

이렇게 두 가지 방법이 있습니다.

| 풀이1 |

$$\frac{1}{2}\times3.14\times\left(\frac{5}{2}\right)^2+\frac{5+10}{2}\times\frac{5}{2}$$
$$-\frac{1}{2}\times5\times\frac{5}{2}-\frac{1}{2}\times3.14\times\left(\frac{5}{2}\right)^2$$
$$=\frac{75}{4}-\frac{25}{4}=\frac{50}{4}=12.5(\text{cm}^2)$$

| 풀이2 |

$$\frac{5+10}{2}\times\frac{5}{2}-\frac{1}{2}\times5\times\frac{5}{2}=12.5(\text{cm}^2)$$

어두운 부분의 넓이는 12.5cm^2입니다.

위의 두번째 방법을 사용할 때에는 반드시 선대칭도형의 대칭축에 따라 겹쳐야만 합니다.

이 방법을 사용하면 때로는 비교적 복잡한 조합도형의 넓이도 재치있게 계산해 낼 수 있습니다.

예제 07

다음 그림에서 어두운 부분의 넓이를 구하시오(단위 : cm).

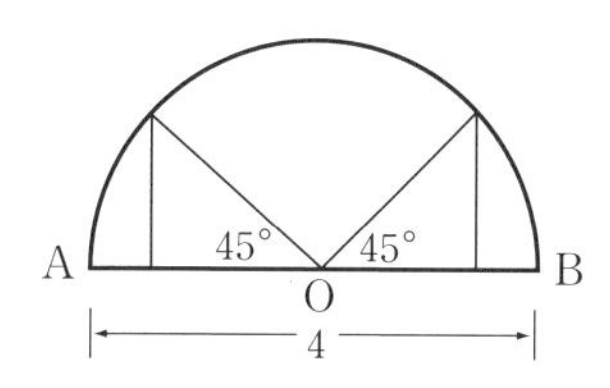

| 분석 | 도형의 현 상태로부터 분석하면 변이 2cm인 이등변삼각형임을 쉽게 알 수 있습니다.

따라서 어두운 부분의 넓이를 쉽게 구할 수 있습니다.

| 풀이 | $3.14\times2^2\times\frac{1}{2}-2\times2\times\frac{1}{2}=4.28(\text{cm}^2)$

어두운 부분의 넓이는 4.28cm^2입니다.

주 어떤 조합도형의 조건은 감추어져 있어서 일반적인 방법으로는 풀기 어렵습니다.

도형의 대칭성을 이용한다면 일부 주어진 조건(예 두 중심각의 각도가 45°)들을 충분히 이용할 수 없습니다.

따라서 공백 부분의 삼각형의 넓이를 구하기가 아주 어렵습니다.

만일 O점을 지나서 $\overline{AB}$의 수선 $\overline{OC}$를 긋는다면 원 도형이 똑같이 나누어지는데, 이 때 도형의 한쪽 부분을 O점을 중심으로 해서 180° 회전시켜 봅시다.

그렇게 되면 도형의 공백 부분이 직각삼각형이 되는 새 도형이 만들어지면서 풀이 방법이 생깁니다.

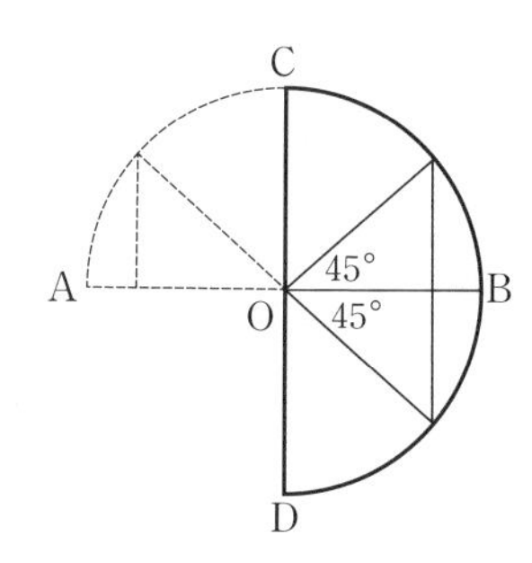

01 다음 조건에 의해 원의 둘레 길이를 구하시오.

(1) $r=7\text{cm}$

(2) $d=5\text{cm}$

02 다음 조건에 의해 원의 넓이를 구하시오.

(1) $r=4\text{cm}$

(2) $d=6\text{cm}$

(3) $c=12.56\text{cm}$

03 다음 그림에서 어두운 부분의 둘레 길이와 넓이를 구하시오(단위 : cm).

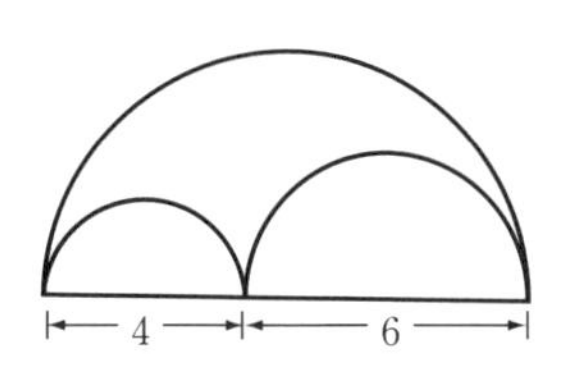

04 다음 그림의 두 도형에서 어두운 부분의 넓이를 구하시오(단위 : cm).

(1)

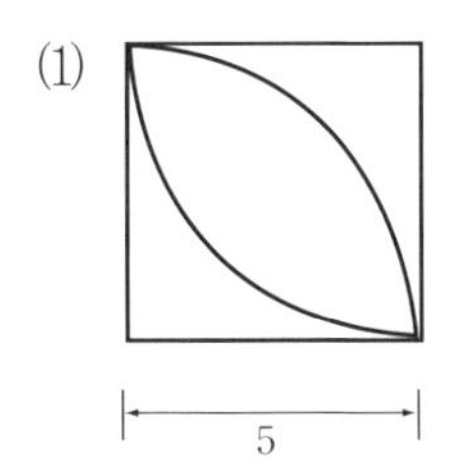

(2)

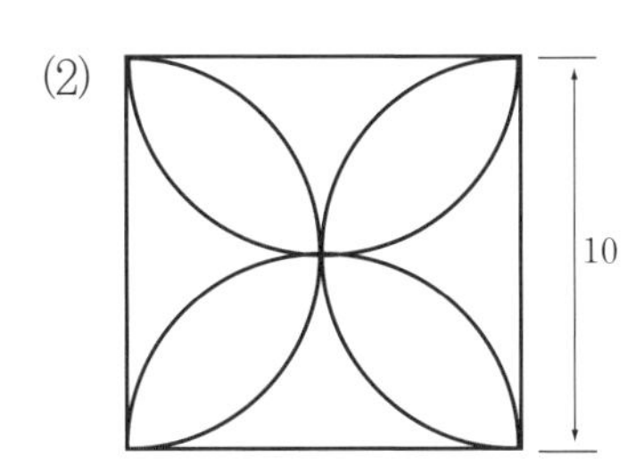

05 다음 그림에서와 같이 한 삼각형의 세 꼭짓점을 원의 중심으로 하여 반지름이 1cm인 원을 그렸습니다. 어두운 세 부분의 넓이의 합을 구하시오.

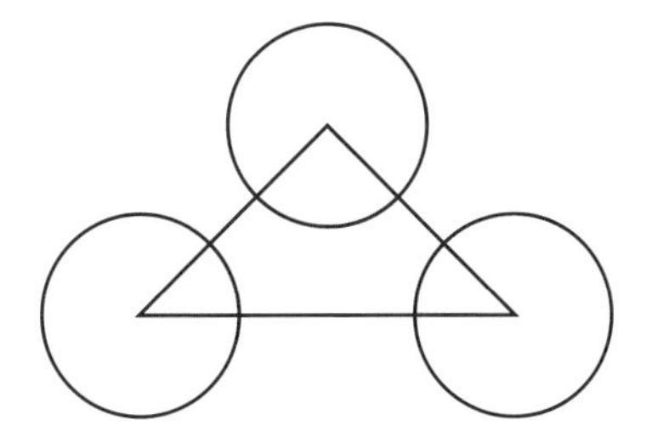

06 다음 그림에서 어두운 부분의 넓이를 구하시오(단위 : cm, 삼각형은 직각이등변삼각형임).

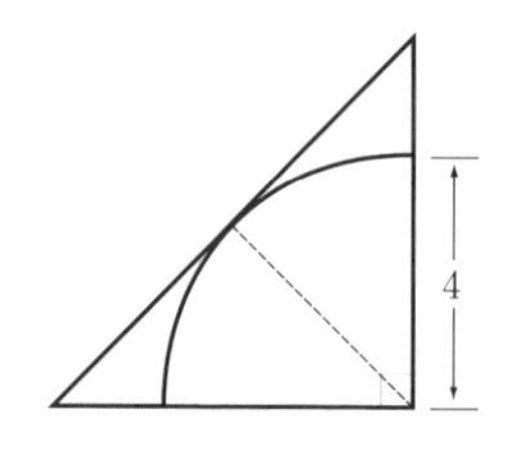

07 다음 그림에서 어두운 부분의 넓이를 구하시오(단위 : cm).

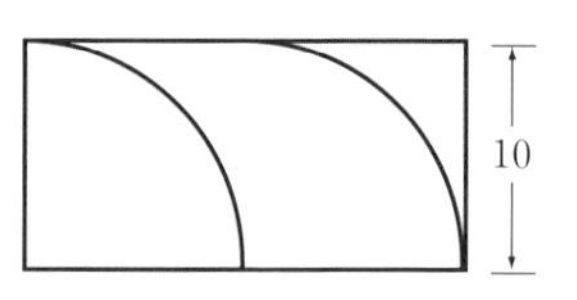

08 다음 그림에서 두 정사각형의 한 변의 길이가 각각 3cm와 6cm입니다. 어두운 부분의 넓이를 구하시오.

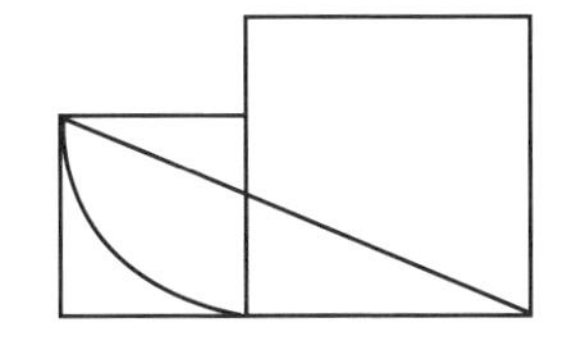

09 다음 그림에서 정사각형의 한 변의 길이가 10cm입니다. 어두운 부분의 넓이를 구하시오.

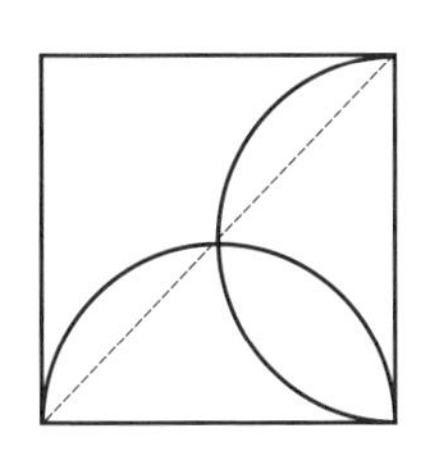

13 입체도형

초등학교에서 배우는 입체도형으로는 직육면체 · 원기둥 · 원뿔 · 구 등이 있습니다.

1. 기본 지식

(1) 직육면체

6개의 직사각형으로 둘러싸인 입체로, 그 모양이 벽돌과 비슷합니다.

직육면체에서 마주한 두 직사각형은 같고, 마주한 변도 같습니다.

만일 직육면체의 가로 · 세로 · 높이를 각각 $a \cdot b \cdot h$라고 한다면 그 겉넓이 $S=2(ab+bh+ha)$, 부피 $V=abh$로 표시할 수 있습니다.

(2) 정육면체

가로 · 세로 · 높이가 같은 직육면체를 정육면체라고 합니다.

정육면체의 6개 면은 크기가 똑같은 정사각형으로 이루어졌습니다.

만일 한 변의 길이를 a라 하면 정육면체의 겉넓이 $S=6a^2$, 부피 $V=a^3$으로 표시할 수 있습니다.

(3) 원기둥

둥근 기둥처럼 생긴 입체를 원기둥이라 합니다. 원기둥은 원통형의 곡면과 2개의 원으로 이루어졌습니다. 이 원통형의 곡면을 펼쳐 놓으면 직면체형이 얻어지는데, 이 직면체의 가로가 원기둥의 원의 원주와 같습니다. 만일 밑면의 반지름을 r, 높이를 h라 하면

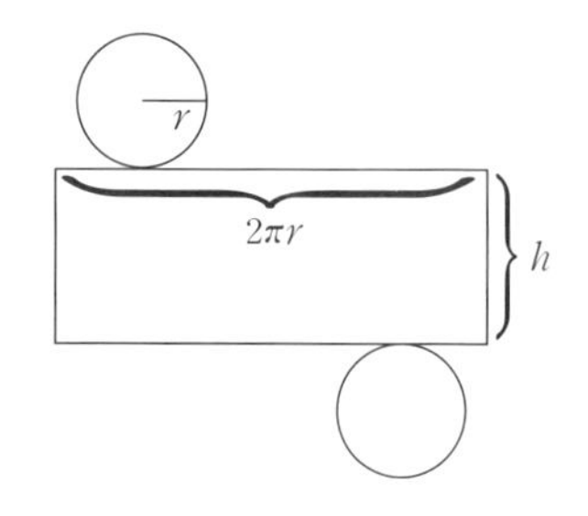

한 밑변의 넓이 $S_{밑넓이}=\pi r^2$

옆넓이 $S_{옆넓이}=$ 밑변 둘레 × 높이 $=2\pi rh$

겉넓이 $S_{겉넓이}=2S_{밑넓이}+S_{옆넓이}=2\cdot\pi r^2+2\pi rh$

$=2\pi r(r+h)$

부피 $V=S_{밑넓이}\times$ 높이 $=\pi r^2\cdot h$

(4) 원뿔

어떤 직각삼각형이 한 직각변을 축으로 하여 1회전했을 때 얻어지는 입체를 원뿔이라고 합니다. 이때, 직각삼각형의 빗변이 회전하여 이룬 곡면을 원뿔의 옆면이라 하고, 다른 직각변이 회전하여 이룬 원을 원뿔의 밑면이라 합니다. 그리고 원뿔의 꼭짓점으로부터 밑면의 원심에 이르는 선분의 길이를 원뿔의 높이라 합니다. 원뿔의 옆면을 펼쳐 놓으면 부채꼴이 얻어지는데, 이 부채꼴의 반지름은 꼭짓점과 밑면 원주상 한 점의 연결선 길이와 같고, 부채꼴의 호 길이는 밑면 원의 둘레와 같습니다.

만일 밑면의 반지름을 r, 옆선의 길이를 l, 높이를 h로 표시하면

$S_{옆넓이}=\frac{1}{2}\times$ 밑변 둘레 × 옆선의 길이

$=\frac{1}{2}\times 2\pi r\times l=\pi rl$

$S_{겉넓이}=\pi r^2+\pi rl=\pi r(r+l)$

$V=\frac{1}{3}\times S_{밑넓이}\times h=\frac{1}{3}\pi r^2 h$

(5) 구(공)

탁구공처럼 생긴 입체를 구(공)라 합니다. 만일 구의 반지름이 r이라면

$S_{겉넓이}=4\pi r^2,\ V=\frac{4}{3}\pi r^3$

2. 조합입체도형의 겉넓이와 부피 계산

여기에서 말하는 조합입체도형이란 앞에서 말한 기본입체도형을 자르고, 파고, 붙인 뒤에 얻어지는 입체도형을 가리킵니다.

공간 상상력을 충분히 발휘하여 조합입체도형의 구조를 바르게 분석하는 것은 조합입체도형에 관계되는 계산 문제를 푸는 핵심입니다.

예제 01

다음 그림에서처럼 원기둥 모양의 소재를 원뿔 모양으로 속을 파서 부속품을 만들었습니다. 이 부속품의 겉넓이를 구하시오(단위 : cm, $\pi \doteqdot 3$).

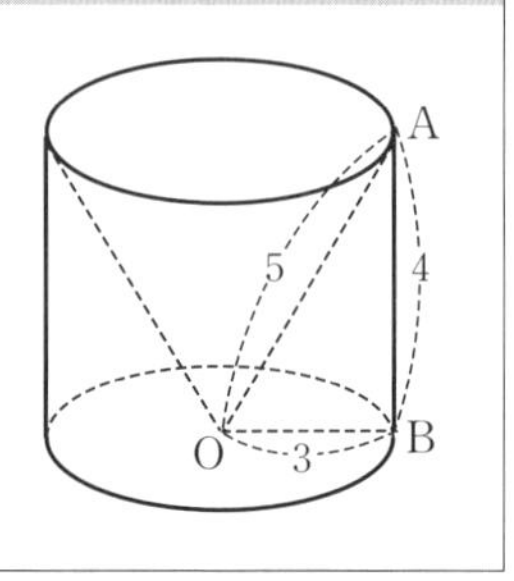

| 풀이 | 부속품의 겉넓이는 원기둥의 옆넓이 · 1개 밑넓이 · 원뿔의 옆넓이의 합과 같습니다. 그러므로 부속품의 겉넓이는

$2\pi \times 3 \times 4 + \pi \times 3^2 + \pi \times 3 \times 5$

$= 48\pi \doteqdot 144(\text{cm}^2)$

부속품의 겉넓이는 약 144cm^2입니다.

예제 02

다음 그림에서처럼 한 변의 길이가 20cm인 정육면체 세 면의 중심으로부터 한 변의 길이가 4cm인 정사각형 구멍을 맞은쪽 면에까지 통하여 뚫었습니다. 이 도형의 부피와 겉넓이를 구하시오.

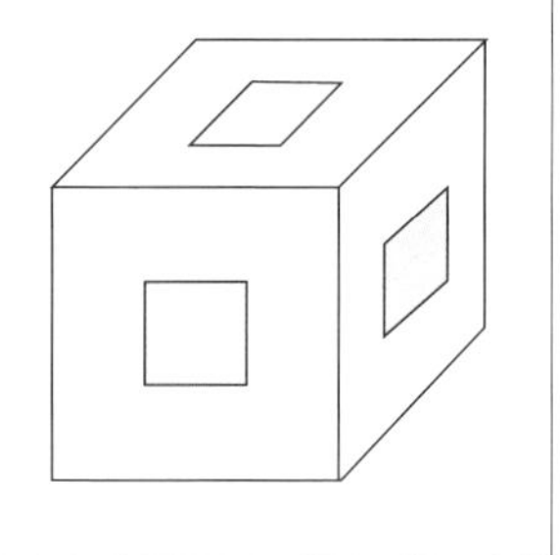

| 분석 | 이 도형의 부피는 정육면체 부피에서 파낸 부분의 부피를 뺀 것과 같습니다.주의해야 할 것은, 파낸 부분을 간단히 3개의 똑같은 직육면체로 보아서는 안 된다는 것입니다.

다시 말해서, 만일 부피가 $4^2 \times 20$인 직육면체 3개를 빼주었다면 더 빼낸 작은 정육면체 2개의 부피를 더해 주어야 하고, 만일 부피가 $4^2 \times 20$인 직육면체 1개를 덜었다면 부피가 $4^2 \times (20-4)$인 직육면체 2개의 부피를 더 빼야 합니다.

그리고 도형의 겉넓이는 원 정육면체 겉넓이에 6개 정사각형 구멍의 넓이를 뺀 다음 밑변 1변의 길이 4cm,

높이 $(20-4)$cm인 직육면체 3개의 옆넓이를 더한 것과 같습니다.

도형의 부피 :

방법 1 : $20^3-4^2\times20\times3+4^3\times2$
$=7168(cm^3)$

방법 2 : $20^3-4^2\times20-4^2\times(20-4)\times2$
$=7168(cm^3)$

도형의 겉넓이 : $20^2\times6-4^2\times6+4\times(20-4)\times4\times3$
$=3072(cm^2)$

따라서 도형의 부피는 $7168cm^3$, 겉넓이는 $3072cm^2$입니다.

예제 03

길이가 2m인 원기둥 모양의 강철 소재를 밑면에 평행하게 평면으로 잘랐더니 겉넓이가 $62.8cm^2$ 증가하였습니다.
이 강철 소재를 녹여서 밑면 반지름이 20cm인 원뿔꼴로 만들려고 합니다. 원뿔의 높이가 얼마입니까?($\pi\doteqdot3.14$)

| 분석 | 원기둥을 잘랐더니 겉넓이가 $62.8cm^2$ 증가하였다는 조건으로부터 횡단면의 넓이가 $62.8\div2=31.4(cm^2)$라는 것을 알 수 있습니다. 횡단면의 넓이를 알면 강철 소재의 부피를 구할 수 있고, 강철 소재의 부피를 알면 만들려는 원뿔꼴의 높이를 구할 수 있습니다.

| 풀이 | 원기둥 부피 : $62.8\div2\times200=6280(m^3)$

원뿔꼴 밑넓이 : $3.14\times20^2=1256(cm^2)$

원뿔꼴의 높이 : $6280\times3\div1256=15(cm)$

따라서 원뿔꼴의 높이는 15cm입니다.

예제 04

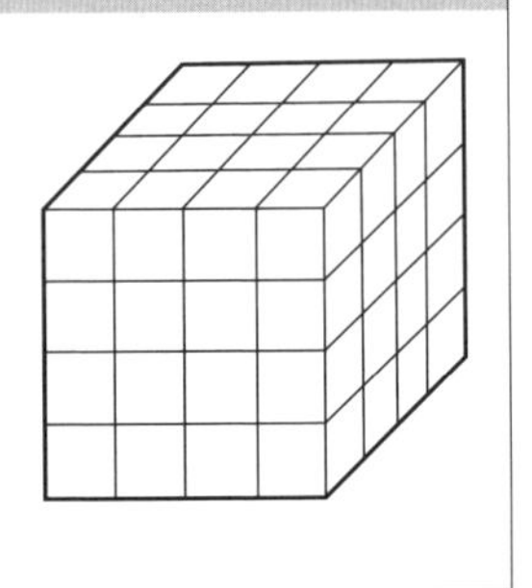

한 변의 길이가 5cm인 정육면체 모양의 두부가 있습니다. 지금 이 두부를 그림에서처럼 칼질을 9번 하여 크기가 똑같은 64개의 작은 정육면체로 자르려고 합니다.
이 64개 두부 조각이 겉넓이의 합은 얼마입니까?

| 분석 | 각 두부 조각의 겉넓이를 계산한 다음 그 합을 구한다는 것은 아주 번거로운 일입니다. 그래서 이렇게 생각할 수 있습니다.
한 번 칼질을 할 때마다 겉넓이가 $2\times5\times5(\text{cm}^2)$ 증가합니다.
그러므로 64개 두부 조각의 겉넓이의 합은 9번 칼질을 하여 증가한 겉넓이를 더한 것과 같습니다.

| 풀이 | $(5\times5)\times(9\times2+6)=600(\text{cm}^2)$
64개 두부 조각의 겉넓이의 합은 600cm^2입니다.

예제 05

부피가 $1\times2\times4$인 직육면체 모양의 나무 토막이 여러 개 있습니다. 지금 이 나무 토막을 용적이 $6\times6\times6$인 정육면체 모양의 상자에 넣으려고 합니다. 빈틈없이 꽉 채워 넣을 수 있습니까?

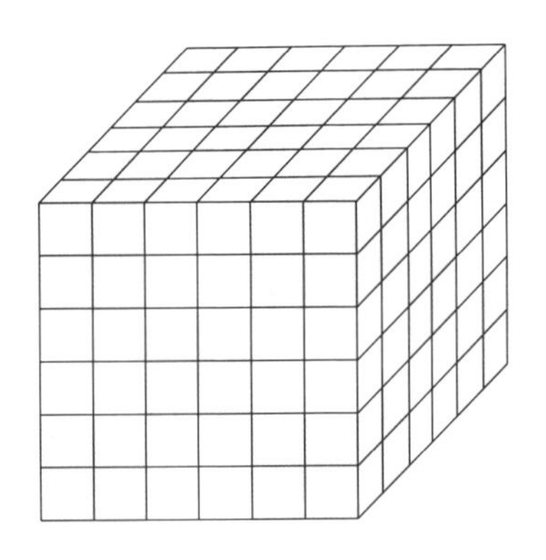

| 풀이 | 만일 간단히 부피와 용적을 계산해 보면 27토막이면 상자를 빈틈없이 꽉 채울 수 있을 것 같습니다. 그러나 자세히 분석해 보면 어떻게 넣어도 작은 정육면체를 꽉 채워 넣을 수 없다는 것을 발견할 수 있습니다.

분석을 편리하게 하기 위하여 먼저 용적이 $6\times6\times6$인 상자를 부피가 $6\times6\times6$인 정육면체라고 가정합시다.

그런 다음 이 정육면체를 부피가 $2\times2\times2=8$인 작은 정육면체인 27개로 분할하고 그림과 같이 흑백이 서로 엇갈리게 칠을 했다고 합시다.

이것을 세어 보면 부피가 $2\times2\times2$인 흑색 정육면체가 14개, 백색 정육면체가 13개임을 발견할 수 있습니다. 즉, 흑색의 것이 백색의 것보다 1개 더 많음을 알 수 있습니다.

지금 부피가 $1\times2\times4$인 직육면체를 상자 속에 넣어 봅시다. 어떻게 넣어도 각각의 직육면체는 부피가 $1\times1\times1$인 작은 정육면체 8개(흑색이 4개, 백색이 4개)로 대체되게 됩니다.

이는 상자 속에 빈틈없이 채워 넣으려면 적어도 두 가지 색깔의 작은 정육면체 개수가 같아야 한다는 것을 말해 줍니다.

그런데 흑색과 백색의 작은 정육면체의 개수가 같지 않습니다. 그러므로 어떻게 넣어도 이 상자를 빈틈없이 꽉 채워 넣을 수 없습니다.

때로는 계산 결과만으로 결론을 내릴 수 없습니다.

위의 예제는 조건부가 없는가를 고려하면서 실제에 맞게 추리 판단해야 한다는 것을 말해 줍니다.

어떻게 풀까요?

연습문제 13-1

01 가로 8cm, 세로 6cm, 높이 4cm인 직육면체 모양의 나무 토막으로 만들 수 있는 원기둥의 부피는 얼마입니까?($\pi \doteqdot 3$)

02 한 변의 길이가 40cm인 정육면체 모양의 석재가 있는데, 밑변의 중심에 반지름이 10cm, 깊이가 20cm인 원기둥 모양의 홈을 파려고 합니다. 가공 후 이 석재의 겉넓이는 얼마나 됩니까?($\pi \doteqdot 3.14$)

03 다음 그림과 같이 한 변의 길이가 3cm인 정육면체 모양의 나무 토막에서 한 변의 길이가 1cm인 작은 정육면체 하나와, 아래 윗면의 한 변의 길이가 1cm인 정사각형의 직육면체 하나를 잘라내려고 합니다. 나머지 부분의 부피와 겉넓이를 구해 보시오.

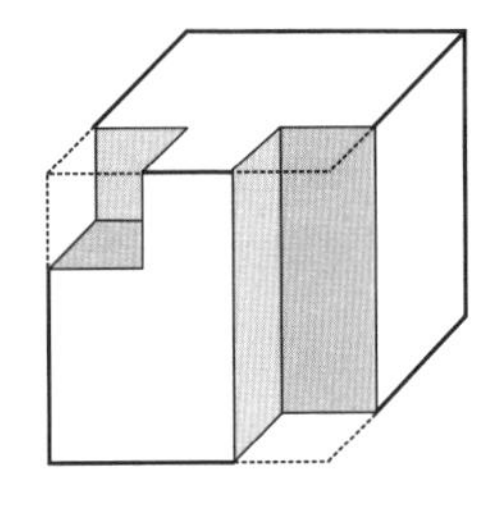

04 다음 그림과 같은 장막이 있습니다. 이 장막을 만들려면 천이 적어도 얼마나 듭니까?($\pi \doteqdot 3$)

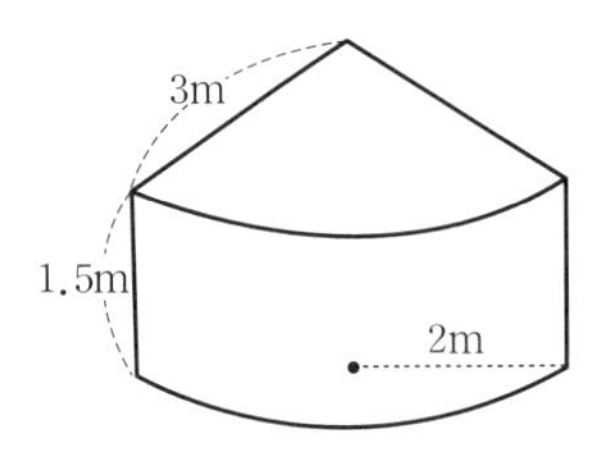

05 크기가 똑같은 작은 정육면체 27개를 쌓아서 큰 정육면체 하나를 만들었더니 그 겉넓이가 60cm^2 줄어들었습니다. 이 큰 정육면체의 겉넓이를 구하시오.

06 한 변의 길이가 10cm인 정육면체를 잘라서 한 변의 길이가 2cm인 작은 정육면체를 만들었습니다. 겉넓이가 얼마나 증가하였습니까?

07 어떤 부속품의 윗부분은 원뿔꼴이고 아랫부분은 원기둥꼴인데, 원뿔과 원기둥 높이의 비가 1 : 2입니다. 이 부속품을 깎아서 되도록 큰 원뿔을 만들면 그 부피가 16cm^3 줄어든다고 합니다. 이 부속품의 원래의 부피를 구하시오.

08 길이가 75cm인 원기둥 모양의 강철 소재가 있는데, 옆넓이가 1860cm^{2}입니다. 지금 이 강철 소재를 녹여서 횡단면의 넓이가 93cm^{2}인 직육면체 모양의 부품을 만들려고 합니다. 이 직육면체 모양의 부품의 길이를 구하시오($\pi \doteqdot 3.1$).

09 밑면의 반지름이 2cm, 높이가 4cm인 원기둥 모양의 물통과 가로가 6cm, 세로가 5cm, 높이가 3cm인 직육면체 모양의 어항이 있습니다. 이 어항 속에 산호초를 넣고 물 한 통을 부었더니 산호초가 완전히 물에 잠기고 수면이 어항 입구에서 0.5cm 떨어진 곳까지 올라왔습니다.
산호초의 부피를 구하시오($\pi \doteqdot 3.14$).

3. 입체도형에 관계되는 재미있는 예제

(1) 세어 보기

직육면체 · 정육면체의 개수를 세는 문제가 수학 경시 대회 문제에 자주 나타나고 있습니다.

아래의 예제를 통하여 이런 도형의 개수를 세는 규칙성을 찾아보기로 합시다.

예제 06

다음 그림의 (1), (2), (3)은 각각 한 변의 길이가 1cm인 작은 정육면체를 쌓아서 만든 것입니다. 각 도형의 모든 정육면체의 개수를 세어 보시오.

(1) (2) (3)

| 분석 | (1)에는 한 변의 길이가 1cm인 작은 정육면체가 $2 \times 2 \times 2 = 8$개, 한 변의 길이가 2cm인 정육면체가 1개 있습니다.

(2)에는 한 변의 길이가 1cm인 정육면체가 $3 \times 3 \times 3 = 27$개, 한 변의 길이가 2cm인 정육면체가 $2 \times 2 \times 2 = 8$개, 한 변의 길이가 3cm인 정육면체가 1개 있습니다.

(3)에는 한 변의 길이가 1cm인 정육면체가 $4 \times 4 \times 4 = 64$개, 한 변의 길이가 2cm인 정육면체가 $3 \times 3 \times 3 = 27$개, 한 변의 길이가 3cm인 정육면체가 $2 \times 2 \times 2 = 8$개, 한 변의 길이가 4cm인 정육면체가 1개 있습니다.

| 풀이 | (1)에 있는 정육면체 개수

$1\times1\times1+2\times2\times2=9$(개)

즉, $1^3+2^3=9$(개)

(2)에 있는 정육면체 개수

$1\times1\times1+2\times2\times2+3\times3\times3=36$(개)

즉, $1^3+2^3+3^3=36$(개)

(3)에 있는 정육면체 개수

$1\times1\times1+2\times2\times2+3\times3\times3+4\times4\times4=100$(개)

즉, $1^3+2^3+3^3+4^4=100$(개)

따라서 (1) 9개　　(2) 36개　　(3) 100개

위의 분석과 풀이로부터 이런 도형의 정육면체 개수는 큰 정육면체 각 변 위의 격자수와 관계되는 것은 알 수 있습니다.

일반적으로 만일 큰 정육면체 각 변 위의 격자수가 n개라면 다음과 같은 규칙성을 찾아낼 수 있습니다. 즉,

모든 정육면체 개수$=1^3+2^3+3^3+\cdots+n^3$

예제 07

다음 그림 중의 (1), (2), (3), (4)는 각각 작은 직육면체(정육면체도 포함함)로 만들어진 큰 직육면체입니다.
각 도형에 있는 직육면체(정육면체를 포함함)의 개수를 세어 보시오.

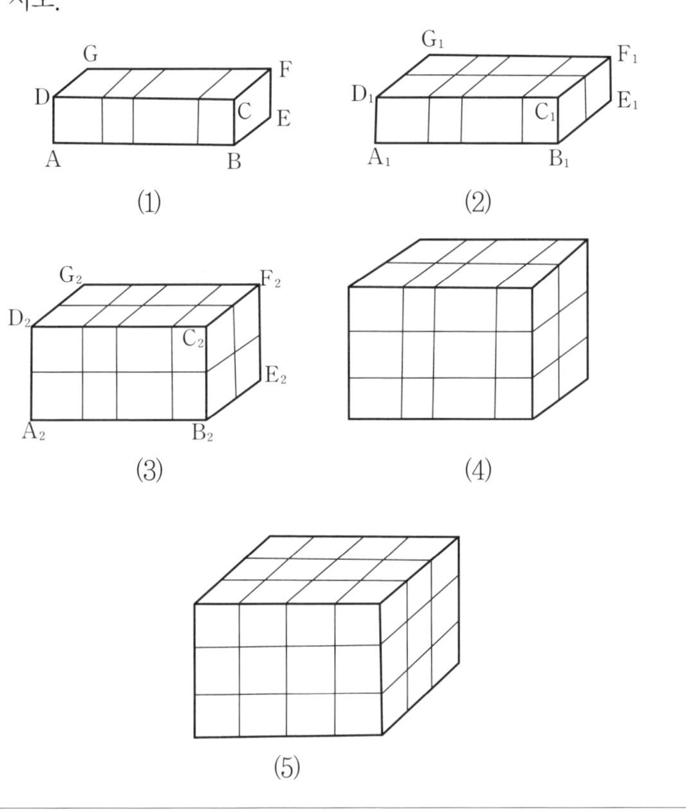

(5)

| 분석 | 설명을 쉽게 하기 위하여 밑면 위의 두 변을 각각 가로와 세로, 밑면과 수직인 변을 높이라고 부릅니다.
이렇게 되면 (1)에서 $\overline{AB}$는 가로, $\overline{BE}$는 세로, $\overline{BC}$는 높이라고 할 수 있습니다.
(1)에 있는 직육면체 개수는 $\overline{AB}$ 위의 선분의 개수와 관계됩니다. 즉, $\overline{AB}$ 위에 선분이 몇 개 있으면 (1)에는 그 개수만큼의 직육면체가 있습니다. 따라서 (1)에 있는 직육면체 개수는
$1+2+3+4=10$(개)입니다.

(2)는 2개의 (1)로 이루어진 도형이라고 말할 수 있습니다. 그러므로 (2)에는 적어도 2개의 (1)에 들어 있는 직육면체 개수만큼의 직육면체가 있다고 할 수 있습니다[$(1+2+3+4)\times 2$].
다음으로 가로와 높이는 변함없고, $\overline{D_1G_1}$을 세로로 한 직육면체가 $(1+2+3+4)$개 있다는 것을 알 수 있습니다.
그러므로 (2)에 있는 직육면체의 총 개수는
$(1+2+3+4)\times(1+2)$개입니다.
(3)은 2개의 (2)를 쌓은 것으로 볼 수 있습니다. 그러므로 (3)에는 적어도 2개의 (2)에 들어 있는 직육면체 개수만큼의 직육면체가 있다고 할 수 있습니다[$(1+2+3+4)\times(1+1)\times 2$개].
다음으로 $\overline{B_2C_2}$를 높이로, $\overline{B_2E_2}$의 절반을 세로로 한 직육면체가 $(1+2+3+4)\times 2$개 있고 $\overline{B_2C_2}$를 높이로, $\overline{B_2E_2}$를 세로로 한 직육면체가 $(1+2+3+4)$개 있습니다.
이리하여 직육면체 개수가 $(1+2+3+4)\times(1+2)$개 늘어났습니다. 그러므로 (3)에 있는 직육면체의 총 개수는
$(1+2+3+4)\times(1+2)\times(1+2)$개입니다.
위와 비슷한 분석 추리를 거쳐 (4)와 (5)에 있는 직육면체 개수를 알 수 있습니다.
즉, 직육면체가 (4)에는
$(1+2+3+4)\times(1+2)\times(1+2+3)$개, (5)에는
$(1+2+3+4)\times(1+2+3)\times(1+2+3)$개 있습니다.

주 하권 제24장의 순열과 조합을 배우게 되면 위의 분석 과정을 많이 줄일 수 있습니다.

| 풀이 | (1)에 있는 직육면체의 총 개수

$(1+2+3+4)\times 1\times 1=10$(개)

(2)에 있는 직육면체의 총 개수

$(1+2+3+4)\times(1+2)\times 1=30$(개)

(3)에 있는 정육면체의 총 개수

$(1+2+3+4)\times(1+2)\times(1+2)=90$(개)

(4)에 있는 직육면체의 총 개수

$(1+2+3+4)\times(1+2)\times(1+2+3)=180$(개)

(5)에 있는 직육면체의 총 개수

$(1+2+3+4)\times(1+2+3)\times(1+2+3))=360$(개)

따라서 (1) 10개 (2) 30개 (3) 90개 (4) 180개 (5) 360개

앞의 분석과 풀이로부터 위의 도형의 직육면체 개수는 큰 직육면체의 가로 · 세로 · 높이 위에 있는 선분 개수의 합의 곱과 같다는 것을 알 수 있습니다.

일반적으로, 직육면체의 가로, 세로, 높이 위에 있는 격자(각 격자의 길이는 같아도 되고 같지 않아도 됨)의 개수를 각각 a, b, c로 표시한다면 이 직육면체에 있는 모든 직육면체의 총 개수는 다음 식으로 표시할 수 있습니다. 즉

$$(1+2+\cdots+a)\times(1+2+\cdots+b)\times(1+2+\cdots+c)$$
$$=abc(a+1)(b+1)(c+1)\div 8$$

(2) 지름길 찾기

평면 위에서 두 점을 연결하는 선들 중에서 선분의 길이가 가장 짧습니다.

이 지식을 입체도형에 적용한다면 아주 재미있고 실제적인 의미를 가지는 문제들을 풀 수 있습니다.

예제 08

그림에서처럼 개미 한 마리가 길가에 세워진 거리표의 A점에서 B점으로 기어가고 있습니다. 개미가 어떤 노선을 택해야 거리가 가장 짧습니까?

| 풀이 | $\overline{CD}$를 축으로 B가 있는 면을 90° 회전시켜 앞면과 동일 평면 위에 놓이게 할 수 있다고 생각한 다음 A와 B를 연결합시다. 그러면 선분 $\overline{AB}$가 바로 개미가 택해야 할 지름길이 됩니다.

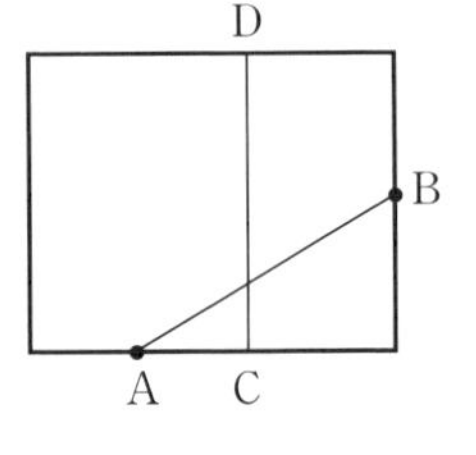

예제 09

작은 개미가 정육면체의 A점에서 표면을 따라 B점으로 기어가고 있습니다.
개미가 택해야 할 가장 짧은 노선을 그리시오.

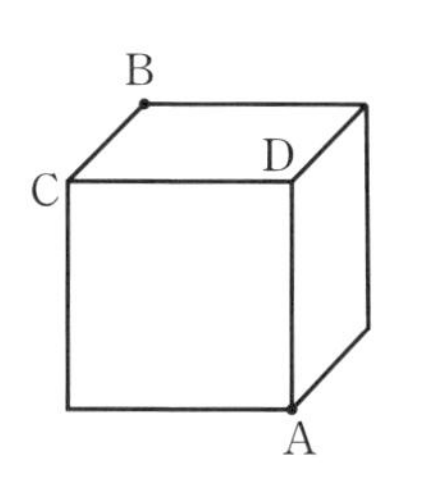

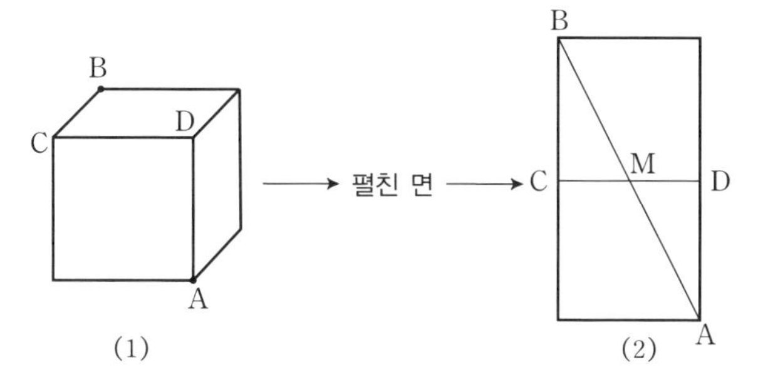

| 풀이 | $\overline{CD}$를 축으로 윗면을 펼쳐 놓으면 그림 (2)와 같은 직사각형이 얻어집니다.
다음 A점과 B점을 연결하고 $\overline{AB}$와 $\overline{CD}$의 교차점을 M이라고 합시다. 그러면 $\overline{AMB}$가 바로 개미가 택해야 할 가장 짧은 노선입니다.
이 문제에서 개미가 A에서 B로 기어가는 데는 몇 갈래 지름길이 있습니다. 하나하나 찾아보세요.

예제 10

개미 한 마리가 원기둥꼴의 A점으로부터 출발하여 원기둥의 옆면을 한 바퀴 돌아서 기어가려고 합니다.
개미가 택해야 할 가장 짧은 노선을 그리시오.

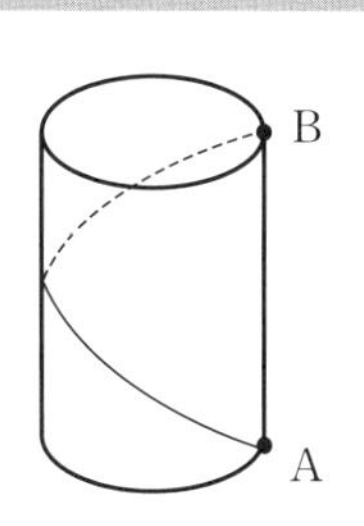

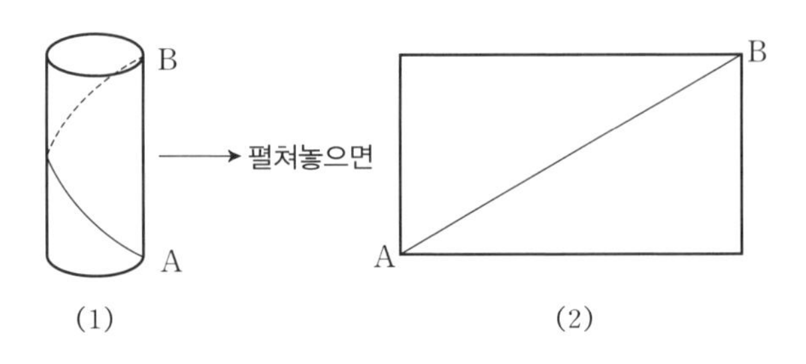

(1) (2)

| 풀이 | 원기둥의 옆면을 펼쳐 놓으면 직사각형이 됩니다.
다음, 그림 (2)처럼 A점과 B점을 연결하면 선분 $\overline{AB}$가 곧바로 개미가 택해야 할 가장 짧은 노선입니다.

예제 11

작은 개미 한 마리가 원기둥 모양의 통의 A점으로부터 출발하여 안벽의 B점으로 가려고 합니다. 개미가 택해야 할 가장 짧은 노선을 그리시오(통의 두께는 무시하여도 됨).

| 풀이 | 먼저 통의 바깥 측면을 펼쳐 직사각형을 얻은 다음 통의 안쪽 측면을 펼쳐서 얻은 직사각형을 그 위쪽에 붙여 놓았다고 상상합시다. 그런 다음 A와 B를 연결하면, 아래 그림의 $\overline{AB}$가 바로 개미가 택해야 할 가장 짧은 노선입니다.

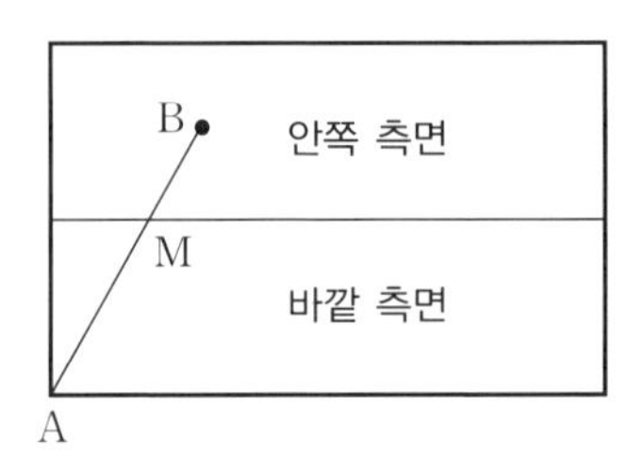

01 다음 그림에 있는 모든 정육면체의 개수를 세어 보시오.

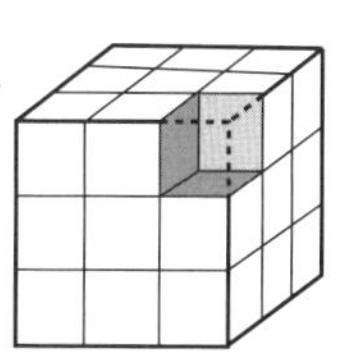

02 다음 그림에서

(1) 모든 직육면체의 개수(정육면체를 포함하지 않음)를 세어 보시오.

(2) 모든 정육면체의 개수를 세어 보시오.

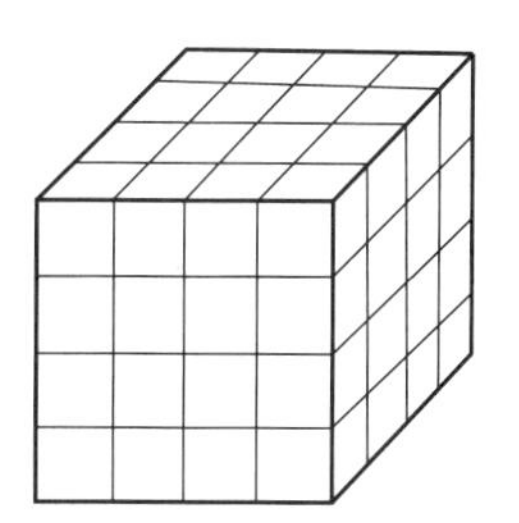

03 전개도법을 이용하여 그림에서 원뿔꼴 표면의 A점으로부터 M에 이르는 가장 짧은 노선을 그리시오.

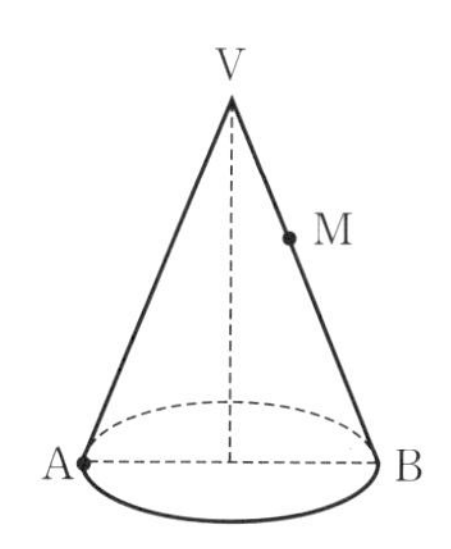

04 다음 그림의 정육면체에서 $\overline{AC}$와 $\overline{AF}$의 각도를 구하시오.

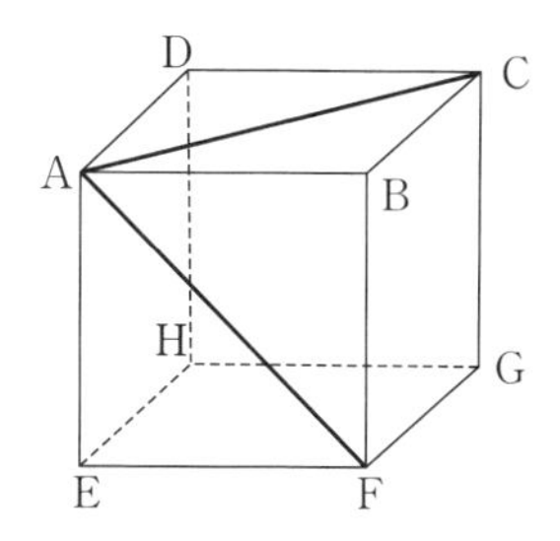

14 도형의 개수, 도형의 자르기와 만들기, 한붓그리기 문제

1. 도형의 개수

제1장(등차수열)과 제10장과 제13장에서 도형의 개수를 세는 방법과 공식을 소개하였습니다. 이들을 정리하면 다음과 같습니다.

(1) 다음 그림에서와 같이 직선상에 서로 겹쳐지지 않은 점이 n개 있다면
선분의 개수 : $1+2+\cdots+(n-1)=n(n-1)\div 2$(개)
반직선의 개수 : $2n$(개)

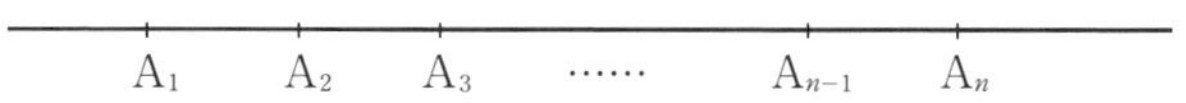

(2) 다음 그림에 있는 각의 개수

$$1+2+\cdots+(n-1)=n(n-1)\div 2\text{(개)}$$

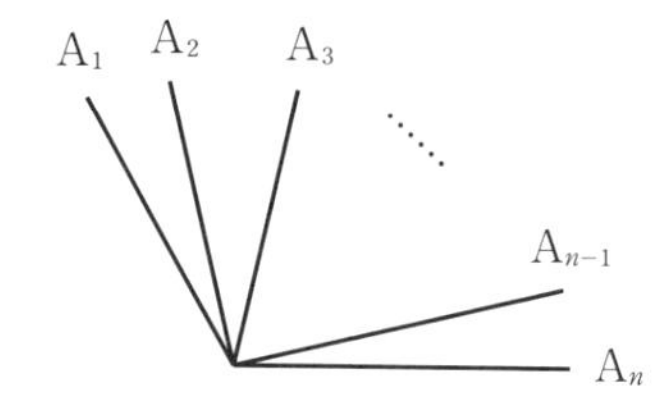

(3) 다음 그림에 있는 삼각형의 개수

$$1+2+\cdots+(n-1)=n(n-1)\div 2\text{(개)}$$

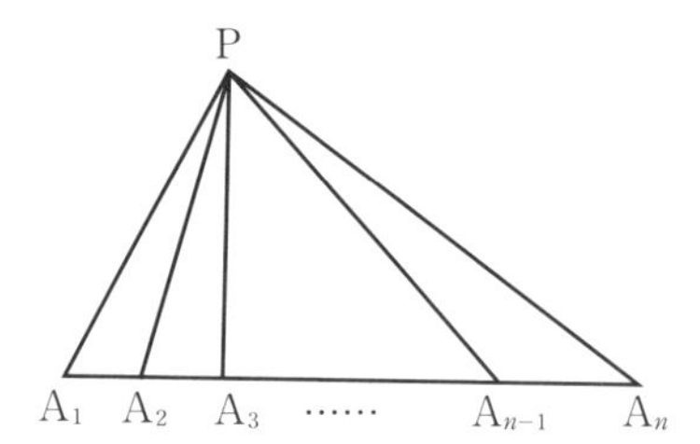

(4) 다음 그림에서와 같이 $n \times n$인 정사각형이 있을 때, 모든 정사각형의 개수

$$1+2^2+3^2+\cdots+n^2(\text{개})$$

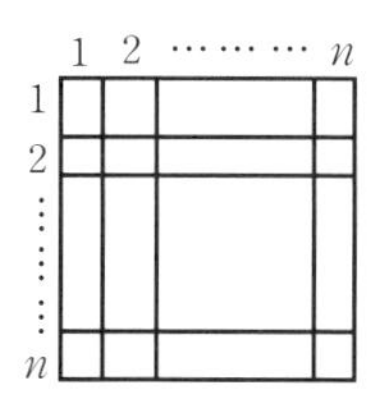

(5) 다음 그림과 같은 도형 중에 있는 모든 직사각형의 개수(정사각형을 포함함)

$$[1+2+\cdots+m]\times[1+2+\cdots+n]$$
$$=mn(m+1)(n+1)\div 4(\text{개})$$

(6) 다음 그림과 같은 도형 중에 있는 모든 평행사변형의 개수

$$[1+2+\cdots+m]\times[1+2+\cdots+n]$$
$$=mn(m+1)(n+1)\div 4(\text{개})$$

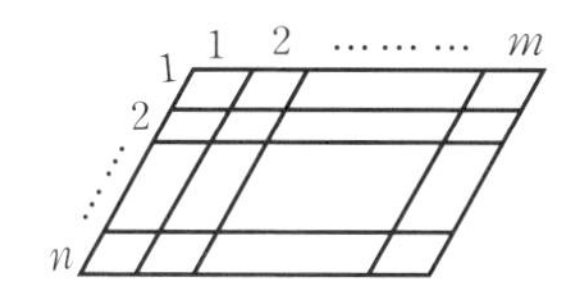

(7) 다음 그림에서 직육면체의 가로를 l, 세로를 m, 높이를 n이라 하면 도형에 있는 모든 직육면체(정육면체를 포함)의 개수

$$(1+2+\cdots+l)\times(1+2+\cdots+m)\times(1+2+\cdots+n)$$
$$=lmn(l+1)(m+1)(n+1)\div 8(\text{개})$$

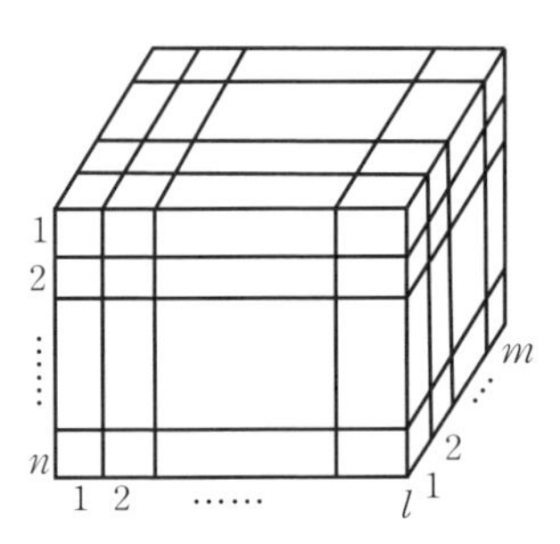

(8) 다음 그림은 $n\times n\times n$개의 작은 정육면체를 쌓아서 만든 큰 정육면체입니다. 이 도형 중의 모든 정육면체 개수는

$$1^3+2^3+\cdots+n^3(\text{개})$$

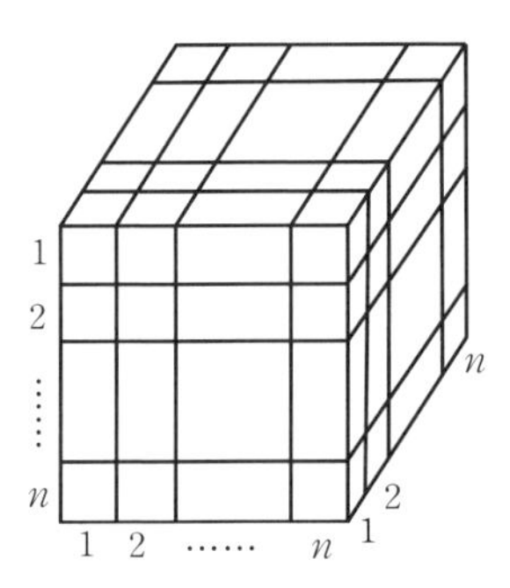

이 8개 공식은 가장 기본적인 계수 공식이므로 기초에서부터 탄탄하게 다져 나가야 합니다.

예제 01

다음 그림과 같이 정오각형과 그것의 5개 대각선으로 이루어진 도형이 있습니다. 이 도형에 삼각형이 모두 몇 개 있습니까?

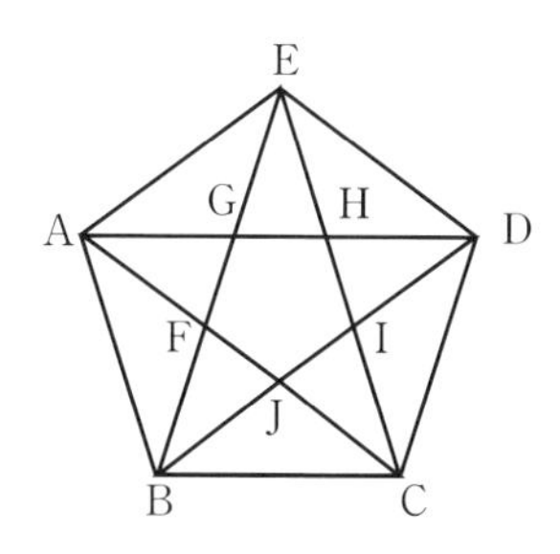

| 분석 | 그림에 삼각형이 너무 많기 때문에 규칙성을 찾지 않고 그냥 세다가는 누락되거나 중복되기 쉽습니다. 그러나 각 삼각형이 가지고 있는 특징에 근거하여 '분류 계수법'을 사용한다면 누락과 중복을 피할 수 있습니다. 분류할 때에는 분류 방법(예컨대 작은 것으로부터 큰 것으로 가거나 적은 것으로부터 많은 것으로 가는 것)에 주의하여야 합니다.

| 풀이 | 분류하여 계산하면

① △AFG와 같은 삼각형(삼각형 1개로 이루어진 것) : 5개
② △ABF와 같은 삼각형(삼각형 1개로 이루어진 것) : 5개
③ △ABG와 같은 삼각형(삼각형 2개로 이루어진 것) : 10개
④ △ABE와 같은 삼각형(삼각형 3개로 이루어진 것) : 5개
⑤ △ADJ와 같은 삼각형(삼각형 4개로 이루어진 것) : 5개
⑥ △ACD와 같은 삼각형(삼각형 5개로 이루어진 것) : 5개

그러므로 이 도형에는 삼각형이 모두 35개 있습니다.

예제 02

그림 (1)의 삼각형을 그림 (2)와 같이, 그림 (2)를 그림 (3)과 같이 나누었더니 모두 13개의 삼각형이 얻어졌습니다. 만일 이런 방식으로 세 번 더 나누어 나간다면 작은 삼각형이 모두 몇 개 얻어집니까?

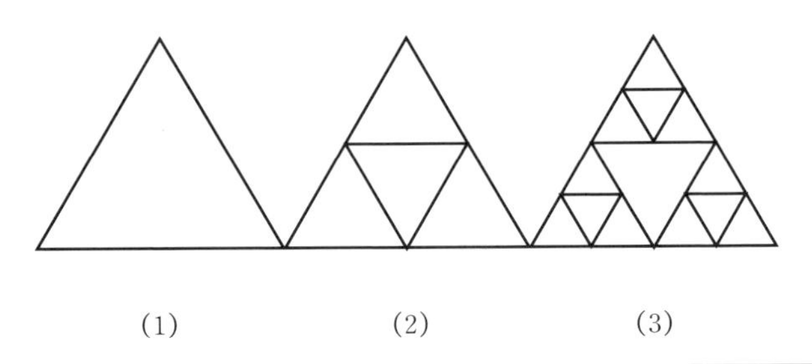

| 분석 | 이 문제에서, 미리 분할 방식과 결과를 알려주고 이 방식대로 계속 분할하라는 것은 규칙성을 찾으라는 것입니다. 그러지 않고 분할 횟수가 많으면 누구든지 속수무책일 것입니다.
그러므로 먼저 규칙성을 찾아야 합니다.

| 풀이 | 제1차 분할 후 작은 삼각형의 개수=4입니다. 분할 전후의 수량 관계에 어떤 규칙성이 있는가를 알기 위하여 4를 $3\times1+1$로 표시합시다.
제2차 분할 후의 작은 삼각형의 개수는 13, 즉 $13=3\times4+1$입니다. 제3차 분할 후의 작은 삼각형의 개수는 40, 즉 $40=3\times13+1$입니다. 따라서 분할 전후의 작은 삼각형의 개수 사이에는 다음과 같은 규칙성이 있다는 것을 발견할 수 있습니다. 즉,

분할 후 삼각형 개수$=3\times$(분할 전 삼각형 개수)$+1$

그러므로 제4차 분할 후 작은 삼각형의 개수는
$3\times40+1=121$(개),
제5차 분할 후 작은 삼각형의 개수는
$3\times121+1=364$(개)입니다.

예제 03

한 변의 길이가 1m인 정삼각형 ABC가 있습니다. 그림에서와 같이 꼭짓점으로부터 시작하여 각 변 위에 2cm씩 사이를 두고 한 점을 취한 다음, 이 점을 지나서 다른 두 변에 평행한 직선을 두 개 그었습니다. 그랬더니 이런 평행선들이 서로 교차하면서 한 변의 길이가 2cm씩인 작은 정삼각형이 많이 생겼습니다.

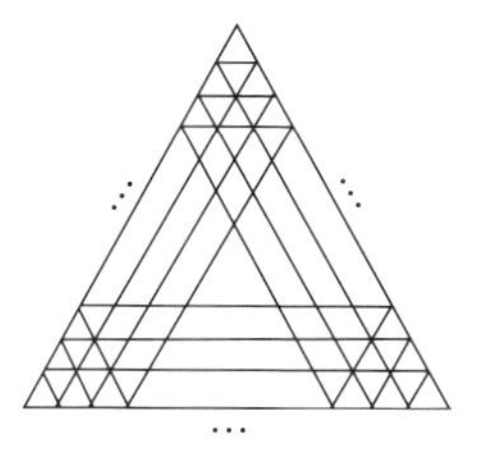

(1) 한 변의 길이가 2cm인 정삼각형의 개수를 구하시오.
(2) 그은 평행선분들의 길이의 합을 구하시오.

| 풀이 | 이 문제는 전형적인 수열 문제로서 반드시 규칙성을 찾아야 합니다. 규칙성을 찾기 위해 어느 곳으로부터 시작하여 작은 삼각형의 개수를 세어 보면 1, 3, 5, ⋯, 99라는 것을 알 수 있습니다. 이것이 등차수열입니다. 그러므로 구하려는 정삼각형의 개수는 $1+3+5+\cdots+99=(99+1)\times 50\div 2=2500$(개)입니다. 다음, 평행선의 길이에 어떤 규칙성이 있는가를 살펴봅시다. 한 변의 평행선들의 길이는 2, 4, 6, ⋯, 98이라는 등차수열을 이룹니다. 그러므로 평행선분들의 길이의 합은
$(2+4+6+\cdots+98)\times 3=\{(98+2)\times 49\div 2\}\times 3$
$=7350(\text{cm})=73.5(\text{m})$입니다.

주 위의 등차수열의 끝항 98을 얻는 방법은 여러 가지가 있습니다. 예를 들면 2, 4, 6, ⋯이 공차가 2인 등차수열이란 것을 확인한 후 한 변을 나눈 점이 49이므로 공식에 의해
$2+(49-1)\times 2=98$을 얻을 수 있습니다. 또다른 한 가지는 직접 길이를 구하는 것입니다. 마지막 선분(즉 끝항)의 길이는 삼각형 한 변의 길이에서 2cm를 뺀 것과 같습니다.
$[100-2=98(\text{cm})]$

이 문제는 더 간단한 방법으로 풀 수도 있습니다.

원래의 정삼각형에 똑같은 정삼각형 하나를 붙이면 한 변의 길이가 1m인 평행사변형이 얻어집니다.

문제의 요구대로 평행선을 그으면 한 변의 길이가 2cm인 작은 평행사변형이 $50 \times 50 = 2500$개 얻어집니다. 각각의 작은 평행사변형은 한 변의 길이가 2cm인 작은 정삼각형 2개로 이루어졌으므로 구하려는 정삼각형의 개수는 $(2500 \times 2) \div 2 = 2500$(개), 구하려는 선분들의 길이의 합은 $3 \times (51 \div 2) - 3 = 73.5$(m)입니다.

예제 04

평면 위의 5개 직선은 평면을 최대 몇 개 부분으로 나눌 수 있습니까?

| 풀이 | 먼저 직선이 3개인 경우를 예로 하여 '최대'로 되려면 어떤 조건들을 만족시켜야 하는가를 살펴보기로 합시다.

다음의 그림에서 각각 평면을 4, 6, 6, 7개 부분으로 나눌 수 있다는 것을 알 수 있습니다. 그러므로 '최대'로 되려면 "둘씩 교차하면서 세 직선이 공통점을 가지지 말아야 한다"는 조건을 만족시켜야 합니다. 이로부터 5개 직선이 둘씩 교차하면서 세 직선이 공통점을 가지지 않는 경우에 평면을 최대로 나눌 수 있다는 것을 알 수 있습니다.

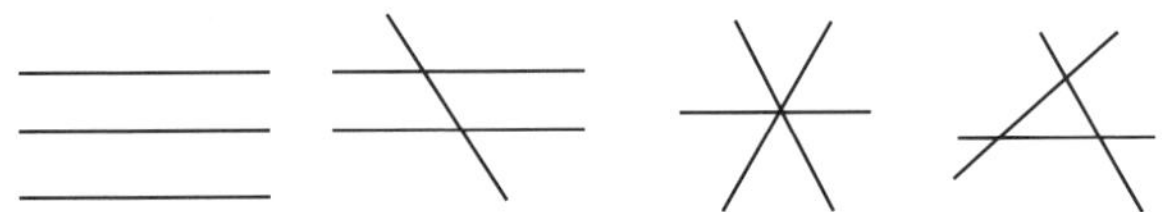

(1) 세 직선이 평행 한 경우 (2) 두 직선이 평행하고 한 직선이 두 직선과 교차하는 경우 (3) 세 직선이 한 점에서 교차하는 경우 (4) 둘씩 교차하면서 세 직선이 공통점을 가지지 않는 경우

최대로 평면을 몇 개 부분으로 나누는가를 알기 위하여 직선이 2개, 3개, 4개, 5개인 경우로 나누어 나열하고 전후의 수량 관계에 어떤 관계가 있는가를 살펴봅시다.

직선이 2개인 경우 : 최대로 4개 부분

직선이 3개인 경우 : 최대로 7개 부분 : $7=4+3$

직선이 4개인 경우 : 최대로 11개 부분 : $11=7+4$

전후의 수량 관계에 존재하는 관계를 이해할 수 있습니다. 즉, 직선이 4개인 경우는 직선이 3개인 경우에 1개를 증가한 것인데, 이 증가된 직선 1개가 직선 3개로 잘려서 4개 부분으로 나누어지기 때문에 $7+4=11$을 얻게 됩니다.

직선이 5개인 경우 : 이를 '직선이 4개인 경우'에 직선 1개를 증가한 것으로 볼 수 있으므로 위에서와 같은 이치로 $11+5=16$을 얻을 수 있습니다.

| 설명 | 위의 것을 종합하면 직선이 1개 증가할 때마다 원래의 기초 위에 직선의 개수만큼 증가한다는 것을 알 수 있습니다.

만일 $(n-1)$개 직선이 평면을 최대로 P_{n-1} 부분으로 나눈다고 하면 n개 직선은 평면을 최대로 $P_n=P_{n-1}+n$개 부분으로 나눌 수 있다고 할 수 있습니다.

이것이 바로 직선이 n개인 경우입니다.

이 식에 의하여 직선의 개수가 얼마이든지 관계없이 추리해 낼 수 있습니다.

즉, 직선이 1개인 경우 $P_1=2$, 2개인 경우 $P_2=2+2=4$, 3개인 경우 $P_3=4+3=7$, 4개인 경우 $P_4=7+4=11$, 5개인 경우 $P_5=11+5=16$, ⋯.

고등학교에 가면 $P_n=P_{n-1}+n$으로부터

공식 $P_n=n(n+1)\div2+1$을 얻어내는 방법을 배울 수 있습니다.

이 공식을 알면 위에서와 같은 추리 과정이 필요없이 직접 구할 수 있습니다.

예 직선이 10개라면 $P_{10}=10(10+1)\div2+1=56$(부분)을 얻을 수 있습니다.

01 다음 그림에 삼각형이 몇 개나 있습니까?

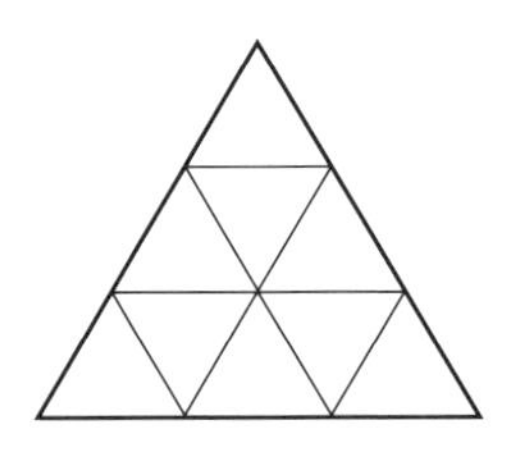

02 다음 그림에 표시한 바와 같이 평면 위에 10개의 점이 있는데, 이웃한 3개 점을 연결하여 얻은 삼각형의 넓이는 모두 1입니다. 임의의 3개 점을 연결하여 얻은 삼각형 중에서 넓이가 2인 삼각형은 몇 개입니까?

A_1

A_2 A_3

A_4 A_5 A_6

A_7 A_8 A_9 A_{10}

03 선분 $\overline{MN}$이 그림의 직사각형을 2개 부분으로 나누었습니다. 선분이 4개라면 가장 많이 이 직사각형을 몇 개 부분으로 나눌 수 있습니까?

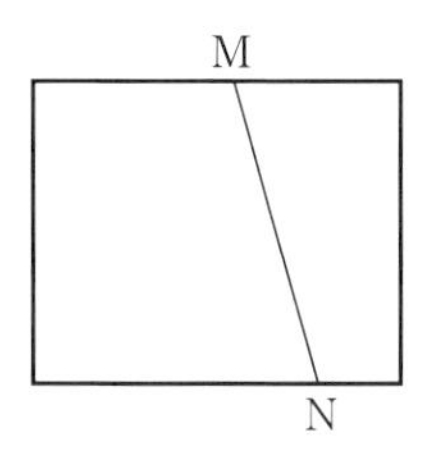

04 원둘레 위의 임의의 두 점을 연결한 선분을 현이라고 합니다. 원 하나가 지름 1개와 현 1개에 의해 최대로 4개 구역(그림 (1))으로 나누어지고, 지름 2개와 현 1개에 의해 최대로 7개 구역(그림 (2))으로 나누어집니다. 만일 원 하나가 지름 20개와 현 1개에 의해 나누어진다면 가장 많이 몇 개 구역으로 나누어집니까?

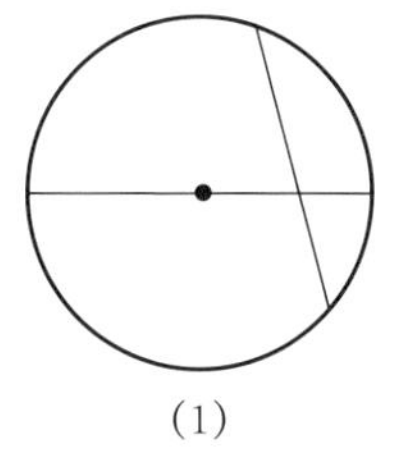
(1)

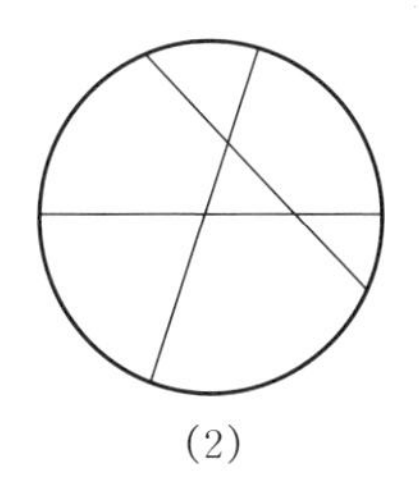
(2)

05 평면 위의 원이 n개 있는데, 임의의 2개 원이 모두 교차점 2개를 가지지만 3개 원이 한 점에서 교차하지 않습니다. 이 원들이 평면을 몇 개 부분으로 나눌수 있습니까?

06 다음 그림에 직사각형과 삼각형이 각각 몇 개씩 있습니까?

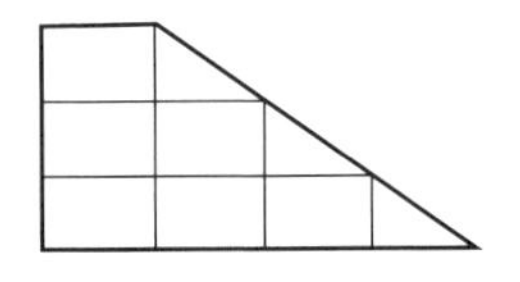

07 다음 그림에 직사각형이 몇 개 있습니까?

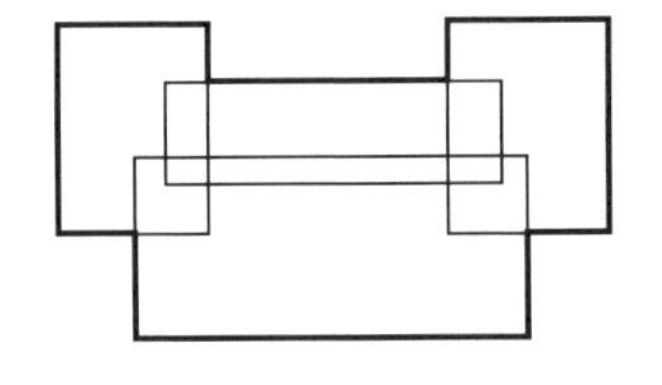

08 다음 그림에 직사각형(정사각형을 포함함)이 모두 몇 개 있습니까?

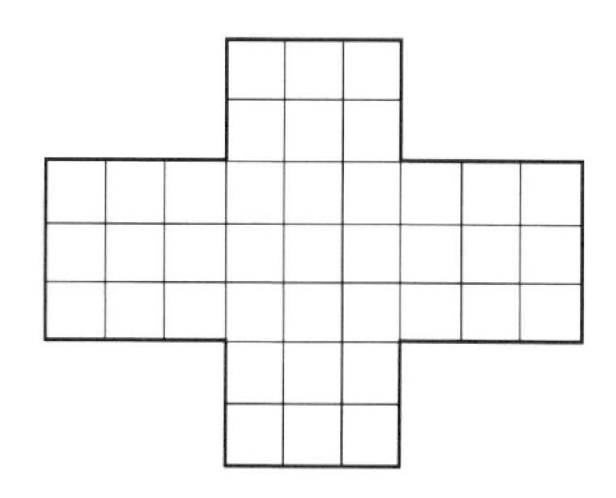

09 27개의 작은 정육면체로 이루어진 큰 정육면체가 있는데, 표면에만 색칠을 했습니다. 색칠을 하지 않은 작은 정육면체는 몇 개입니까? 만일 작은 정육면체가 n^3개라면 색칠을 하지 않은 정육면체는 모두 몇 개입니까?

2. 도형의 자르기와 만들기

도형의 자르기와 만들기도 수학 경시 대회에서 늘 보게 되는 문제입니다. 자르기 전과 자르고 만든 후의 도형의 넓이가 같기 때문에 자르고 만들기는 실질적으로 말하면 '같은 넓이의 변형' 문제라고 할 수 있습니다.

이런 유형의 문제를 푸는 데는 고정적인 형식은 없지만 여전히 규칙성을 찾을 수 있습니다.

아래에서 '넓이가 같다'는 이 기본 원칙에 도형의 기하학적 성질을 결부시켜 어떻게 자르고 만들기 문제를 푸는가를 살펴보기로 합시다.

예제 05

다음 그림의 두 도형을 잘라서 정사각형 하나를 만드시오.

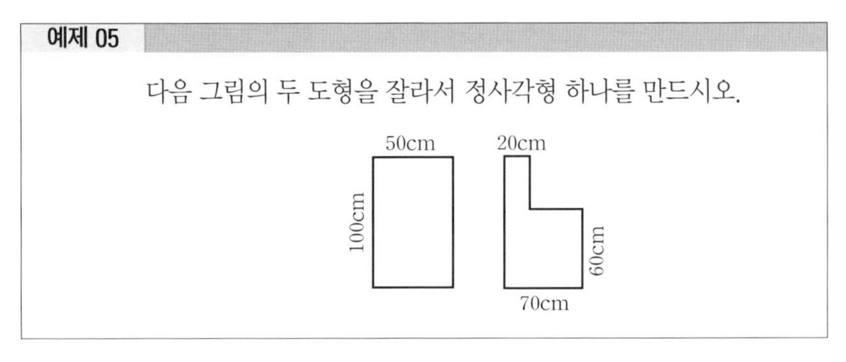

| 풀이 | '넓이가 같다'는 원칙에 따른다면 모든 도형의 넓이는 $100\times50+100\times20+50\times60=10000=100^2(\text{cm}^2)$일 것입니다.

따라서 만든 정사각형의 한 변의 길이는 100(cm)로 해야 합니다. 관찰 · 분석 · 시험을 거쳐 다음과 같은 두 가지 방법을 찾아낼 수 있습니다.

첫번째 방법 :

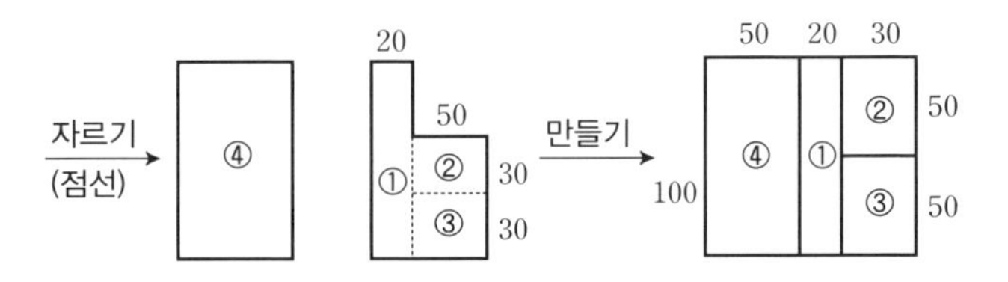

두번째 방법 :

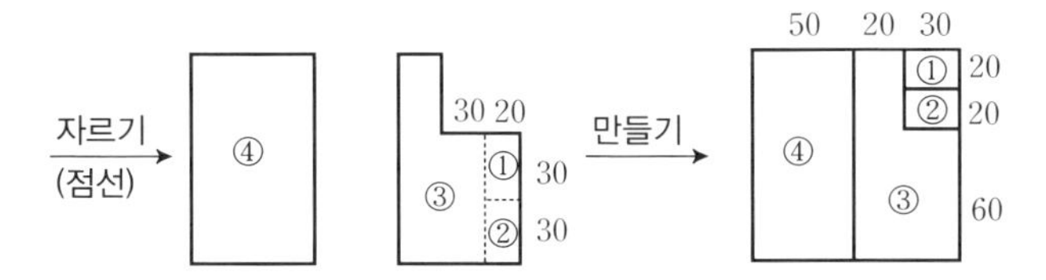

이외에도 다른 방법이 있습니다. 스스로 찾아봅니다.

예제 06

다음 그림에 표시한 바와 같이 가로 12cm, 세로 9cm인 직사각형의 가운데에 가로 8cm, 세로 1cm인 직사각형 구멍(어두운 부분)이 있습니다.

이 도형을 두 조각으로 잘라서 정사각형 하나를 만드시오.

| 풀이 | 만든 정사각형의 넓이가 $12 \times 9 - 8 \times 1 = 100 = 10^2(\text{cm}^2)$이므로 만든 정사각형 한 변의 길이는 10cm입니다.

이로부터 가로를 2cm 줄이고 세로를 1cm 증가해야 한다는 것을 알 수 있습니다. '톱니형' 으로 자른 다음 만들어야 합니다.

자르고 만드는 방법 :

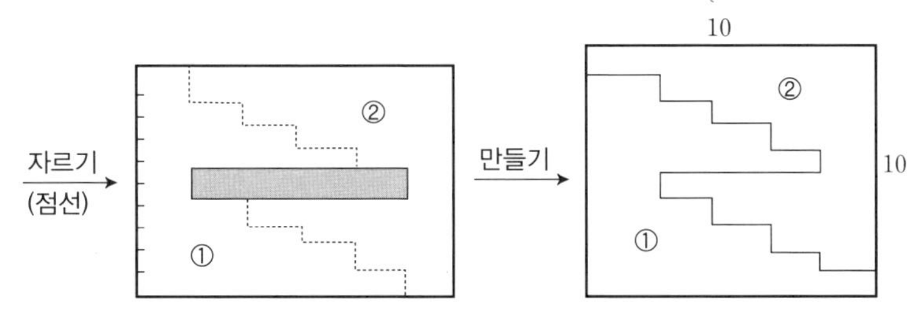

만일 어떤 직각삼각형의 두 직각변의 길이를 각각 a와 b, 빗변을 c라 한다면 $a^2+b^2=c^2$(피타고라스 정리)입니다.

이 결론을 넓이의 각도로부터 이해한다면 다음과 같은 결론을 얻을 수 있습니다. 즉, 어떤 직각삼각형의 두 직각변을 한 변으로 한 정사각형의 넓이의 합은 빗변을 한 변으로 한 정사각형의 넓이와 같습니다(그림 참조).

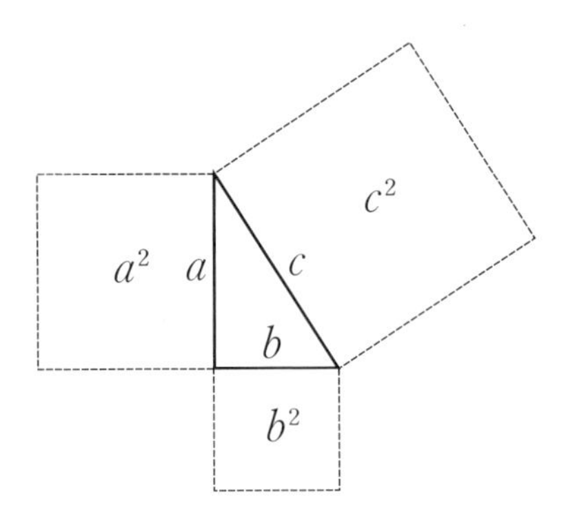

아래에서 이 결론을 이용하여 문제를 풀어 봅시다.

예제 07

다음 그림의 도형을 세 조각으로 잘라서 정사각형 하나를 만드시오.

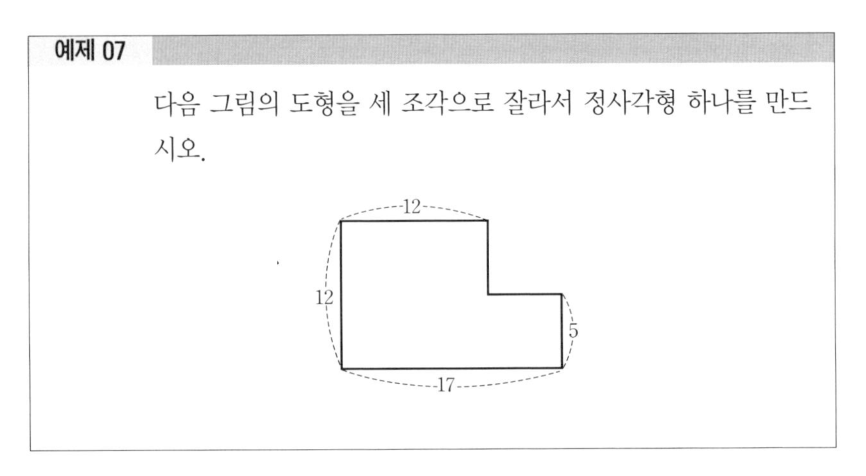

| 풀이 | 만들려는 정사각형 넓이가 $12^2+5^2=169=13^2$으로 되어야 하므로 도형에서 길이가 13인 선분을 찾은 다음 한 변의 길이가 13인 정사각형을 만들어야 합니다.

자르고 만드는 방법 :

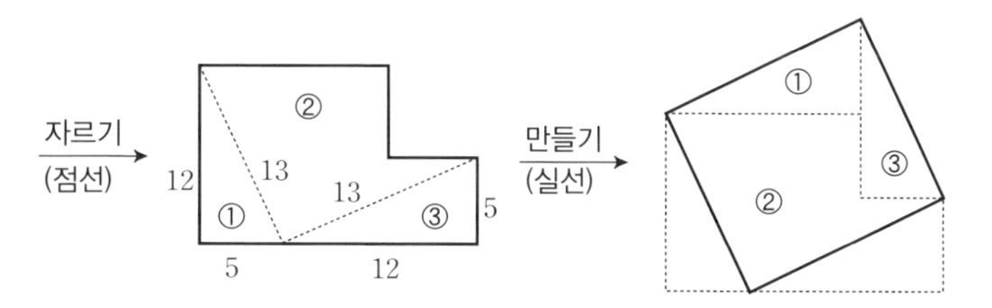

예제 08

다음 그림에 표시한 바와 같이 한 변의 길이가 1인 ＋자형 다변형이 있습니다. 이 도형을 네 조각으로 잘라서 정사각형 하나를 만드시오.

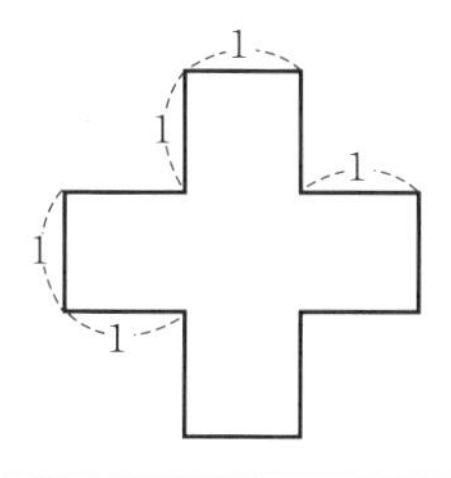

| 풀이 | 만들려는 정사각형의 넓이가 $1^2+2^2=5$로 되어야 하므로 두 직각변의 길이가 각각 1, 2인 직각삼각형을 찾는다면 빗변을 한 변으로 한 정사각형의 넓이가 5로 됩니다.

관찰과 시험을 거쳐 다음과 같은 방법을 찾을 수 있습니다.

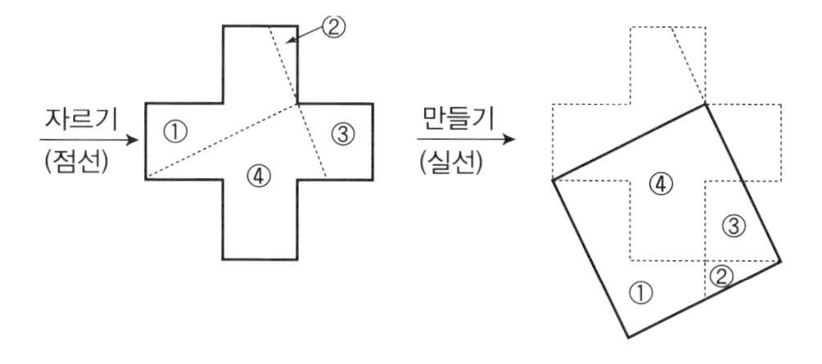

도형의 대칭성을 고려한다면 이 문제의 자르고 만드는 방법은 한 가지뿐이 아니라는 것을 알 수 있습니다.

다른 방법을 스스로 찾아봅니다.

마지막으로 자르기만 하고 만들지 않은 문제를 하나 소개합니다.

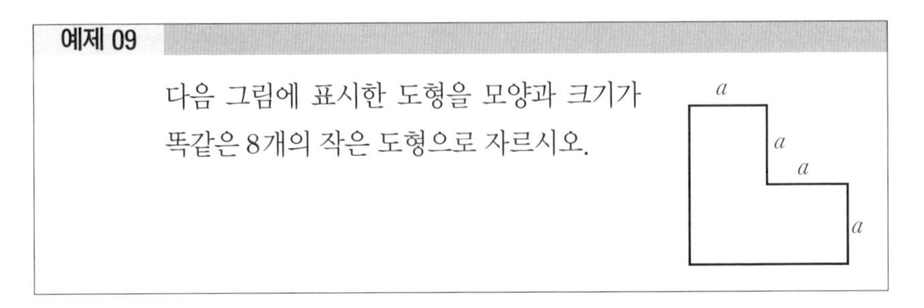

예제 09

다음 그림에 표시한 도형을 모양과 크기가 똑같은 8개의 작은 도형으로 자르시오.

| 풀이 | 도형은 한 변의 길이가 a인 정사각형 3개로 이루어졌으므로 그 넓이는 $3a^2$입니다.

그러므로 8개 도형의 넓이는 각각 $3a^2 \div 8$입니다.

이 식은 '작은 도형'이 도형 전체의 8분의 1을 차지해야 한다는 것을 말해 줍니다. 먼저 $3a^2$을 24조각(8과 3의 최소공배수는 24임)으로 나누어 봅시다.

그러면 3조각으로 '작은 도형'을 만들 수 있습니다.

자르는 방법 :

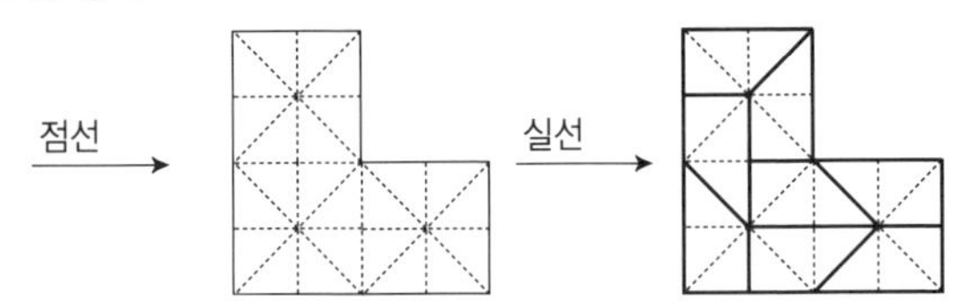

대칭성을 고려한다면 이 문제의 자르는 방법은 한 가지뿐이 아니라는 것을 알 수 있습니다.

연습문제 14-2

01 가로가 2, 세로가 1인 직사각형을 세 조각으로 잘라서 정사각형 하나로 만드시오.

02 가로가 9, 세로가 4인 직사각형을 모양과 크기가 같은 두 조각으로 잘라서 정사각형 하나로 만드시오.

03 가로 8cm, 세로 4cm, 높이 2cm인 직육면체 모양의 나무 토막이 있는데, 이를 작은 정육면체 몇 개로 잘라서 큰 정육면체를 만들려고 합니다. 이 큰 정육면체의 겉넓이를 구하시오.

04 다음 그림은 정사각형 8개로 이루어진 도형입니다. 이를 두 번 잘라서 정사각형 하나로 만드시오.

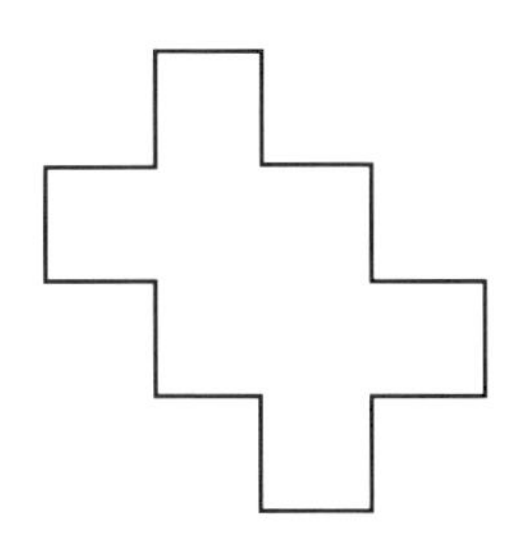

05 다음 그림을 네 조각으로 잘라서 정사각형 하나로 만드시오.

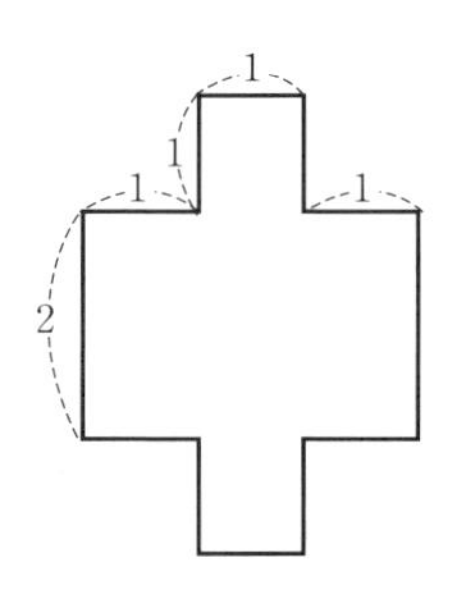

06 다음 그림을 네 조각으로 잘라서 정사각형 하나로 만드시오.

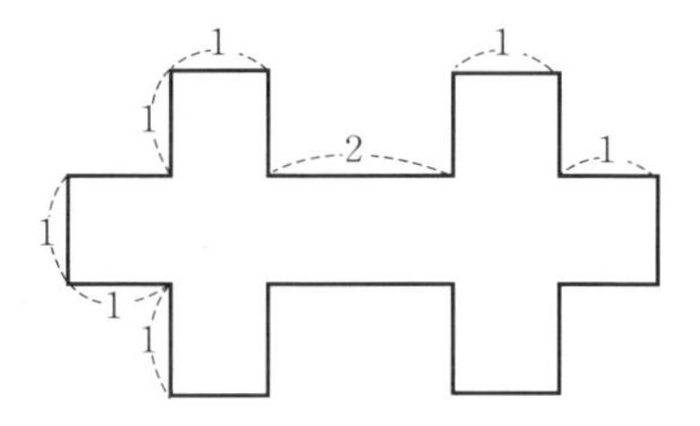

07 다음 그림에 표시한 도형(어두운 부분은 비었음)을 네 조각으로 자른 다음 정사각형 하나로 만드시오.

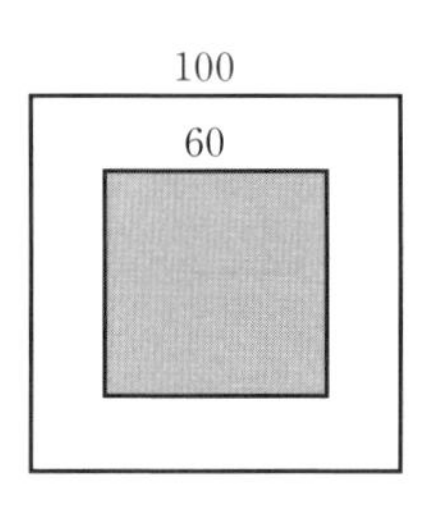

08 적어도 두 가지 방법으로 다음 그림의 도형을 모양과 크기가 같은 네 조각으로 자르시오.

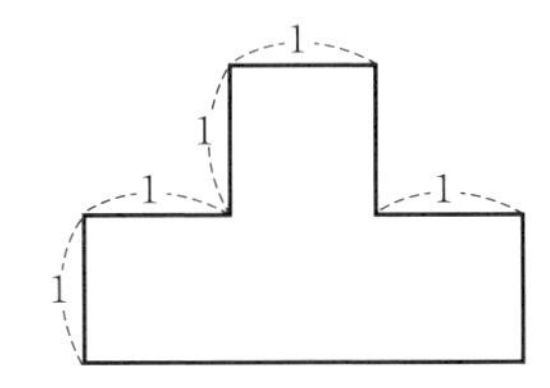

09 가로 90cm, 세로 42cm인 직사각형 모양의 종이가 있는데, 이를 한 변의 길이가 정수 cm이고 넓이가 똑같은 작은 정사각형으로 자르려고 합니다. 적어도 몇 개나 자를 수 있습니까?

10 가로 14cm, 세로 11cm인 직사각형 모양의 종이로 길이 4cm, 폭 1cm인 종이띠를 최대로 몇 개 자를 수 있습니까? 그림을 그려서 설명하시오.

3. 한붓그리기 문제

한붓그리기 문제란 도형의 한 점으로부터 출발하여 어떤 변(개별적인 점은 예외로 함)이든지 거듭 그러지 않고 한 번에 전체 도형을 그릴 수 있느냐 하는 문제를 말합니다. 실생활에서 이런 유형의 모델을 찾는다면 '우편 배달 문제'를 들 수 있습니다. 즉 우편 배달부가 우체국으로부터 출발하여 지나온 길을 다시 거치지 않고 관할 범위의 거리를 다 돌아 우체국으로 돌아올 수 있느냐 하는 문제입니다.

이러한 문제가 생활 속에 오래 전부터 있었지만 그것이 수학 문제로 취급된 것은 18세기 쾨니스베르크의 '일곱 개 다리에 관한 문제' 로부터 유래되었다고 할 수 있습니다.

다음 그림과 같이 쾨니스베르크의 7개 다리는 강에 의해 분리된 몇 개 구역(A는 작은 섬, D는 반도, B와 C는 양 기슭임)을 이어주고 있습니다.

이 시가지 사람들이 한 번 건넌 다리를 거듭 건너지 않고 한 번에 다리 7개를 다 지나 각 구역들을 돌아 볼 수 있을까요? 이 문제는 오랫동안 이렇다 할 결론을 얻지 못하고 있었습니다. 후에 스위스 수학자인 오일러(1707～1782)가 이를 오른쪽 그림과 같이 도형을 한 번에 그릴 수 있느냐 하는 수학 문제로 단순화시키고 그것이 불가능함을 증명하였습니다(사람들이 관심을 갖는 것은 다리를 건너는 문제이므로 구역 A, B, C, D를 점 A, B, C, D로, 다리를 선으로 표시하여도 무방합니다).

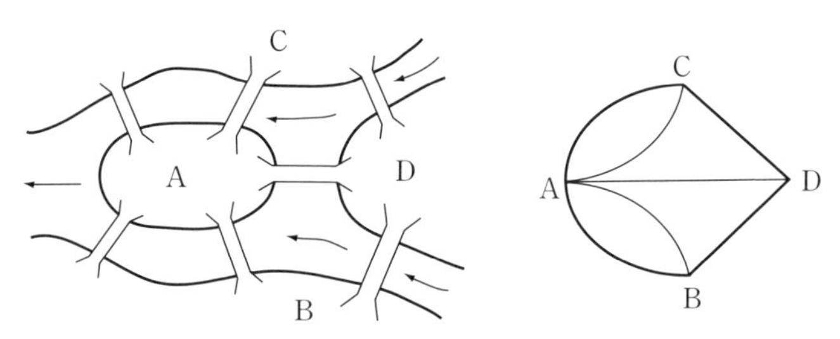

문제를 풀기 위하여 먼저 '도형(그래프)' 에 관한 가장 기본적인 지식을 소개하기로 합니다.

약간의 선(직선이 아닐 수도 있음)들로 일부 점들을 연결하면 '도형(그래프)' 이 얻어집니다. 이때, 이런 점들을 '도형의 꼭짓점' (작은 흑점으로 표시하고 점이라고 부르기도 함), 이런 선들을 도형의 변이라 부릅니다. 그리고 각각의 점과 연결된 선의 수를 이 점의 차수(또는 도수)라고 하는데, 점의 차수가

짝수일 때 이 점을 짝수점, 점의 차수가 홀수일 때 이 점을 홀수점이라 부릅니다.

한붓그리기 문제를 푸는 데는 다음과 같은 중요한 결론들이 쓰입니다.

(1) 한 도형에서 홀수점은 쌍으로 나타납니다. 즉, 홀수점의 총 개수는 반드시 짝수입니다.

(2) 만약 홀수점의 개수가 2보다 크다면 이 도형은 한붓그리기를 할 수 없습니다.

(3) 만약 홀수점의 개수가 2와 같다면 한 홀수점으로부터 출발하여 도형 중의 모든 변을 거듭 거치지 않고 다른 한 홀수점에 이를 수 있습니다.

(4) 만약 홀수점이 없다면 도형의 임의의 점으로부터 출발하여 한붓그리기로 이 도형을 그릴 수 있습니다.

위의 결론에 비추어 보면 그림은 한붓그리기가 가능하지 않음을 바로 알 수 있습니다. 즉, 건넌 다리를 거듭 건너지 않고 한 번에 이 7개 다리를 다 건넌다는 것은 불가능한 일입니다. 왜냐하면 그림에 홀수점이 4개 있기 때문입니다.

예제 10

다음 그림의 각 도형은 한붓그리기를 할 수 있습니까?

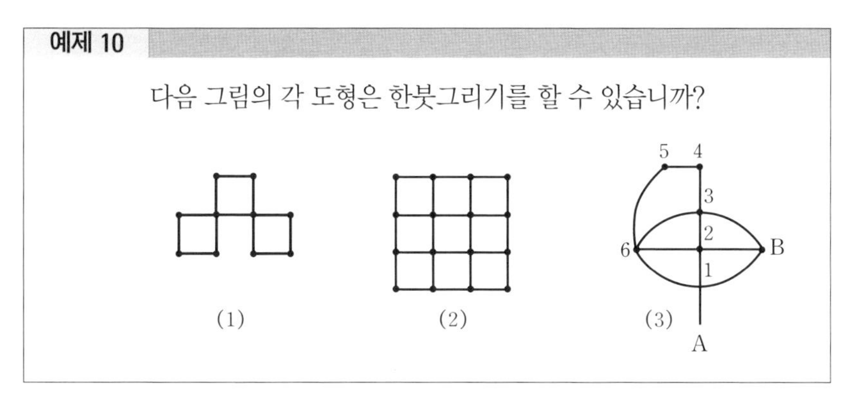

| 풀이 | 위의 판단 방법에 비추어 보면 그림 (1)은 홀수점이 없기 때문에 한붓그리기를 할 수 있으나 그림 (2)는 홀수점이 8개 있기 때문에 한붓그리기를 할 수 없다는 것을 알 수 있습니다. 그림 (3)은 홀수점 A(또는 B)로부터 출발하여 한붓그리기로 B(또는 A)에 이를 수 있습니다. 즉,

A→1→2→3→4→5→6→3→B→2→6→1→B. 단, 두 홀수점을 제외한 다른 임의의 점으로부터 출발하여서는 한붓그리기를 할 수 없습니다.

예제 11

다음 그림과 같은 육면체가 있습니다. 만약 꼭짓점 B 위의 개미 한 마리와 꼭짓점 E 위의 다른 개미 한 마리가 같은 속도로 모든 변을 기어서 D점에 도착하기로 약속을 하였다고 가정한다면 어느 개미가 먼저 도착합니까?

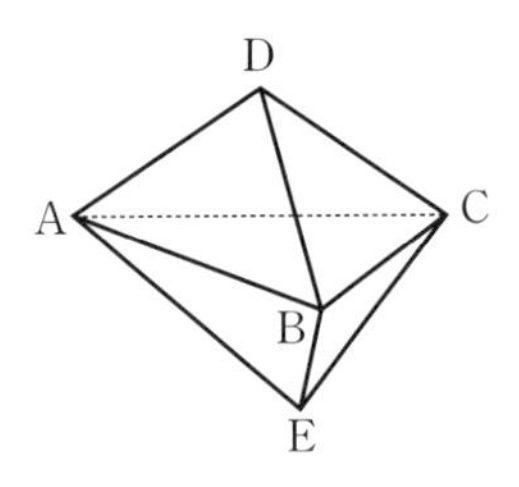

| 풀이 | 먼저 입체도형 그림을 다음 그림과 같이 평면도형으로 바꾸어 연구합시다. 왜냐하면 우리가 관심을 갖는 것은 각 변 및 꼭짓

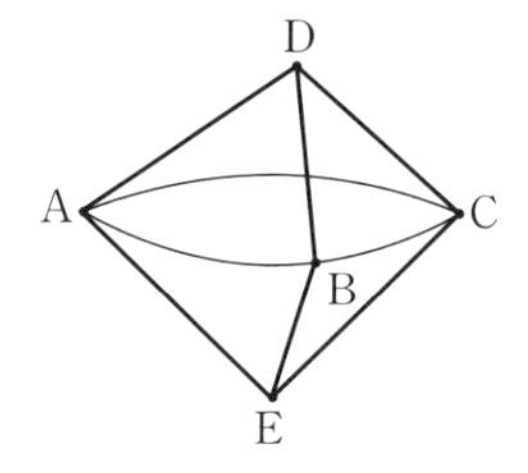

점으로서, 평면도형으로 바꾸어 놓고 연구해도 충분하기 때문입니다. 그림을 보면 E와 D는 홀수점, B는 짝수점이라는 것을 알 수 있습니다. 만일 E점으로부터 출발하여 D점으로 간다면 홀수점으로부터 다른 홀수점으로 가기 때문에 한붓그리기를 할 수 있습니다. 즉, E점 위의 개미는 각 변 길이의 합만큼의 거리만 기어가면 D점에 도착할 수 있습니다. 그러나 B점으로부터 출발하여 D점에 간다면 한붓그리기를 할 수 없습니다. 다시 말하면 목적지 D점에 도착하려면 일부 변을 거듭 지나지 않으면 안 됩니다(예컨대 먼저 E점에 이르렀다가 E점으로부터 다시 한 번에 D점에 이를 수 있습니다).
두말할 것 없이 B점 위의 개미가 더 많은 거리를 기어야 하므로 E점 위의 개미가 D점에 먼저 도착할 것은 뻔한 일입니다.

예제 11에서 취급한 문제는 실질적으로 말하면 한 개의 도형에서 '어디나 모두 가야 하면서도 거듭 가지 않거나 적게 가는 문제', 즉 '최단 거리 문제'입니다.

만일 도형에 홀수점이 없다면 도형의 임의의 점으로부터 출발하여 각 변을 모두 지나 제자리에 돌아오는 '최단 거리'는 각 변의 길이의 합과 같습니다.

만일 도형에 홀수점이 2개 있다면 한 홀수점으로부터 출발하여 각 변을 모두 지나 다른 홀수점으로 돌아오는 '최단 거리'는 각 변의 길이의 합과 같습니다.

다음 문제를 알아봅시다.

예문 1 만일 도형에 홀수점이 2개 있으나 출발점과 종점이 모두 홀수점이 아니라면(또는 그 중에 하나가 홀수점이 아니라면) 각 변을 모두 지나 제자리로 돌아오는 '최단 거리'는 무엇입니까? 또 그것을 어떻게 찾을 수 있습니까?

예문 2 만일 도형에 홀수점이 2개 이상 있다면 '최단 거리'는 무엇입니까? 또 그것을 어떻게 찾을 수 있습니까?

이 두 문제도 역시 한붓그리기 문제의 지식으로 해결할 수 있습니다.

기본 방법은 다음과 같습니다. 즉, 홀수점끼리 쌍을 만들어 주고 각 쌍의 홀수점을 점선으로 연결하면 (점선이 있는) 도형에 홀수점이 없게 되어 한붓그리기를 할 수 있게 됩니다.

이 때 최단 거리는 (점선이 있는) 도형의 각 변의 길이의 합과 같습니다. 즉,

최단 거리=〔각 (실선) 변의 길이의 합〕+(각 점선의 길이의 합)〕

그러므로, 원래의 도형에서 최단 거리는 다음의 공식으로 구할 수 있습니다.

최단 거리=(각 변의 길이의 합)+(가장 짧은 점선의 합)

어떻게 풀까요?

연습문제 14-3

본 단원의 대표문제이므로 충분히 익히세요.

01 다음 그림의 (1), (2), (3)을 한붓그리기로 할 수 있습니까?

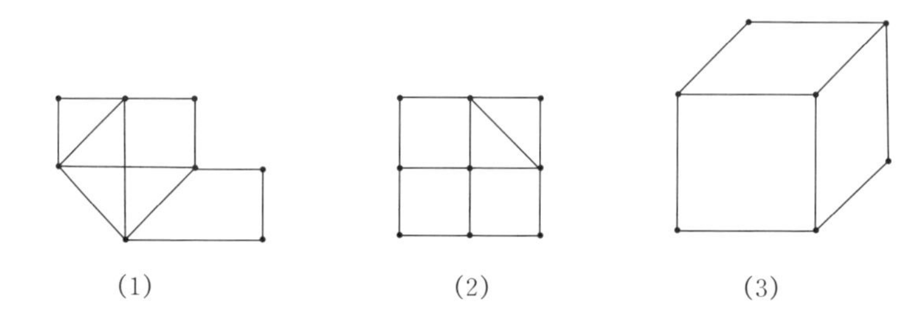

02 다음 그림은 어느 주택 단지의 평면도(어두운 부분은 주택, 나머지는 골목)입니다. 우편 집배원이 동, 서, 남, 북 네 입구 중 임의의 입구로 들어가서 다녀온 길을 거듭 걷지 않고 모든 골목을 다 지나 나올 수 있습니까? 우편 집배원을 대신하여 요구에 맞는 노선을 찾아내시오.

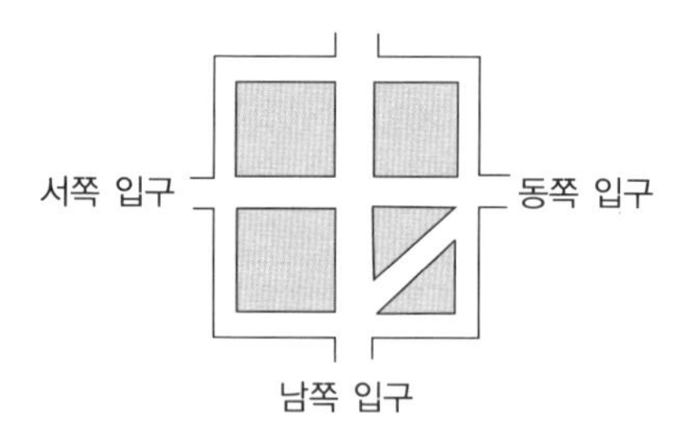

03 다음 그림은 다섯 칸으로 된 전람회장의 평면도()(표시는 출입문)입니다. 한 번 지난 문을 거듭 지나지 않고 모든 문을 다 통과할 수 있습니까?

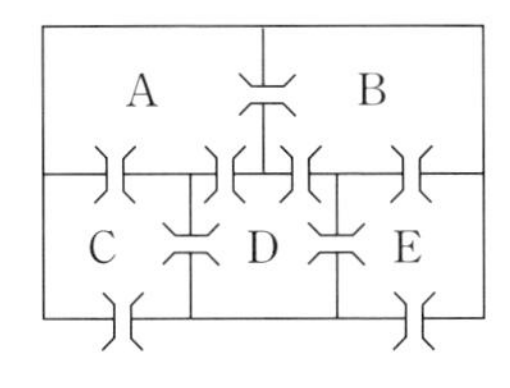

04 다음 그림은 어느 주택 단지의 평면도(어두운 부분은 주택, 나머지는 골목)입니다. 우편 집배원이 어느 문으로 들어가서 다녀온 길을 거듭 걷지 않고 모든 골목을 다 지나 다른 문으로 나올 수 있습니까?

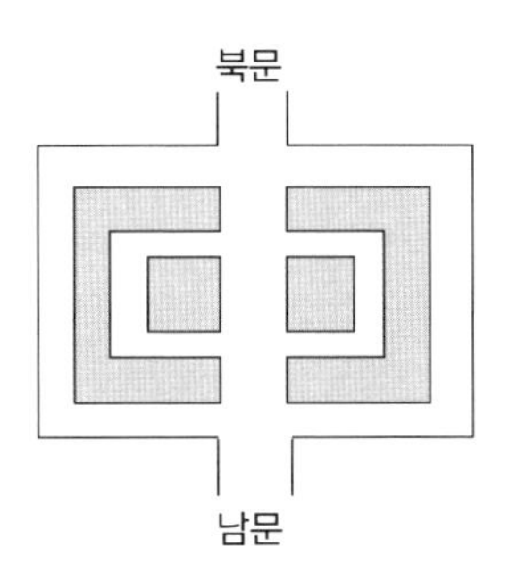

부록

초등 수학 올림피아드 실전 예상문제

이 문제는 '경시대회 초등수학 길잡이'의 저자 정호영 선생님이 만드신 예상 문제입니다. 독자들의 의문 사항이나 지도 편달은 정호영 선생님의 이메일(allpassid@naver.com)로 하시면 됩니다.

01회 초등 수학 올림피아드 실전 예상문제

다음의 올림피아드 실전 예상문제는 문제의 양이나 채점 기준면에서 모두 전국 초 · 중학교 수학 경시 대회의 문제와 같습니다.
선택 문제가 10개로서 각 문제가 10점이고, 만점은 100점입니다.
주어진 시간은 1시간입니다.

실전 예상문제	문항 10	시간 1	배점 100

01 다음과 같이 하얀 스크린을 세워 두고 그 앞에서 큰 주사위를 이리저리 움직이면서 그림자를 관찰하는 실험을 했습니다(단, 빛은 스크린에 수직으로 비춥니다).

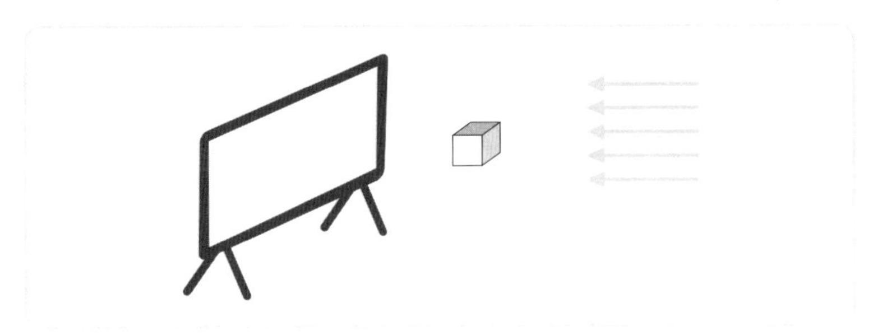

이 실험을 통하여 얻을 수 없는 그림자는 다음 중 몇 개나 됩니까?

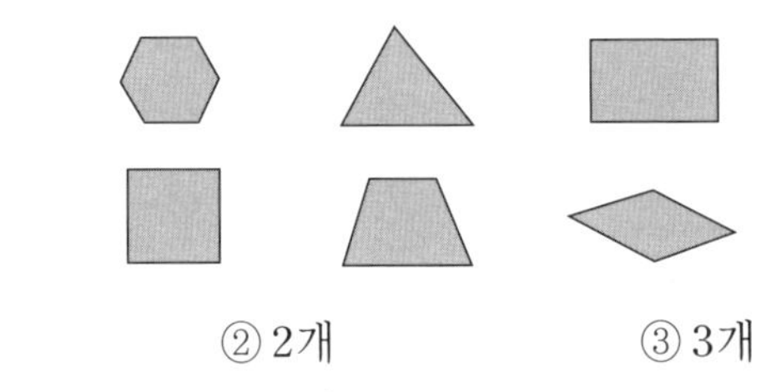

① 1개　② 2개　③ 3개
④ 4개　⑤ 5개

02 1부터 999까지의 수를 차례로 늘어놓아 다음과 같이 엄청 큰 수를 만들었습니다.

12345678910111213141516171819202122223……998999

왼쪽부터 세어서 777번째 자리에 있는 숫자를 구하시오.

① 1 ② 2 ③ 3
④ 4 ⑤ 5

03 계산$\left(\frac{2}{13} \square \frac{4}{13} \triangle \frac{6}{13} \blacktriangle \frac{8}{13} \blacksquare \frac{11}{13}\right)$에서 □, △, ▲, ■의 위치에 ＋, －, ×, ÷를 적당히 각각 한 개씩만 배치하여 계산한 값 중 가장 큰 것을 구해서 소수점 이하 셋째 자리에서 반올림하여 소수점 이하 둘째 자리의 수로 답하시오.

① 0.74 ② 0.77 ③ 1.06
④ 1.08 ⑤ 2.2

04 다음 그림의 ○에 1～12까지 서로 다른 수를 각각 넣으면, 직선상의 세 수의 합은 모두 20이 됩니다. 12개 중에서 8과 5가 그림과 같은 위치에 있을 때, a, b에 해당하는 두 수 중 큰 쪽에서 작은 쪽을 빼면 얼마가 됩니까?

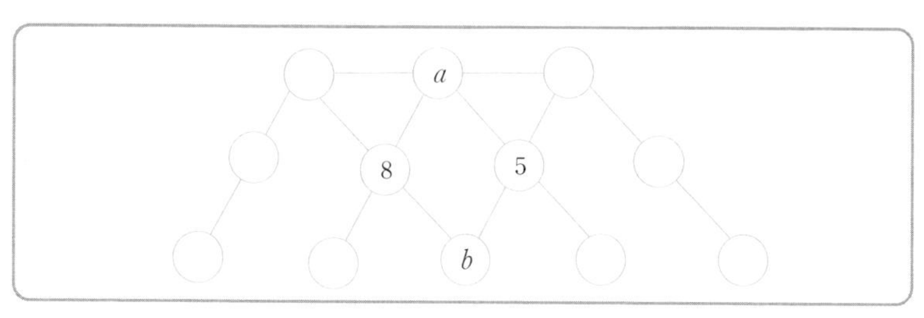

① 1 ② 2 ③ 3
④ 4 ⑤ 5

05 철수는 다음 그림과 같은 모양의 매듭을 풀어 헤쳐 보았습니다.

철수가 풀어 헤친 것과 같은 타입의 매듭은 다음 중 어느 것입니까?

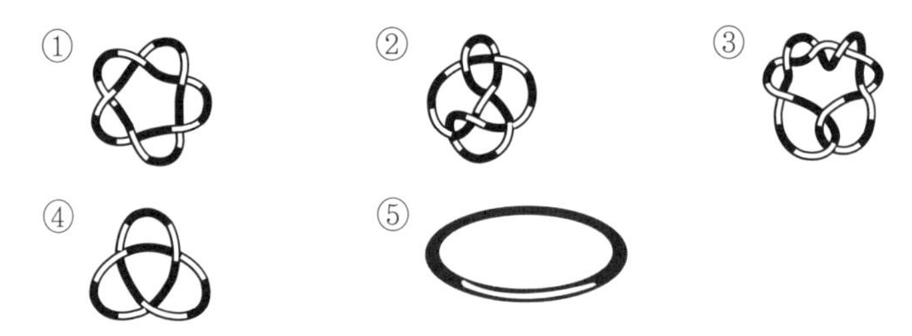

06 오른쪽 그림의 예들과 같이 정사각형 ABCD를 여러 개의 작은 정사각형으로 분할할 때, 다음 4개의 보기 중 옳은 것은 모두 몇 개입니까?
(단, n은 4 이상의 임의의 자연수)

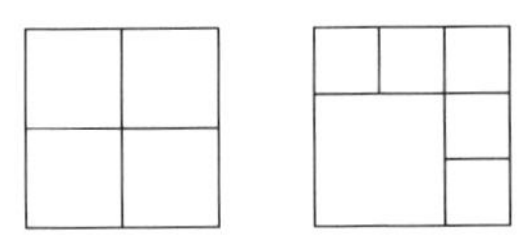

보기

ㄱ. n개의 정사각형으로 분할할 수 있다면 $n+3$개의 정사각형으로 분할할 수 있다.
ㄴ. n개의 정사각형으로 분할할 수 있다면 $n-3$개의 정사각형으로 분할할 수 있다.
ㄷ. n^2개의 정사각형으로 분할할 수 있다.
ㄹ. 4^3개의 정사각형으로 분할할 수도 있다.

① 0개 ② 1개 ③ 2개
④ 3개 ⑤ 4개

07 자연수 n에 대하여 n^2을 오진법으로 표시했을 때, 일의 자리 수를 $f(n)$이라 하자. 다음 Ⅰ, Ⅱ, Ⅲ 중 옳은 것을 모두 고르시오.

Ⅰ. $f(3)=4$　　　　Ⅱ. $0 \leq f(n) \leq 4$
Ⅲ. $f(n)=2$인 자연수 n은 없다.

① Ⅰ　　② Ⅱ　　③ Ⅰ, Ⅲ
④ Ⅱ, Ⅲ　　⑤ Ⅰ, Ⅱ, Ⅲ

08 다음과 같이 길이가 600m인 선분 PQ가 있습니다.

P ———————————— Q

A는 한 끝점 P에서 출발하여 Q를 향하여 가고 B는 다른 한 끝점 Q에서 출발하여 P를 향하여 가는데 두 사람이 번갈아 갑니다. 즉, A가 움직일 때는 B가 정지하고 B가 움직일 때는 A가 정지합니다.
먼저 A가 출발하여 PQ 길이의 절반을 가서 A_1의 위치에 도착합니다.
그 다음에 B는 A_1Q 길이의 절반을 가서 B_1의 위치에 도착합니다.
다시 A는 A_1B_1의 절반만큼 가서 A_2에 도착하고, 다시 B는 A_2B_1의 절반만큼 가서 B_2에 도착하고, ……. 그런 식으로 계속하여 두 사람이 결국 만날 때까지 계속한다면 두 사람이 움직인 거리는 얼마나 됩니까?

09 병균 A는 3분에 1회씩 한 마리가 두 마리로 자체 분열합니다. 시험관에 한 마리의 병균 A를 넣었더니 1시간 만에 시험관이 가득 찼습니다. 그렇다면 병균 A가 시험관의 $\frac{1}{8}$을 차지하는 데는 얼마의 시간이 걸립니까?

① 41분　　② 51분　　③ 61분
④ 71분　　⑤ 81분

10 다음은 어떤 규칙에 따라서 바둑알을 늘어놓은 것입니다.

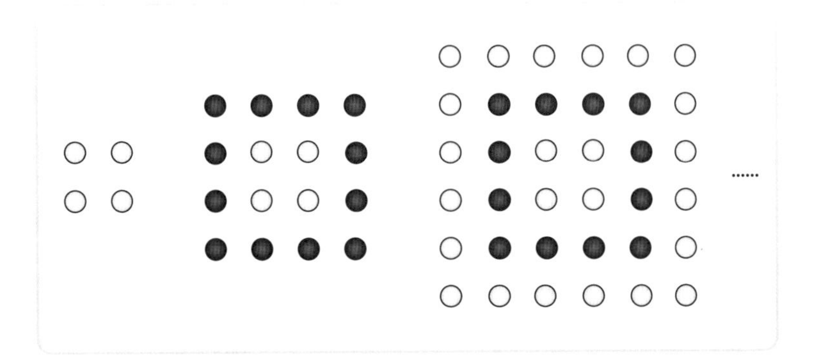

첫번째 그림은 바둑알이 4개이고, 두번째 그림은 바둑알이 16개이고, 세번째 그림은 바둑알이 36개입니다. 그렇다면 23번째 그림에 있는 바둑알은 모두 몇 개나 됩니까? 구해서 그것을 7로 나눈 나머지를 구하시오.

① 1　　② 2　　③ 3
④ 4　　⑤ 5

02회 초등 수학 올림피아드 실전 예상문제

다음의 올림피아드 실전 예상문제는 문제의 양이나 채점 기준면에서 모두 전국 초 · 중학교 수학 경시 대회의 문제와 같습니다.
선택 문제가 10개로서 각 문제가 10점이고, 만점은 100점입니다.
주어진 시간은 1시간입니다.

실전 예상문제 | 문항 10 | 시간 1 | 배점 100

01 두 개의 붙은 ●|◆ 모양의 타일 여러 장을 아래 그림과 같은 화장실 바닥에 깔아서 각 타일의 좌우상하가 서로 다른 무늬가 되도록 깔려고 합니다. 다음 4개의 그림 중에서 붙은 2개를 깨지 않고 깔아서 그림의 작은 정사각형을 모두 덮을 수 있는 것의 개수는?
(단, 정사각형의 모양이 있는 곳에만 타일을 깝니다)

(가) (나) (다) (라)

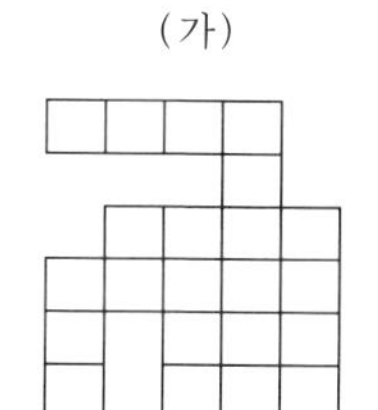

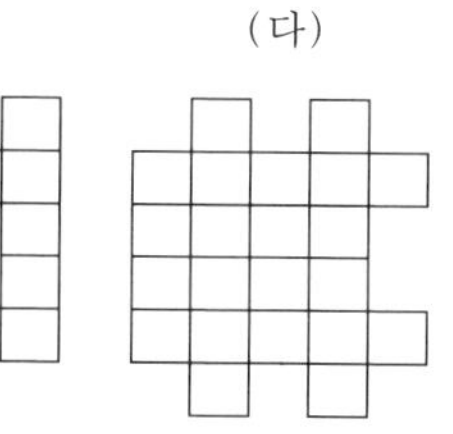

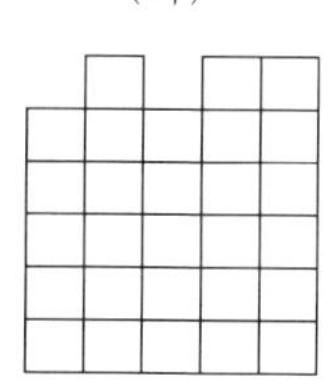

① 0개 ② 1개 ③ 2개
④ 3개 ⑤ 4개

02 소수라는 단어의 쓰임새와 문맥에 주의하면서 다음 문제를 풀어봅시다. 초등학교 3학년인 수근이는 컴퓨터에 자신의 일기를 쓸 수 있는 파일을 하나 만들고, 고심하여 7개의 비밀번호를 만들어서 암호로 입력하였습니다. 그 일곱 개의 비밀번호는 다음과 같이 만들어졌습니다. 여기서, ㄱ, ㄴ, ㄷ은 각각 서로 다른 어떤 수를 뜻합니다.

ㄱ.ㄴㄴㄷㄷㄷ ← 수근이의 비밀번호
수근이는 이 7개의 비밀번호를 잊지 않도록 다음과 같이 규칙을 써 두었다.
^_^ [나 스스로 천재인 수근이의 비밀번호] ^_^
㉮ 비밀번호는 소수점을 포함하여 7개로 구성된 소수이다.
㉯ 비밀번호는 1보다 크고 10보다 작은 소수로 만들어졌다.
㉰ 비밀번호에 10만을 곱한 뒤 거기서 900000을 빼면 다음과 같은 수 ㄴㄴㄷㄷㄷ가 된다.
㉱ 바로 위에서 얻어낸 다섯 자리의 정수는 1자리의 소수들만을 모두 곱한 수의 배수에 모든 1자리의 소수를 더한 것과 같다.

그렇다면 수근이의 비밀번호에서 숫자 7은 몇 번 등장합니까?

① 1번 ② 2번 ③ 3번 ④ 4번 ⑤ 5번

03 햇빛이 쨍쨍 비추는 어느 겨울날 오후에 어떤 집을 보니 다음과 같았습니다. 이 그림에서 빗금 친 부분은 그림자를 뜻합니다.

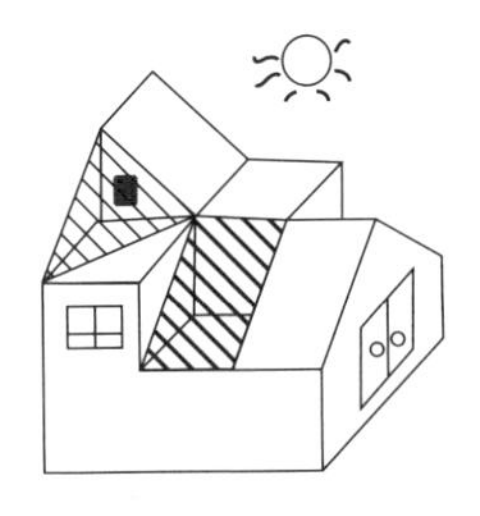

이때 바닥에 생긴 이 집의 그림자의 모양은 다음 중 어느 것이 맞을까?

① 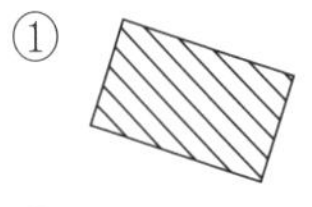
② 
③ 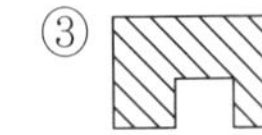
④ 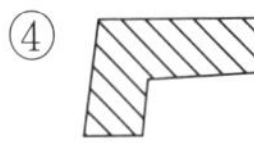
⑤ 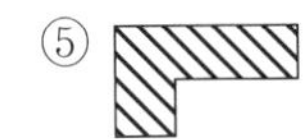

04 다음 도형에서 큰 원의 지름은 32cm이고 점 C는 큰 원의 중심입니다. 그리고 $\angle ACB = \angle ECD = 45^\circ$입니다.

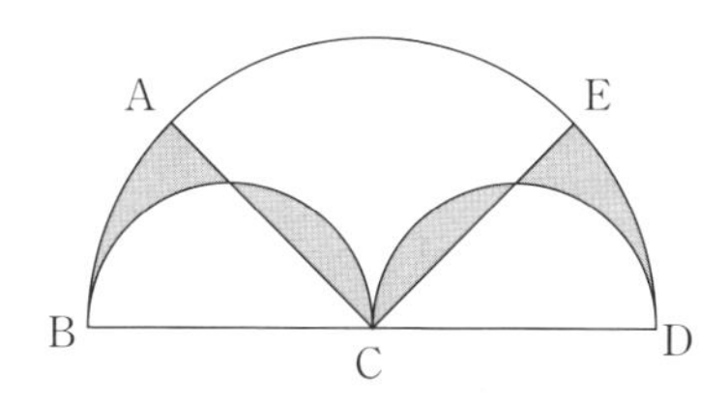

위의 도형에서 어두운 부분의 넓이는 약 얼마입니까?(단, 단위는 cm^2로 통일한다.)

① 71.96 ② 72.96 ③ 73.96
④ 74.98 ⑤ 79

05 다음은 검은 책상 위에 놓여 있는 매듭의 그림입니다.

이 매듭을 자르거나 붙이지 않고 그냥 풀어 헤친 것과 같은 타입의 매듭은 다음 중 어느 것입니까?

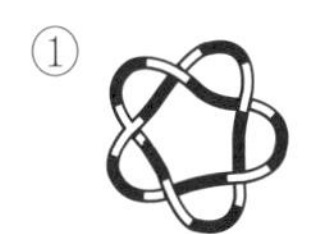

④ 
⑤ 

06

다음은 제품 p^n을 만드는 방법과 소요 시간에 대한 설명입니다.
(단, $n=2^k$, $k=0, 1, 2, 3, \cdots$)

(가) 제품 p_1을 하나 만드는 데 걸리는 시간은 1이다.
(나) 제품 p_1을 차례대로 두 개 만든 다음에 이를 연결하면 제품 p_2이 한 개 만들어진다.
(다) 제품 p_n을 차례대로 두 개 만든 다음에 이를 연결하면 제품 p_{2n}이 한 개 만들어진다.

이때, 제품 p_n을 두 개 연결하는 데 걸리는 시간은 $2n$입니다.
제품 p_{16}을 한 개 만드는 데 걸리는 시간은?

① 32 ② 64 ③ 80 ④ 96 ⑤ 112

07

점자는 요즘 보편화되어서 여러분도 많이 보았을 것입니다. 주로 시각 장애인들을 위해서 점자가 보급되고 있습니다. 점자에는 수표라는 것이 있는데 보통 숫자를 표기하기 위한 점자들은 맨 왼쪽에 이 반드시 있습니다.

이것은 "이제부터 오는 점자는 문자가 아니라 아라비아 숫자니까 숫자로 생각하고 읽으세요"라는 뜻의 안내 점자입니다. 그러니까 여러분이 이와 같은 점자 ('수표' 라고 함)를 어디서 보았을 때, 여러분은 그 뒤에 오는 점자들은 아라비아 수를 뜻하는구나 하고 알 수 있는 것입니다. 그리고 점자판으로 글을 쓸 때에나 읽을 때에는 주의가 필요합니다.

쓸 때와 읽을 때의 방향이 반대라는 것입니다. 즉, 모든 글자는 기본적으로 왼쪽에서 오른쪽으로 읽어 나가는 것이 원칙이므로, 점자도 이 원칙을 지키고 있습니다. 그런데 점자판은 그 구조상 점필(뾰족한 송곳 같은 것으로서 이것으로 종이를 누르면 종이 뒷면에 점자가 찍힙니다)로 점을 찍는 방식이므로, 점자를 읽으려면 종이를 뒤집어야 합니다. 그래야만 돌출된 부분을 느낄 수 있기 때문입니다.

따라서 점자를 쓸 때에는 읽을 때와 반대로 오른쪽에서 왼쪽으로 써야만 하고 읽는 것과 달리 점의 위치도 좌우가 뒤바뀌게 됩니다. 그래야만 읽는 사람이 왼쪽에서 오른쪽으로 점자를 제대로 읽을 수 있게 됩니다.

현주는 자기 집 우편번호를 점자로 나타내고자 하였습니다.
현주는 도화지를 잘라서 그 위에 송곳으로 점을 찍었습니다. 그랬더니 검은 곳에 움푹움푹 들어간 송곳 자국이 다음 그림처럼 보였습니다.

현주가 송곳으로 종이에 찍은 모양

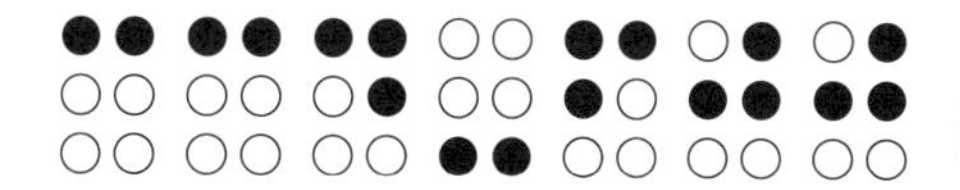

단, 현주는 수표는 생략하고 우편번호만 찍었습니다. 현주네 집의 우편번호는?

① 334－600 ② 334－625 ③ 884－636
④ 884－633 ⑤ 999－999

필요하다면 다음 점자표를 활용해도 좋습니다.

1 2 3 4 5 6 7 8 9 0

08 다음 그림의 □ 안에 1, 2, 3, 4, 5, 6, 7을 각각 1개씩 써넣어서 각 줄에 있는 세 수의 합이 모두 같도록 할 때, 가운데 어두운 네모에 들어가도 좋은 모든 수들의 합은?

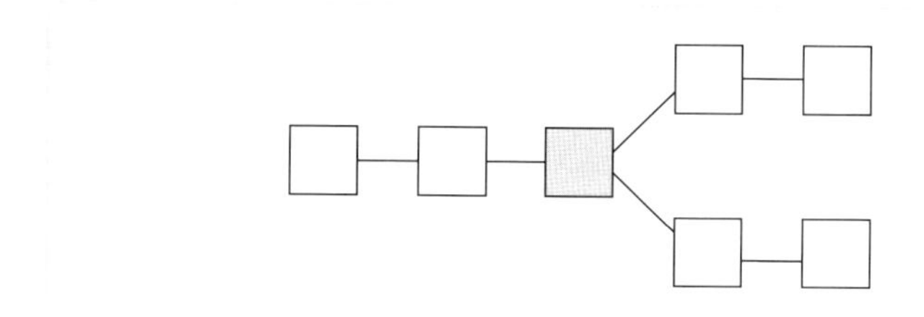

① 10 ② 12 ③ 15
④ 16 ⑤ 19

09 위로 올라가는 에스컬레이터가 있습니다. 이것을 타고 일정한 빠르기로 걸어올라갔더니 20초가 걸렸습니다.

이번에는 똑같은 에스컬레이터를 반대로 걸어 내려왔더니 60초가 걸렸습니다.

물론 이 사람의 발걸음 속도는 올라갈 때와 내려갈 때가 같다고 합니다.

이제 걷지 않고 이 에스컬레이터를 가만히 타고 올라가면 몇 분 몇 초가 걸립니까?

① 1분 ② 1분 2초 ③ 1분 3초

④ 2분 ⑤ 3분

10 문자판에 12시까지만 쓰여 있는 시계의 벨이 정각 1시에 한 번, 정각 2시에 두 번, 정각 3시에 3번, …, 정각 12시에 12번 울립니다.

오후 5시 30분부터 시작해서 시계의 벨이 모두 합해서 170번째 울리는 시각은 언제 입니까?

① 오후 6시 ② 오후 7시 ③ 오후 8시

④ 오후 9시 ⑤ 오후 10시

03회 초등 수학 올림피아드 실전 예상문제

다음의 올림피아드 실전 예상문제는 문제의 양이나 채점 기준면에서 모두 전국 초 · 중학교 수학 경시 대회의 문제와 같습니다.
선택 문제가 10개로서 각 문제가 10점이고, 만점은 100점입니다.
주어진 시간은 1시간입니다.

실전 예상문제 | 문항 10 | 시간 1 | 배점 100

01 양의 정수 a, d로 이루어진 다음 등차수열(앞의 수와 뒤의 수의 차가 일정한 수의 나열)이 있습니다.

$$a+0d,\ a+1d,\ a+2d,\ a+3d,\ \cdots\cdots$$

위 수열에 만약 완전제곱수가 적어도 하나 있다면 그와는 또 다른 완전제곱수가 위 수열에 무수히 많음을 보이시오.

02 다음과 같이 3장의 카드가 있습니다.

[1] [1] [2]

이 카드들 가운데 2장의 카드를 뽑아서 한 줄로 늘어놓아서 만들 수 있는 2자리 자연수는 다음과 같이 3가지가 있습니다.

[1][1], [1][2], [2][1]

그럼 문제를 풀어보자. 다음과 같이 7장의 카드가 있습니다.

[1] [1] [2] [2] [2] [2] [2]

이 카드들 가운데 5장의 카드를 뽑아서 한 줄로 늘어놓아 만들 수 있는 5자리 자연수는 모두 몇 가지가 있습니까?

① 11가지 ② 10가지 ③ 12가지
④ 14가지 ⑤ 16가지

03 시계의 짧은 바늘이 3시와 4시 사이에 있고, 긴 바늘과 60°의 각을 이룬다고 합니다. 이때의 시각을 모두 구하여 그들의 차를 구하면?

① $18\frac{9}{11}$분 ② $19\frac{9}{11}$분 ③ $20\frac{9}{11}$분
④ $21\frac{9}{11}$분 ⑤ $22\frac{9}{11}$분

04 두 개의 논리 상자 A와 B가 있습니다. 논리 상자 A는 문자 x와 y로 이루어진 네 자리 문자열을 x는 y로, y는 x로 바꿉니다.

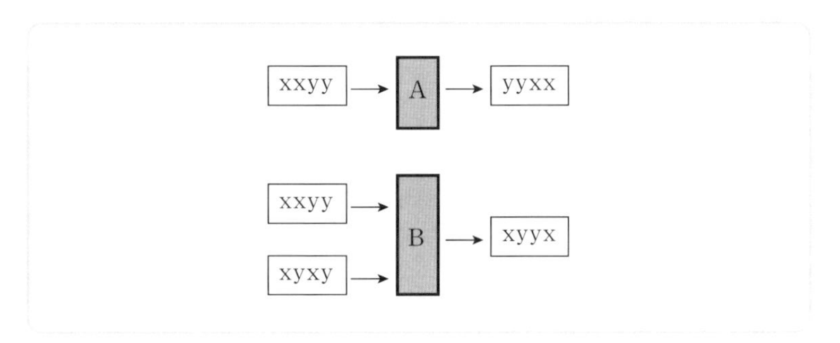

논리 상자 B는 두 개의 네 자리 문자열을 각 자리의 문자가 서로 같으면 x, 서로 다르면 y인 하나의 네 자리 문자열로 바꿉니다.
다음과 같은 논리회로에 두 문자열 xyxy, xxyx를 입력하였을 때, 출력 (다)에 들어갈 문자열은?

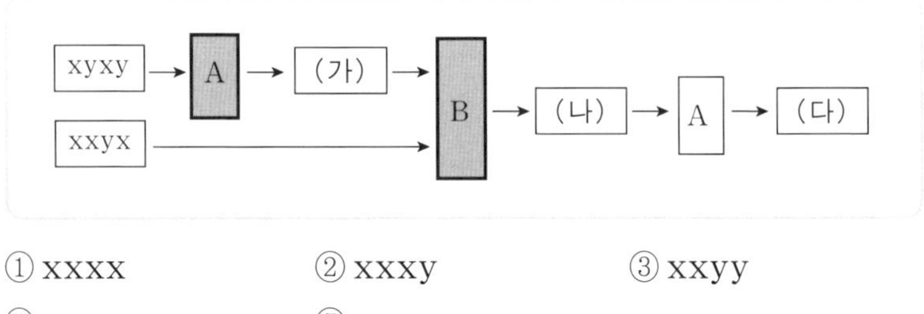

① xxxx ② xxxy ③ xxyy
④ xyyy ⑤ yyyy

05 킹콩에게 오늘 새로운 외숙모가 생겼습니다. 킹콩의 외숙모는 아직 비교적 어린 나이지만 오늘 킹콩의 외삼촌과 결혼을 했습니다.
오늘 현재 외삼촌의 나이와 외숙모의 나이를 합하면 49세가 됩니다.
외삼촌이 현재의 외숙모의 나이였을 때, 외숙모의 나이는 현재의 외삼촌의 나이의 꼭 절반이었습니다. 그렇다면 오늘 현재 외숙모의 나이를 9로 나눈 나머지는?

① 1 ② 2 ③ 3 ④ 5 ⑤ 7

06 어느 마을의 저수지에 백인, 흑인, 황인 세 사람이 물에 빠져 죽었습니다. 현장에 도착한 형사가 목격한 아이들의 이야기를 듣고서 다음과 같이 정리하여 적어 놓았는데 이 이야기들 중 단 하나만 참이고 둘은 거짓이라고 합니다.

(가) 첫번째 익사자는 백인이 아니다.
(나) 두번째 익사자는 흑인이 아니다.
(다) 세번째 익사자는 흑인이다.

위 내용을 토대로 첫번째, 두번째, 세번째로 익사한 사람들의 인종을 각각 가려내시오.

07 k진법의 수 $132_{(k)}$와 $k+2$진법의 수 $124_{(k+2)}$의 합은 십진법으로 140이다. 이때, $11_{(k)}+101_{(k)}+1001_{(k)}$의 값을 십진법의 수로 나타내면?

① 261 ② 252 ③ 245
④ 234 ⑤ 223

08 눈에 이상이 있어서 앞을 보지 못하는 사람이 있는데 이 사람은 시계를 보지 못하므로 종소리의 횟수로 시간을 알 수 있다고 합니다.
이 사람이 가지고 있는 시계는 "정각 1시면 종이 1번 울리고 정각 2시면 종이 2번 울리고 정각 3시면 종이 3번 울리고 …"하는 방식으로 종이 울립니다. 종이 여러 번 울릴 때 종과 종 사이의 시간 간격은 1초라고 합니다. 이 사람이 12시 정각에 종이 울리는 것을 듣기 시작하여 몇 초 만에 그 시각이 12시인 것을 알 수 있습니까?

09 다음 그림은 A지점에서 B지점으로 가는 길을 나타낸 것입니다.
A지점에서 B지점으로 갔다가 다시 A지점으로 돌아오는 방법은 몇 가지입니까?

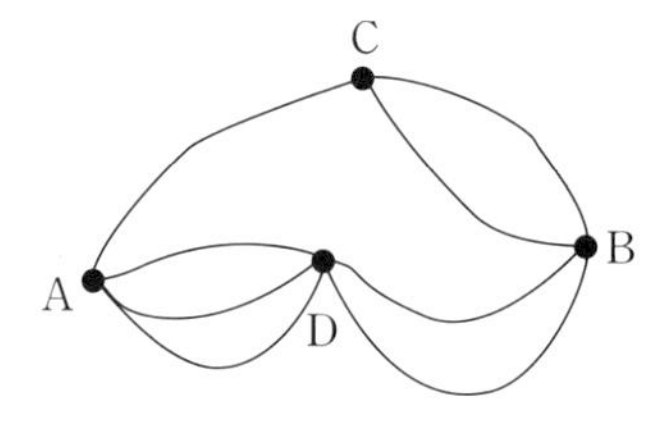

10 x, y, z가 양의 정수일 때, $x+y^2+z^3=100$을 만족시키는 경우의 수를 구하시오.

04회 초등 수학 올림피아드 실전 예상문제

다음의 올림피아드 실전 예상문제는 문제의 양이나 채점 기준면에서 모두 전국 초 · 중학교 수학 경시 대회의 문제와 같습니다.
선택 문제가 10개로서 각 문제가 10점이고, 만점은 100점입니다.
주어진 시간은 1시간입니다.

실전 예상문제 | 문항 10 | 시간 1 | 배점 100

01 다음 그림과 같이 맨 위에 꼭짓점이 1개 있고, 중간의 9개의 꼭짓점들과 맨 아래의 9개의 꼭짓점들은 각각 일직선 위에 있습니다. 이들 19개의 꼭짓점들 중에서 임의로 3개씩 선택하여 그들을 선분으로 이으면 삼각형을 만들 수 있습니다. 최대한 모두 몇 개의 삼각형을 만들 수 있습니까?

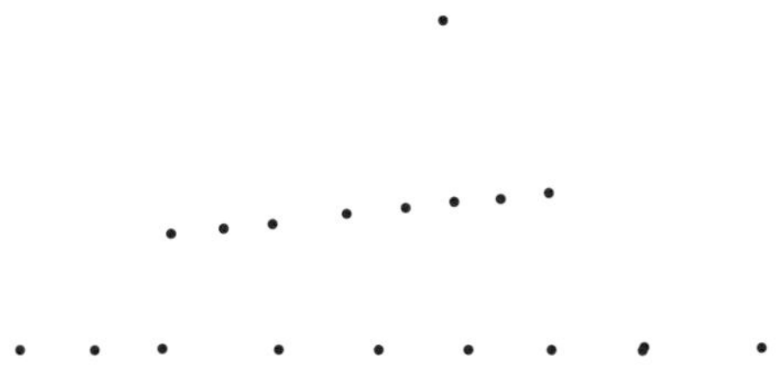

02 똑같이 생긴 인형이 10개 있습니다. 이들 인형의 가슴에 작은 점을 찍어서 인형을 서로 구별하고자 합니다. 각 인형에는 점이 적어도 1개씩은 찍히도록 하며 모든 인형들에 찍힌 점의 개수는 다 달라야 한다고 합니다. 어떤 사람이 총 54개의 점(모든 인형에 찍힌 점의 총 개수)을 찍어서 이들 인형을 서로 다른 인형으로 구별할 수 있었다고 합니다. 이것이 가능합니까? 아니면 불가능한지를 말하시오.

03 다음 식에서 문자 A, B, C, D, E, F, G, H, I의 위치에 숫자 0 또는 8만을 대신 써넣어서 수식을 완성할 수 있습니까? 있는지 없는지 그 답을 말하고 이유를 말해 보시오.

$$\overline{ABC}+\overline{DE}+4\times F=1000+G+H\times 10+1$$

위 식에서 $\overline{ABC}$는 세 자리의 수를 뜻하며, $\overline{DE}$는 두 자리의 수를 뜻합니다.

04 가난한 이웃들을 위한 집을 x채 지어주는 행사에 김우정이 참가하였습니다. 전세계에서 모인 사람들과 김우정은 여러 날에 걸쳐서 집을 짓게 되었는데, 첫째 날은 지어야 할 전체 집 채수(x=채)의 $\frac{1}{10}$을 지었고,
제2일째는 남은 집 채수의 $\frac{1}{9}$를 지었고,
제3일째는 남은 집 채수의 $\frac{1}{8}$을 지었고,
제4일째는 남은 집 채수의 $\frac{1}{7}$을 지었고,
제5일째는 남은 집 채수의 $\frac{1}{6}$을 지었습니다. 이렇게 제5일째까지 모두 1680채의 집을 지었습니다. 처음에 채를 지으려고 했었는데, 6일째 새벽에 큰 사고가 나는 바람에 6일째부터는 더 이상 집을 지을 수 없게 되었습니다. 못 짓고 남겨두게 된 집은 몇 채입니까?

05 예를 들어 수 3045에 쓰인 숫자들을 모두 더하면 $3+0+4+5=12$입니다. 이제 1부터 100까지 100개의 수를 차례로 쓴 다음에 다음과 같이 한 줄로 이어 붙여서 아주 긴 수를 얻었습니다.

12345678910111213141516…97899100

이 수에 쓰인 숫자들을 모두 다 더하면 얼마입니까?

06 다음 그림의 식 중에서 도형하나가 숫자 하나를 표시합니다. △ 와 □ 는 각각 어떤 숫자입니까? 모든 답을 아래그림 모양의 수식으로 쓰시오.

```
   △ □ △ □
 − □ △ □ △
 ─────────
     9 0 9
```

이 문제의 답은 여러 가지가 있는데 그 중 하나만 써도 정답으로 처리합니다.

07 각 자리의 수 0 또는 1이고, 14배수인 양의 정수 중 가장 작은 수는 얼마입니까? (이 문제는 2013년 중등부 한국수학올림피아드에 출제된 문제인데, 비교적 쉬운 문제라고 생각되어 여기에 인용하였음을 알려둡니다.)

08 다음의 표에서 첫 번째 가로줄 세 번째 세로줄(열)에 있는 수는 6이고 두 번째 가로줄 첫 번째 세로줄(열)에 있는 수는 7입니다. 남은 빈칸을 채워서 가로줄, 세로줄, 대각선의 3개 수의 합이 항상 30이 되게 하시오.

		6
7		

09 2016년의 2월은 5개의 월요일이 있습니다. 2016년의 6월 1일은 무슨 요일입니까?

10 A, B, C 세 명이 시험을 보았는데 세 사람의 점수의 총합은 130점입니다. A의 점수의 $\frac{1}{3}$, B의 점수의 $\frac{1}{4}$과 C의 점수의 절반에서 11점을 뺀 점수가 같습니다. 그렇다면 C의 점수는 얼마입니까?

해답편

연습문제 해답

연습문제 해답

연습문제 01-1

01 1200

02 40

03 92

04 11007

05 11100

06 9989

09 2739

08 549

09 8000 1800

10 810 8800

11 22500 23200

12 9750 7875

13 296 336

14 36 14.04

15 25.88 94.52

연습문제 01-2

01 193

02 14.2

03 0.5

04 7227

05 13532

06 5508

07 7236

08 797

09 1372

10 25856

11 15

12 6

13 5

연습문제 01-3

01	1224	2009	4216	5616	5625	7225
02	2709	2849	1804	2816	2964	2016
03	286	473	572	396	297	495
04	913	825	1034	649		
05	4598	3575	6974	7854	5852	2673
06	6204	4235	5236	3267	9097	6919
07	1071	1271	1491	1891		
08	3321	3111	2821	4331		
09	6464	9797	2626	7373		

연습문제 01-4

01 10, 6, 20

02 1830, 110, 610

03 30, 18, 8, 16

연습문제 02-1

01 (1) $1\times2+3\times4+5\times6+7=51$ (2) $2+3\times4+5\times6+7\times1=51$
(3) $3\times4+5\times6+7+1\times2=51$ (4) $4+5+6\times7+1+2-3=51$
(5) $5+6\times7+1+2-3+4=51$

02 (1) $(3+3)\div(3+3)=1$ (2) $(3\div3)+(3\div3)=2$
(3) $(3+3+3)\div3=3$ (4) $(3\times3+3)\div3=4$
(5) $(3+3)\div3+3=5$ (6) $(1+2)\div3=1$
(7) $1\times2+3-4=1$ (8) $(1+2)\times3\div(4+5)=1$
(9) $1\times2\times3-4+5-6=1$ (10) $1\times2+3+4+5-6-7=1$

03 (1) $5\times5-5\div5=24$
(2) $6\div6+6=7$
(3) $4\times(4\div4+4)=20$, $4\div4\times4\times4=16$
(4) $(8+8)+(8-8)+8\times8+8\div8=81$

04 $123-45-67+89=100$, $123+45-67+8-9=100$

05 (1) $3\div3+3\div3+3=5$ (2) $3\times3-3\div3-3=5$
(3) $\{(3+3)\times3-3\}\div3=5$ (4) $(3\times3+3+3)\div3=5$
(5) $(3\times3-3)\div3+3=5$

연습문제 02-2

01 $15+8=23$, $14+7=21$

02 $\begin{array}{r} 4725 \\ +3346 \\ \hline 8071 \end{array}$ $\begin{array}{r} 6809 \\ -2847 \\ \hline 3962 \end{array}$

03 $\begin{array}{r} 7637 \\ +1648 \\ \hline 9285 \end{array}$ $\begin{array}{r} 3241 \\ -1963 \\ \hline 1278 \end{array}$

04 $\begin{array}{r} 88 \\ +8 \\ \hline 96 \end{array}$ $\begin{array}{r} 135 \\ +513 \\ \hline 648 \end{array}$

05 $\begin{array}{r} 815 \\ \times\ 9 \\ \hline 7335 \end{array}$ $\begin{array}{r} 748 \\ \times\ 6 \\ \hline 4488 \end{array}$

06 $\begin{array}{r} 83 \\ \times46 \\ \hline 3818 \end{array}$ $\begin{array}{r} 57 \\ \times72 \\ \hline 4104 \end{array}$

07 $\begin{array}{r} 732 \\ \times\ 45 \\ \hline 32940 \end{array}$ $\begin{array}{r} 632 \\ \times\ 36 \\ \hline 22752 \end{array}$

08 $\begin{array}{r} 8332 \\ \times\ 4 \\ \hline 33328 \end{array}$ $\begin{array}{r} 571428 \\ \times\ 3 \\ \hline 1714284 \end{array}$

09 $\begin{array}{r} 21 \\ 84\overline{)1764} \\ 168 \\ \hline 84 \\ 84 \\ \hline 0 \end{array}$

10 $\begin{array}{r} 0.98 \\ 12\overline{)11.8} \end{array}$ (똑 떨어지지 않음)

연습문제 02-3

01

3	8	1
2	4	6
7	0	5

02

	1	
3	9	5
	7	

	1	
3	5	7
	9	

	9	
5	1	7
	3	

03

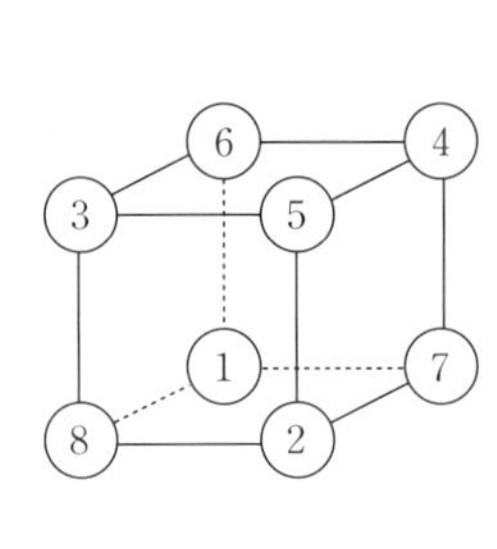

04

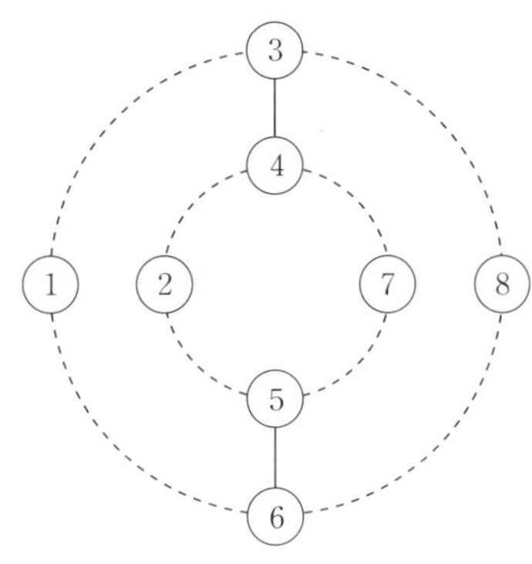

05 HINT 세 직선 위의 네 수의 합이 같고 가운데의 작은 삼각형의 수를 두 번 사용했기 때문에 세 직선 위 모든 숫자의 합은 45+15=60입니다.

문제는 가운데의 작은 삼각형 꼭짓점의 세 수를 결정하는 것입니다.

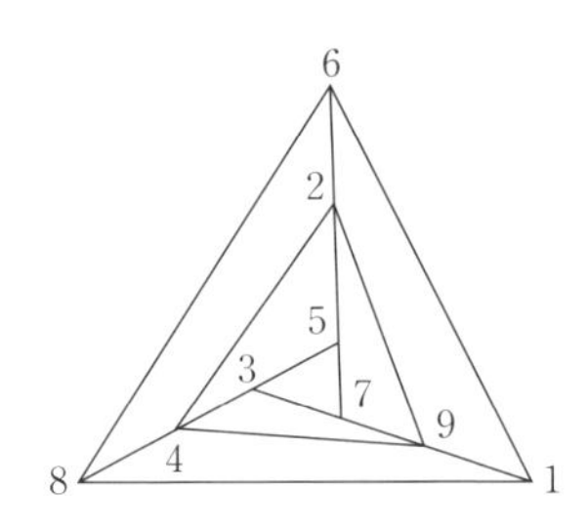

연습문제 03

01 (1) 0, 2 (2) 999, 1001 (3) $n-1$, $n+1$

02 (1) 3, 4, 5 ; 4, 5, 6 ; 5, 6, 7

(2) $a=1$일 때 1, 2, 3

$a=2$일 때 1, 2, 3; 2, 3, 4

$a>3$일 때 $a-2$, $a-1$, a; $a-1$, a, $a+1$; a, $a+1$, $a+2$

03 (1) 7, 13 (2) 7, 8, 9, 10, 11, 12, 13 (3) 8, 9, 10, 11, 12

(4) $a-2$, $a-1$, a, $a+1$, $a+2$

04 (1) 18 (2) 81 (3) 8 (4) 21

05 (1) 가로줄에 규칙성이 있습니다. 즉 첫째 수의 2배에 둘째 수를 더하면 셋째 수가 얻어집니다. 그러므로 세번째 줄에 13을, 네번째 줄에 15를 써넣어야 합니다.

(2) 세로줄에 규칙성이 있습니다. 즉 인접한 두 수의 차가 6입니다. 그러므로 첫째 세로줄에 22를, 둘째 세로줄에 17을, 넷째 세로줄에 26, 14를 써넣어야 합니다.

06 (1) 대각선 위 두 수의 합이 15이기 때문에 12를 써넣어야 합니다.

(2) 9 또는 144

07 (1) 30

(2) 2 또는 21(전자는 홀수인가 아니면 짝수인가에 의해서, 후자는 소수인가에 의해서 얻습니다.)

08 두 손의 수의 합이 머리와 다리의 수의 합과 같은 규칙성에 있습니다. 그러므로 끼어든 사람은 (3)입니다.

09 모두 틀립니다.

(1) $2^3=8$ (2) $3^5=243$ (3) $2\times3^2=18$ (4) $2^3\times2^5=2^8$

10 (1) 10^6 (2) $30^4=3^4\times10^4=810000$ (3) 36 (4) 1 (5) 100

11 $2^{2^2}<222<22^2<2^{22}$

12 5^{5^5}

13 4의 홀수 제곱의 일의 자릿수는 4, 4의 짝수 제곱의 일의 자릿수는 6입니다.

(1) 6, (2) 4, (3) 4 또는 6

14 문제에 의하여 $\overline{x0y}=\overline{9xy}$, 즉 $100x+y=90x+9y$, $5x=4y$가 얻어집니다. 따라서 $x=4$, $y=5$임을 알 수 있습니다. 그러므로 구하려는 수는 45

15 $880a+88a=1000c+100a+10a+c$, $858a=1001c$, $6a=7c$.

그러므로 $a=7$, $c=6$

연습문제 04

01 42972 또는 48978　02 568020, 568980　03 B=12　04 48

05
$$\begin{array}{r|rr} 2 & 42 & 90 \\ \hline 3 & 21 & 45 \\ \hline & 7 & 15 \end{array}$$

가로 6cm짜리 15개, 세로 6cm짜리 7개

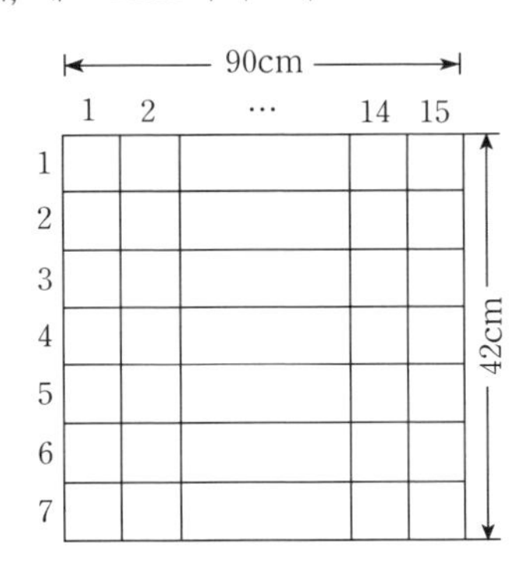

06 60과 36

07 $3\times8\div2=12$개의 전화선이 필요합니다.

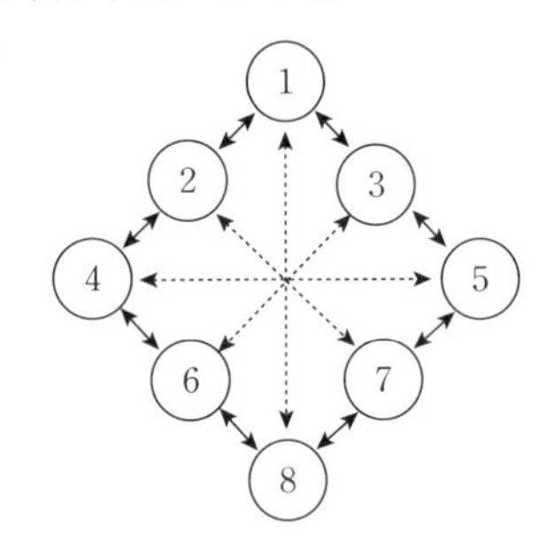

08 아닙니다. 왜냐하면 이루어진 정수가 3으로 나누어떨어지나 9로 나누어떨어지지 않기 때문입니다.

09 301246. HINT 먼저 이 수를 $301240+a$(a는 자연수)라고 가정합니다.

10 0　11 367　12 5

13 옳음. HINT 한 정수를 7로 나누었을 때 얻어지는 나머지가 7가지 가능성만 있습니다.

14 $d=179$, $r=164$, $d-r=15$

15 150, 225　16 20　17 $2\times3^3\times7^2=2646$

연습문제 05

01 (1) 567, 1701　　(2) 42

02 (1) 각 항에서 1을 빼면 항수의 제곱으로 됩니다. 101

(2) 앞항에 각각 3, 4, 5, 6, …을 더하면 뒷항이 얻어집니다. 65

(3) $2+3\times9=29$

03 (1) 8개 항에서 앞의 네항과 다음 세항은 1을 빼면 공비가 3인 등비수열이 얻어집니다. 등비수열의 합은 예제 8, 9번 풀이를 참조합니다. 4406

(2) 예제 9번 풀이를 참조합니다. 420

(3) 450

04 1456개

05 제 19그룹의 첫번째 수가 홀수열의 제 46번째 수(즉 91)이므로 제 19 그룹의 두 수의 합은 184, 제 20그룹의 세 수의 합은 291입니다.

06 이 수열의 제 3항부터 각 항은 앞 두 항의 합과 같습니다. 그런데 첫 두 수가 홀수, 홀수+홀수=짝수, 짝수+홀수=홀수이므로 두 홀수 건너 짝수가 1개씩 있습니다. 따라서 짝수는 제 3, 6, 9, … 항에 나타납니다. 100이내에 3의 배수, 즉 짝수가 33개 있습니다.

연습문제 06

01 $(21600-2880\times4)\div3=3360$(평)

02 $25-(4\times25)\div(40+10)=5$(일)

03 $(65\times4)\div(4+1)=52$(km)

04 $150\times(150\div30-1)=600$(m)

연습문제 07-1

01 6kg　　02 500원　　03 391종

04 14400kg　　05 42명　　06 16명

연습문제 07-2

01 ㄱ : 67개, ㄴ : 53개, ㄷ : 48개
02 70상자
03 5척, 28명
04 소설책 3000원, 그림책 5000원

연습문제 07-3

01 핸드볼공 1만 2천원, 농구공 3만원
02 아버지 94kg, 아들 33kg

연습문제 07-4

01 각각 10분간
02 농구공 2만 4천원, 배구공 2만원
03 5명, 29권

연습문제 07-5

01 15 02 5만원 03 102명

연습문제 07-6

01 4가지
02 제1조 33명, 제2조 21명, 제3조 18명

연습문제 08-1

01 137벌 02 86점 03 45개 04 66개
05 6시간 06 12시간 07 10m 08 7대
09 田자 꼴로 심습니다.

연습문제 08-2

01 3750마리, 1250마리
02 66kg, 22kg, 92400원, 30800원
03 갑 184, 을 155, 병 119 04 90kg, 30kg 05 28, 8

연습문제 08-3

01 400km　02 100분　03 10분　04 18km

05 5시간

06 분당 500m 더 빠릅니다.

07 18톤　08 60일

09 갑 11일, 을 15일

연습문제 08-4

01 7살, 35살　02 12살, 29살　03 1974년

04 32살, 32살, 8살

05 69살, 67살, 41살, 39살, 13살

연습문제 09-1

01 $x=2$　02 $x=1$　03 $x=3$　04 $x=0.5$

05 $x=2$　06 $x=11$

연습문제 09-2

01 2시간

02 60km

03 30분, 2160m

04 ㄱ : 25kg, ㄴ : 35kg

05 거북이 37마리, 학 16마리

06 5천원짜리 12장에 6만원, 천원짜리 13장에 1만 3천원

07 5시간

08 7시 40분

09 473

10 원래 매시간에 부속품을 x개 생산한다고 하면

$$250 \div x - 300 \div (2x) = 10, \quad 250 \div x - 150 \div x = 10$$

$$(250 - 150) \div x = 10, \quad x = 100 \div 10 = 10(\text{개})$$

연습문제 09-3

01 (1) $x=1$ $y=2$ 　 $x=4$ $y=1$ 　 (2) $x=1$ $y=1$

(3) $x=1$ $y=11$ 　 $x=2$ $y=7$ 　 $x=3$ $y=3$

(4) $x=5,\ 8,\ 11,\ \cdots$

$y=2,\ 4,\ 6,\ \cdots$

02 귀뚜라미 5마리, 거미 2마리 또는 귀뚜라미 1마리, 거미 5마리

03 3m짜리 2토막과 5m짜리 7토막 또는 3m짜리 7토막과 5m짜리 4토막 또는 3m짜리 12토막과 5m짜리 1토막

04 16, 24, 32, 40, 48

연습문제 10

01 148개

02 (1) 252cm 　 (2) $252\times2-27=477$cm

03 20cm

04 25°

05 115°

06 4시 40분

07 아래 그림에 표시한 바와 같습니다.

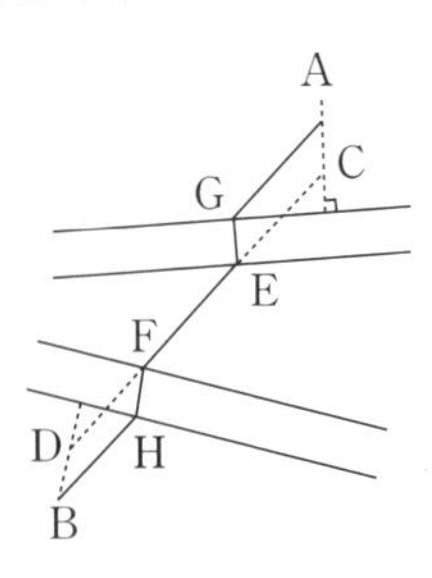

08 $3\times6+2\times3+4=28$(개)

연습문제 11-1

01 같습니다.　02 30　03 320m, 6000m^2　04 7개

05 9cm, 7cm

06 $S_4 = 200 \times 150 \div 400 = 75(m^2)$

07 각자 그려 봅니다.

08 두 평행사변형의 밑변과 높이가 같으므로 넓이가 같음. 즉 $24 \times 15 = 360cm^2$

09 1, 24 ; 2, 12 ; 3, 8 ; 4, 6 또는 24, 1 ; 12, 2 ; 8, 3 ; 6, 4

10 24cm

연습문제 11-2

01 30°, 70°, 65°

02 (1) 정삼각형, 이등변삼각형, 직각삼각형　(2) 60°, 60°, 30°, 30°

03 어두운 부분의 넓이가 같습니다.

04 $\overline{AF} = 4cm$　05 8m^2　06 60cm^2　07 100cm^2

08 20cm^2　09 5cm^2　10 1056cm^2　11 22.5cm^2

연습문제 11-3

01 생략　02 8cm^2　03 12cm^2

연습문제 12

01 생략

02 생략

03 둘레 길이=31.4cm, 넓이=18.84cm^2

04 (1) 어두운 부분의 넓이=14.25cm^2

(2) 어두운 부분의 넓이=57cm^2

05 1.57cm^2　06 3.44cm^2　07 100cm^2

08 11.565cm^2　09 50cm^2

연습문제 13-1

01 $3\times3^2\times4=108(\text{cm}^3)$

02 $40^2\times6+2\times3.14\times10\times20=10856(\text{cm}^2)$

03 부　피 : $3^3-1^2\times3-1^3=23(\text{cm}^3)$

겉넓이 : $3^2\times6-1^2\times2=52(\text{cm}^2)$

04 $2\times3\times2\times1.5+3\times2\times3=36(\text{m}^2)$

05 $60\div12\times6=30(\text{cm}^2)$

06 $10^2\times24=2400(\text{cm}^2)$

07 $16\div\left(\frac{2}{3}-\frac{2}{3\times3}\right)\times\frac{7}{3\times3}=28(\text{cm}^3)$

08 $3.1\times(1860\div75\div3.1\div2)^2\times75\div93=40(\text{cm})$

09 $6\times5\times(3-0.5)-3.14\times2^2\times4=24.76(\text{cm}^3)$

연습문제 13-2

01 $1^3+2^3+3^3-3=33$(개)

02 이 문제는 공식으로 정육면체의 개수와 직육면체의 개수를 구한 다음 직육면체의 개수에서 정육면체의 개수를 빼면 됩니다. 그러므로 먼저 (2)를 구하고 다음에 (1)을 구합니다.

(1) $1^3+2^3+3^3+4^3=100$(개)

(2) $(1+2+3+4)\times(1+2+3+4)\times(1+2+3+4)-100=900$(개)

03 그림과 같습니다.

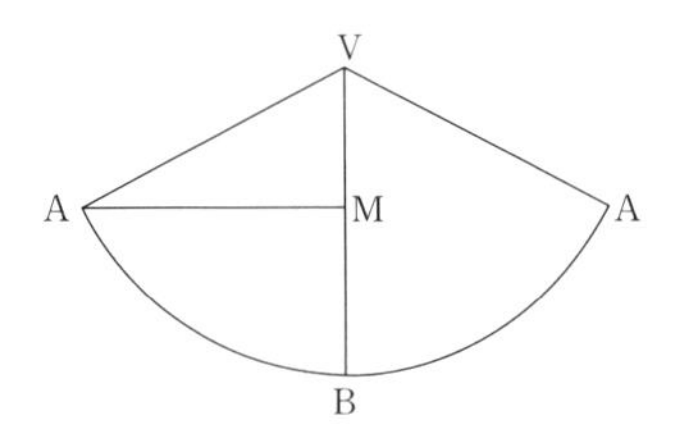

04 C와 F를 연결하면 정삼각형 AFC가 얻어집니다. $\angle CAF=60^\circ$

연습문제 14-1

01 13개

02 36개

03 11개 부분

04 61개 구역

05 n^2-n+2

06 직사각형 15개, 삼각형 6개

07 직사각형 23개

08 $270+168-36=402$(개)

09 1개, $(n-2)^3$개

연습문제 14-2

01

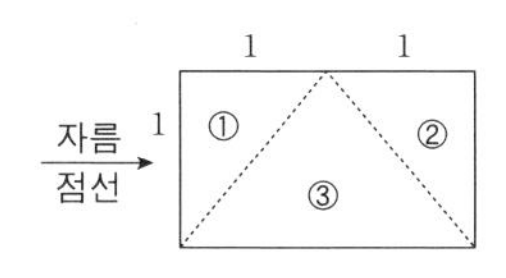

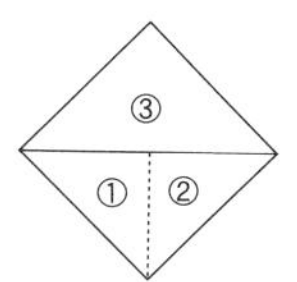

02 톱니꼴로 잘라서 1변의 길이가 6인 정사각형을 만듭니다.

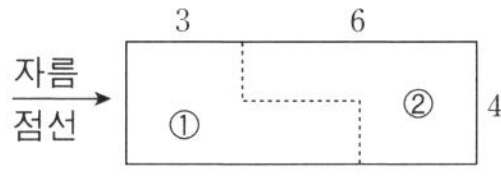

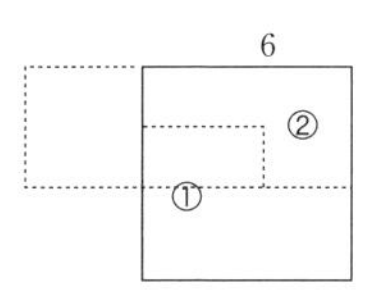

03 직육면체의 부피$=8\times4\times2=4^3$(cm^3)이기 때문에 만든 정육면체의 1변의 길이 4(cm), 겉넓이$=6\times4^2=96$(cm^2)

04

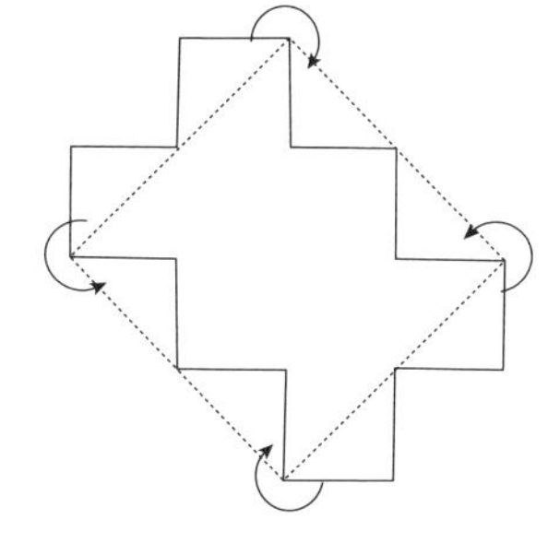

05

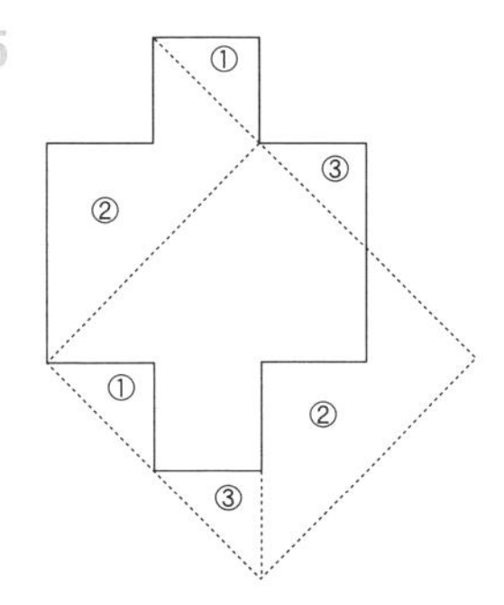

06

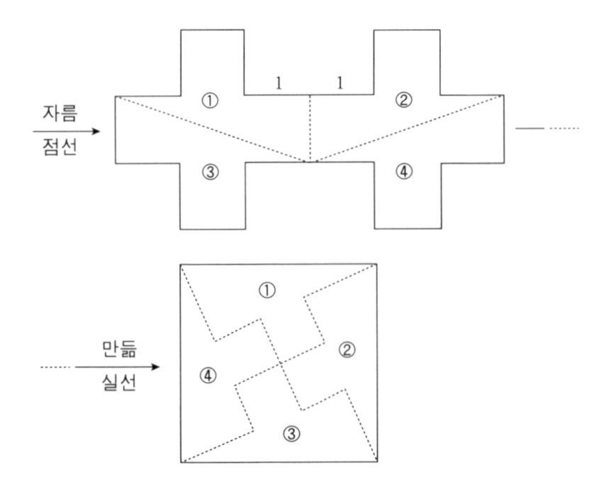

07

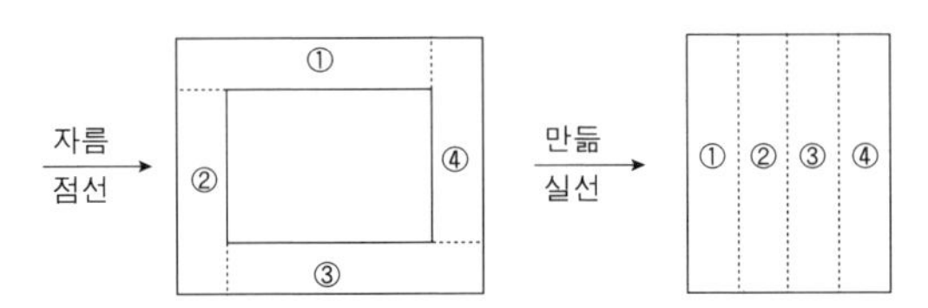

08

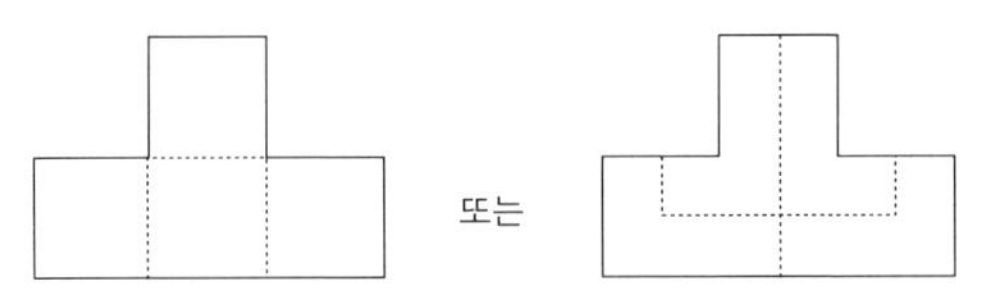

09 $90=6\times15$, $42=6\times7$이기 때문에 적어도 $15\times7=105$개의 요구에 맞는 작은 정사각형을 자를 수 있습니다.

10 직사각형의 넓이 $14\times11=154(\text{cm}^2)$, 종이띠의 넓이 $4\times1=4(\text{cm}^2)$, $154\div4=38$(나머지 2)이기 때문에 최대로 38개의 종이띠를 자르고 2cm^2가 남습니다. 다음 그림은 한 가지 방법입니다. 다른 방법도 있습니다.

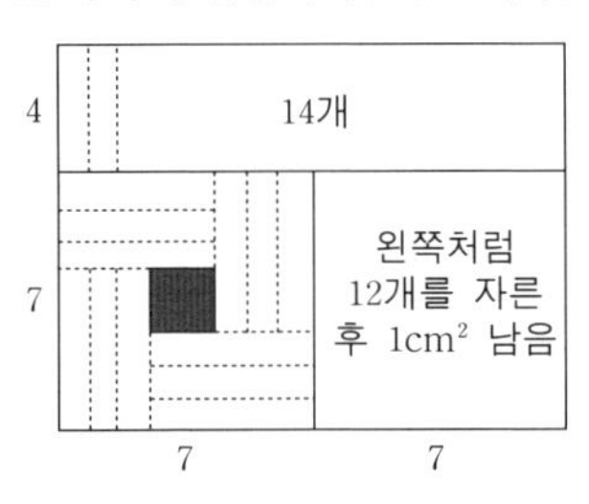

연습문제 14-3

01 (1) 홀수점이 없기 때문에 한붓그리기를 할 수 있습니다.

(2) 홀수점이 2개뿐이기 때문에 한 홀수점으로부터 출발하여 다른 한 홀수점까지 한붓그리기를 할 수 있습니다.

(3) 홀수점이 4개이기 때문에 불가능합니다.

02 우리가 관심을 갖는 것은 각 골목이기 때문에 문제를 다음 그림과 같은 도형을 한붓그리기를 그릴 수 있느냐 하는 문제로 볼 수 있습니다. 그 중 A, B, C, D는 동, 서, 남, 북 입구, 기타 점은 골목의 교점, 변은 골목입니다. B, D 두 홀수점이 있기 때문에 우편 집배원이 북쪽 입구(또는 서쪽 입구)로 들어가서 다녀온 길을 거듭 걷지 않고 모든 골목을 다 지나 서쪽 입구(또는 북쪽 입구)로 나올 수 있습니다. 단, 아무 입구로나 들어가면 안 됩니다.

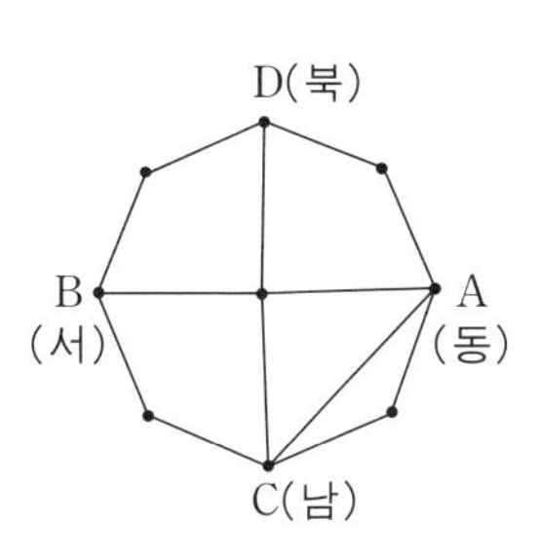

03 우리가 관심을 갖는 것은 문이기 때문에 문제를 다음 그림과 같은 도형을 한붓그리기로 그릴 수 있느냐 하는 문제로 볼 수 있습니다. 그 중 점 A, B, C, D, E는 전람회장을, F는 실외를, 변은 문을 표시합니다. A, B, C, E 4개 홀수점이 있기 때문에 한붓그리기를 할 수 없습니다. 따라서 한 번 지나간 문을 거듭 지나지 않고 모든 문을 다 통과할 수 없습니다.

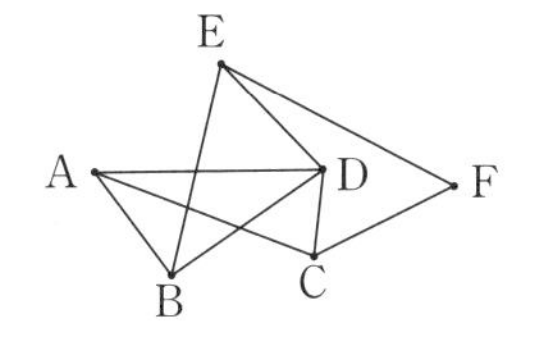

04 문제를 다음 그림과 같은 도형을 한붓그리기로 그릴 수 있느냐 하는 문제로 볼 수 있습니다. 홀수점이 둘뿐(남, 북)이기 때문에 남쪽 문(또는 북쪽 문)으로 들어가서 다녀온 길을 거듭 걷지 않고 모든 골목(변)을 다 지날 수 있습니다.

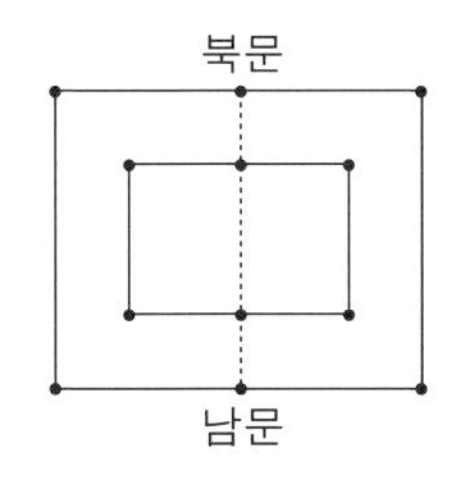

연습문제 해답편의 보충설명

그 동안 독자 여러분의 요청에 의해 연습문제 해답편 보충설명을 수정, 보완하여 출간하게 되었습니다. 참여하신 선생님들은 다음과 같습니다.

감수위원

한승우 E-mail : hotman@postech.edu

한현진 E-mail : fractalh@hanmail.net

신성환 E-mail : shindink@naver.com

위성희 E-mail : math-blue@hanmail.net

정원용 E-mail : areekaree@daum.net

정현정 E-mail : hj-1113@daum.net

안치연 E-mail : lounge79@naver.com

변영석 E-mail : youngaer@paran.com

김강식 E-mail : kangshikkim@hotmail.com

신인숙 E-mail : isshin@ajou.ac.kr

이주형 E-mail : moldlee@dreamwiz.com

책임감수

정호영 E-mail : allpassid@naver.com

의문사항이나 궁금한 점이 있으시면 위의 감수위원에게 E-mail 또는 세화홈페이지(www.sehwapub.co.kr)에 질문을 남겨주시면 친절한 설명과 답변을 받으실 수 있습니다.

연습문제 해답편의 보충 설명

연습문제 01-1

01 $703+247+53+197=(703+197)+(247+53)=900+300=1200$

02 $3.8+17.5+16.2+2.5=(3.8+16.2)+(17.5+2.5)=20+20=40$

03 $20.43+67.08+1.57+2.92=(20.43+1.57)+(67.08+2.92)=22+70=92$

04 $999+9+9999=(1000-1)+(10-1)+(10000-1)=11010-3=11007$

05 $999+98+7+9996=(1000-1)+(100-2)+(10-3)+(10000-4)$

$=11110-10=11100$

06 $4998+995+2997+999=(5000-2)+(1000-5)+(3000-3)+(1000-1)$

$=10000-11=9989$

07 $3728-989=(3700+28)-(1000-11)=(3700-1000)+(28+11)$

$=2700+39=2739$

08 $2537-1988=(2500+37)-(2000-12)=(2500-2000)+(37+12)$

$=500+49=549$

09 $125\times64=(125\times8)\times8=1000\times8=8000$

$75\times24=(3\times25)\times(4\times6)=(3\times6)\times(25\times4)=18\times100=1800$

10 $45\times18=45\times(2\times9)=90\times9=810$

$55\times160=(5\times11)\times(20\times8)=(11\times8)\times(5\times20)=88\times100=8800$

11 $625\times36=(5\times125)\times(8\times9)\div2=(5\times9)\times(125\times8)\div2$

$=45\times1000\div2=45000\div2=22500$

$725\times32=(29\times25)\times(4\times8)=(29\times8)\times(4\times25)$

$=\{(30-1)\times8\}\times100=(240-8)\times100=23200$

12 $78\times125=(80-2)\times125=10000-250=9750$

$63\times125=(64-1)\times125=8\times8\times125-125=8000-125=7975$

13 $37000\div125=37\times1000\div125=37\times8=(40-3)\times8=320-24=296$

$42000\div125=42\times1000\times125=42\times8=(40+2)\times8=320+16=336$

14 $900\div25=9\times100\div25=9\times4=36$

$351\div25=(350+1)\div25=350\div25+1\div25=7\times50\div25+1\div25$

$=14\times4\div100=14.04$

15 $647\div25=(650-3)\div25=13\times50\div25-3\div25=26-12\div100$

$=26-0.12=25.88$

$2363\div25=2363\div100\times4=23.63\times4=94.52$

연습문제 01-2

01 $493-146-154=493-(146+154)=493-300=193$

02 $56.9-(25.8+16.9)=56.9-25.8-16.9=56.9-16.9-25.8$

$=40-25.8=14.2$

03 $3.08-(2.08+0.5)=3.08-2.08-0.5=1-0.5=0.5$

04 $73\times99=73\times(100-1)=7300-73=7227$

05 $68\times199=68\times(200-1)=13600-68=13532$

06 $54\times102=54\times(100+2)=5400+108=5508$

07 $36\times201=36\times(200+1)=7200+36=7236$

08 $1786-989=1786-(1000-11)=1786-1000+11=786+11=797$

09 $2367-995=2367-(1000-5)=2367-1000+5=1367+5=1372$

10 $256\times98+3\times256=256\times(98+3)=256\times(100+1)$

$=25600+256=25856$

11 $(63+72)\div9=63\div9+72\div9=7+8=15$

12 $750\div(25\times5)=750\div25\div5=30\div5=6$

13 $630\div(21\times6)=630\div21\div6=30\div6=5$

연습문제 01-3

01 십의 자리 수가 같고 일의 자리 수의 합이 10인 두 자리 수 곱셈 계산

$36\times34=1224$

(앞의 두 자리 수 $3\times(3+1)=12$, 뒤의 두 자리 수 $4\times6=24$ 따라서 1224)

$41\times49=2009$

(앞의 두 자리 수 $4\times(4+1)=20$, 뒤의 두 자리 수 $1\times9=09$ 따라서 2009)

$68\times62=4216$

(앞의 두 자리 수 $6\times(6+1)=42$, 뒤의 두 자리 수 $2\times8=16$ 따라서 4216)

$72\times78=5616$

(앞의 두 자리 수 $7\times(7+1)=56$, 뒤의 두 자리 수 $2\times8=16$ 따라서 5616)

$75\times75=5625$

(앞의 두 자리 수 $7\times(7+1)=56$, 뒤의 두 자리 수 $5\times5=25$ 따라서 5625)

$85\times85=7225$

(앞의 두 자리 수 $8\times(8+1)=72$, 뒤의 두 자리 수 $5\times5=25$ 따라서 7225)

02 십의 자리 수의 합이 10이고 1의 자리 수가 같은 두 자리 수 곱셈 계산

$43 \times 63 = 2709$

(앞의 두 자리 수 $4 \times 6 + 3 = 27$, 뒤의 두 자리 수 $3 \times 3 = 09$ 따라서 2709)

$37 \times 77 = 2849$

(앞의 두 자리 수 $3 \times 7 + 7 = 28$, 뒤의 두 자리 수 $7 \times 7 = 49$ 따라서 2849)

$82 \times 22 = 1804$

(앞의 두 자리 수 $8 \times 2 + 2 = 18$, 뒤의 두 자리 수 $2 \times 2 = 04$ 따라서 1804)

$64 \times 44 = 2816$

(앞의 두 자리 수 $6 \times 4 + 4 = 28$, 뒤의 두 자리 수 $4 \times 4 = 16$ 따라서 2816)

$38 \times 78 = 2964$

(앞의 두 자리 수 $3 \times 7 + 8 = 29$, 뒤의 두 자리 수 $8 \times 8 = 64$ 따라서 2964)

$24 \times 84 = 2016$

(앞의 두 자리 수 $2 \times 8 + 4 = 20$, 뒤의 두 자리 수 $4 \times 4 = 16$ 따라서 2016)

03 두 자리 수 중 한 수가 11인 곱의 계산 1 (두 수의 합이 9이하의 경우)

$26 \times 11 = 286$ (백의 자리 수 2, 십의 자리 수 $2 + 6 = 8$, 일의 자리 수 6)

$43 \times 11 = 473$ (백의 자리 수 4, 십의 자리 수 $4 + 3 = 7$, 일의 자리 수 3)

$52 \times 11 = 572$ (백의 자리 수 5, 십의 자리 수 $5 + 2 = 7$, 일의 자리 수 2)

$36 \times 11 = 396$ (백의 자리 수 3, 십의 자리 수 $3 + 6 = 9$, 일의 자리 수 6)

$27 \times 11 = 297$ (백의 자리 수 2, 십의 자리 수 $2 + 7 = 9$, 일의 자리 수 7)

$45 \times 11 = 495$ (백의 자리 수 4, 십의 자리 수 $4 + 5 = 9$, 일의 자리 수 5)

04 두 자리 수 중 한 수가 11인 곱의 계산 2 (두 수의 합이 10이상의 경우)

$83 \times 11 = 913$ (백의 자리 수 $8 + 1 = 9$, 십의 자리 수 $8 + 3 - 10 = 1$, 일의 자리 수 3)

$75 \times 11 = 825$ (백의 자리 수 $7 + 1 = 8$, 십의 자리 수 $7 + 5 - 10 = 2$, 일의 자리 수 5)

$94 \times 11 = 1034$ (백의 자리 수 $9 + 1 = 10$, 십의 자리 수 $9 + 4 - 10 = 3$, 일의 자리 수 4)

$59 \times 11 = 649$ (백의 자리 수 $5 + 1 = 6$, 십의 자리 수 $5 + 9 - 10 = 4$, 일의 자리 수 9)

05 세 자리 수와 11과의 곱 1 (두 수의 합이 9이하의 경우)

$418 \times 11 = 4598$

(천의 자리 수 4, 백의 자리 수 $4 + 1 = 5$, 십의 자리 수 $1 + 8 = 9$, 일의 자리 수 8)

$325 \times 11 = 3575$

(천의 자리 수 3, 백의 자리 수 $3 + 2 = 5$, 십의 자리 수 $2 + 5 = 7$, 일의 자리 수 5)

$634 \times 11 = 6974$

(천의 자리 수 6, 백의 자리 수 $6 + 3 = 9$, 십의 자리 수 $3 + 4 = 7$, 일의 자리 수 4)

$532 \times 11 = 5852$

(천의 자리 수 5, 백의 자리 수 $5+3=8$, 십의 자리 수 $3+2=7$, 일의 자리 수 2)

$243 \times 11 = 2674$

(천의 자리 수 2, 백의 자리 수 $2+4=6$, 십의 자리 수 $4+3=7$, 일의 자리 수 3)

06 세 자리 수와 11과의 곱 2 (두 수의 합이 10이상의 경우)

$564 \times 11 = 6204$

(일의 자리 수 4, 십의 자리 수 $6+4-10=0$, 백의 자리 수 $5+6+1-10=2$, 천의 자리 수 $5+1=6$)

$385 \times 11 = 4235$

(일의 자리 수 5, 십의 자리 수 $8+5-10=3$, 백의 자리 수 $3+8+1-10=2$, 천의 자리 수 $3+1=4$)

$476 \times 11 = 5236$

(일의 자리 수 6, 십의 자리 수 $7+6-10=3$, 백의 자리 수 $4+7+1-10=2$, 천의 자리 수 $4+1=5$)

$297 \times 11 = 3267$

(일의 자리 수 7, 십의 자리 수 $9+7-10=6$, 백의 자리 수 $2+9+1-10=2$, 천의 자리 수 $2+1=3$)

$827 \times 11 = 9097$

(일의 자리 수 7, 십의 자리 수 $2+7=9$, 백의 자리 수 $8+2-10=0$, 천의 자리 수 $8+1=9$)

$629 \times 11 = 6919$

(일의 자리 수 9, 십의 자리 수 $2+9-10=1$, 백의 자리 수 $6+2+1=9$, 천의 자리 수 6)

07 일의 자리 수가 1인 두 자리 수의 계산 1 (각 10의 자리 수의 합이 9이하의 경우)

$21 \times 51 = 1071$

(일의 자리 수 1, 십의 자리 수 $2+5=7$, 백의 자리 수 $2 \times 5=10$)

$41 \times 31 = 1271$

(일의 자리 수 1, 십의 자리 수 $4+3=7$, 백의 자리 수 $4 \times 3=12$)

$71 \times 21 = 1491$

(일의 자리 수 1, 십의 자리 수 $7+2=9$, 백의 자리 수 $7 \times 2=14$)

$31 \times 61 = 1891$

(일의 자리 수 1, 십의 자리 수 $3+6=9$, 백의 자리 수 $3 \times 6=18$)

08 일의 자리 수가 1인 두 자리 수의 계산 2

(각 10의 자리 수의 합이 10이상의 경우)

$81 \times 41 = 3321$

(일의 자리 수 1, 십의 자리 수 $8+4-10=2$, 백의 자리 수 $8 \times 4+1=33$)

$61 \times 51 = 3111$

(일의 자리 수 1, 십의 자리 수 $6+5-10=1$, 백의 자리 수 $6 \times 5+1=31$)

$31 \times 91 = 2821$

(일의 자리 수 1, 십의 자리 수 $3+9-10=2$, 백의 자리 수 $3 \times 9+1=28$)

$71 \times 61 = 4331$

(일의 자리 수 1, 십의 자리 수 $7+6-10=3$, 백의 자리 수 $7 \times 6+1=43$)

09 두 자리 수와 101의 곱셈 계산 (두 자리 수가 2번 반복됨)

$64 \times 101 = 6464$ (64가 두 번 반복)

$97 \times 101 = 9797$ (97이 두 번 반복)

$26 \times 101 = 2626$ (26이 두 번 반복)

$73 \times 101 = 7373$ (73이 두 번 반복)

연습문제 01-4

01 (1) 1칸 짜리 선분이 4개 있으므로 전체 선분의 개수는 $1+2+3+4=10$개 있습니다.

(2) 1칸 짜리 각이 3개 있으므로 전체 각의 개수는 $1+2+3=6$개 있습니다.

(3) 삼각형은 꼭짓점이 모두 일치하므로 밑변의 종류가 결정되면 삼각형이 결정됩니다. 밑변을 만들 수 있는 선분의 계수는 위, 아래 1칸짜리 선분이 각 4개씩 있으므로 $(1+2+3+4)+(1+2+3+4)=20$개 있습니다.

02 (1) $1+2+3+\cdots+59+60=\dfrac{(1+60) \times 60}{2}=61 \times 30=1830$

(2) $2+4+6+\cdots+18+20=\dfrac{(20+2) \times 10}{2}=110$

(2부터 20까지의 짝수의 개수는 10개입니다.)

(3) $21+22+23+\cdots+39+40=\dfrac{(21+40) \times 20}{2}=610$

(21부터 40까지의 짝수의 개수는 20개입니다.)

03 (1) 직사각형은 가로의 선분과 세로의 선분의 종류가 결정이 되면 직사각형이 결정됩니다.

가로의 선분의 개수는 1칸 짜리 선분이 4개 있으므로 $1+2+3+4=10$개

세로의 선분의 개수는 1칸 짜리 선분이 2개 있으므로 $1+2=3$개

따라서 직사각형의 개수 = 가로의 선분의 개수 × 세로의 선분의 개수

$=10\times3=30$개

(2) 평행사변형은 가로의 선분과 세로의 선분의 종류가 결정이 되면 평행사변형이 결정됩니다.

가로의 선분의 개수는 1칸 짜리 선분이 3개 있으므로 $1+2+3=6$개

세로의 선분의 개수는 1칸 짜리 선분이 2개 있으므로 $1+2=3$개

따라서 평행사변형의 개수 = 가로의 선분의 개수 × 세로의 선분의 개수

$=6\times3=18$개

(3) 삼각형이 전체 4개의 조각으로 이루어져 있으므로 1개의 조각부터 4개의 조각까지 4종류로 나누어 삼각형의 개수를 셉니다.

1개 조각으로 구성된 삼각형 : 3개

2개 조각으로 구성된 삼각형 : 4개

3개 조각으로 구성된 삼각형 : 0개

4개 조각으로 구성된 삼각형 : 1개

따라서 전체 삼각형의 종류는 8개

(4) 삼각형이 전체 6개의 조각으로 이루어져 있으므로 1개의 조각부터 6개의 조각까지 6종류로 나누어 삼각형의 개수를 셉니다.

1개 조각으로 구성된 삼각형 : 6개

2개 조각으로 구성된 삼각형 : 3개

3개 조각으로 구성된 삼각형 : 6개

4개 조각으로 구성된 삼각형 : 0개

5개 조각으로 구성된 삼각형 : 0개

6개 조각으로 구성된 삼각형 : 1개

따라서 전체 삼각형의 종류는 16개

연습문제 03

01~03 생략

04 (1) 18 (앞 뒤 수의 차이가 4인 등차수열)

(2) 81 (앞의 수에 3을 곱하면 뒤의 수가 되는 등비수열)

(3) 8 (2의 배수와 0이 번갈아 가며 나오는 수열)

(4) 21 (앞뒤 수의 차이가 1, 2, 3, 4로 증가하는 계차수열)

05~06 생략

07 (1) 30이 빠져야 합니다. (앞 뒤수의 차이가 1, 3, 5, 7 홀수로 증가하는 계차수열)

(2) 생략

08~11 생략

12 $555 < 55^5 < 5^{55} < 5^{5^5}$ 따라서 5^{5^5}가 가장 큽니다.

13~15 생략

연습문제 04

01 $\overline{4A97A}$가 3의 배수이므로 각자리 숫자의 합인 2A+20은 3의 배수이고 $\overline{7A}$가 6의 배수이므로 A는 짝수이고 7+A 역시 3의 배수이어야 합니다.

따라서 A는 2, 8 밖에 없으며 이때, 2A+20도 각각 24, 36으로 3의 배수가 성립합니다.

따라서 A가 2일 때, 42972, A가 8일 때, 48978

02 최소 568020, 최대 568980

568 뒤에 3자리를 붙인 숫자를 $\overline{568abc}$라고 할 때, 이 숫자가 3, 4, 5의 배수이어야 합니다. 5의 배수가 되기 위해서는 끝수 c가 0 또는 5이어야 하고, 4의 배수가 되기 위해서는 $\overline{bc}$가 4의 배수가 되어야 하므로 c는 0(c가 5라면 홀수이므로 4의 배수가 될 수 없습니다.) $b=0, 2, 4, 6, 8$ 중의 하나가 되어야 합니다.

3의 배수가 되기 위해서는 $5+6+8+a+b+c$가 3의 배수가 되어야 하고 $c=0$이므로 $19+a+b$가 3의 배수가 되어야 합니다.

이런 수중의 최대가 되기 위해서는 a가 최대이고 b도 최대가 되어야 하므로 a가 9일 때, b가 8이 되면 최대가 되므로 568980이 최대, 최소가 되기 위해서는 a가 최소, b도 최소가 되어야 하므로 a가 0이고 b가 2($19+a+b$가 3의 배수가 되기 위한 최소의 b값)가 되면 최소이므로 최솟값은 568020입니다.

03 두 수의 곱은 최대공약수와 최소공배수의 곱과 같습니다.

따라서 $A \times B = 6 \times 84 = 42 \times B$이므로 B=12입니다.

04 소인수 분해를 해보면 $3960 = 2^3 \times 3^2 \times 5 \times 11$이므로 약수의 개수는

$(3+1) \times (2+1) \times (1+1) \times (1+1) = 4 \times 3 \times 2 \times 2 = 48$개

05 가장 큰 정사각형이므로 90과 42의 최대공약수를 구합니다.

90과 42의 최대공약수가 6이므로 한변의 길이가 6인 정사각형으로 자르면 가로는 7개, 세로는 15개가 나옵니다.

06 두 수를 각각 A, B라고 하면 A$=a$G, B$=b$G라고 할 수 있습니다. (G는 최대공약수 a, b는 서로소) 이때, 최소공배수는 abG라고 할 수 있으므로, 최소공배수를 최대공약수로 나누면 $ab\text{G} \div \text{G} = ab$이므로 서로소인 두 수의 곱이 됩니다.
한편 최대공약수가 12, 최소공배수가 180이므로 $ab=180 \div 12=15=3\times5$이므로 a, b는 각각 1, 15 또는 3, 5라고 할 수 있습니다.
1, 15의 경우 A, B가 각각 12, 180이므로 큰수가 작은수로 나누어 떨어지므로 조건에 맞지 않고, 3, 5의 경우 A, B가 각각 36, 60이므로 조건에 맞는 두 수입니다.

07~08 생략

09 301246

11의 배수는 짝수자리의 수의 합과 홀수 자리의 수의 합의 차가 11의 배수가 되어야 합니다. 서로 다른 최소의 수이므로 6자리 숫자를 $\overline{30124a}$라고 합니다.
이때, 짝수자리의 수의 합은 $(3+1+4=8)$이고 홀수자리의 수의 합은 $(0+2+a=2+a)$이므로 두수의 차이는 $8-(2+a)=6-a$ 또는 $a-6$입니다.
이 수가 11의 배수가 되기 위한 0～9까지의 자연수 a는 6밖에 없습니다.
따라서 301246

10 0

1부터 1989까지의 곱에는 2와 5의 곱이 반드시 들어가므로 이 수는 10의 배수입니다. 10의 배수는 끝수 즉, 1의 자리 숫자가 0입니다.

11 367

가장 높은 자리의 숫자가 3인 세자리 숫자는 7로 나누면 나머지가 3, 13으로 나누어도 나머지가 3이므로 그 수에 3을 빼면, 7로도 나누어지고 13으로도 나누어지므로 그 숫자에 3을 뺀 숫자는 7과 13의 공배수 즉, 91의 배수입니다.
91의 배수 중에서 3을 더한 숫자가 세자리 숫자이며 가장 높은 자리의 숫자가 3이면 되므로 $91+3=94$, $91\times2+3=185$, $91\times3+3=276$, $91\times4+3=367$ … 과 같이 계산해 보면 367임을 알 수 있습니다.

12 5

$111111=7\times15873$임을 이용합니다.
1000개의 1로 구성된 숫자$=111111\times(1000001000001000001\cdots)+1111$이 됩니다.
(1000을 6으로 나누면 나머지가 4가 됩니다.) 앞의 111111의 7의 배수이므로 1000개의 1로 구성된 숫자를 7로 나눈 나머지는 1111을 7로 나눈 나머지와 같습니다.
$1111=7\times158+5$이므로 나머지는 5입니다.

13 가능합니다.

서랍의 원칙을 이용합니다. 서랍의 원칙이란 서랍의 개수가 물건의 개수보다 작을 때, 두 개 이상의 물건이 들어가는 서랍이 반드시 존재한다는 원칙입니다.

7로 나누었을 때, 나머지는 0～6까지 7가지가 존재합니다. 이것을 7개의 서랍이라고 보면 8개의 숫자를 물건이라고 보면 물건의 개수가 서랍의 개수보다 많으므로 2개 이상의 물건이 들어가는 서랍이 반드시 존재합니다. 즉, 나머지가 같은 숫자가 2개 이상 존재합니다.

14 15

각각 d로 나누었을 때, 나머지가 r로 같으므로 다음과 같이 검산식을 쓸 수 있습니다.

$1059=a\times b+r$ …①

$1417=b\times d+r$ …②

$2312=c\times d+r$ …③

②－①, ③－②를 각각 하면

$1417-1059=358=(b-a)\times d$, $2312-1417=895=(c-b)\times b$

따라서 d는 358과 895의 공약수이고 $358=2\times 179$, $895=5\times 179$이므로 d는 179입니다. 한편 각각의 수를 179로 나누면 나머지가 모두 164가 되므로 r은 164 따라서 $d-r=179-164=15$

15 150, 225

최소공배수를 최대공약수로 나누면 6이 됩니다. 6을 서로소인 두 수의 곱으로 나타내면 1×6, 또는 2×3이 되는데 두 수의 차이가 최소가 되기 위해서는 2×3이 되어야 하며 이때 두수는 각각 $2\times 75=150$, $3\times 75=225$가 됩니다.

16 20

마지막 4 숫자가 0이라는 것은 10000의 배수라는 것이므로 소인수 분해를 했을 때, 2의 지수도 4이상, 5의 지수도 4이상이 되어야 합니다.

$975\times 935\times 972=2^2\times\cdots\times 5^3\times\cdots$와 같이 2의 지수가 2, 5의 지수가 3이므로 적어도 2가 2개 , 5가 하나는 곱해져야만 합니다. 따라서 괄호 안에는 $2^2\times 5=20$이 적어도 곱해져야 합니다.

17 2646

$A^4=1176\times B$이므로 $1176\times B$를 소인수 분해 했을 때, 소인수들의 지수들이 모두 4의 배수가 되어야 합니다.

$1176\times B=2^3\times 3\times 7^2\times B$이므로 B는 적어도 2가 1개 3이 3개 7이 2개 있어야 소인수들의 지수들이 4의 배수가 됩니다.

따라서 B의 최솟값은 $2\times 3^3\times 7^2=2646$

연습문제 05

01 (1) 567, 1701

공비가 3인 등비수열 따라서 $189\times3=567$, $567\times3=1701$

(2) 42

앞 뒤 항의 차이가 1, 2, 4…의 등비수열을 이룹니다. 따라서 $26+16=42$

02~03 생략

04 1456

초항이 4이고 공비가 3의 등비수열의 6항까지의 합, 따라서 $\frac{4(3^6-1)}{3-1}=1456$

05~06 생략

연습문제 07-1

01 첫 번째 통과 두 번째 통에 들어 있는 휘발유도 전체의 절반인 20kg입니다. 따라서 14+18에다가 20을 빼면 통 2개의 무게만 남으며 그것이 12이므로 통하나의 무게는 6kg입니다.

02 갑은 원래 돈보다 1000원을 더 냈고 병의 경우는 갑과 을에게 1000원씩 받았으므로 2000원을 덜 냈습니다. 따라서 갑과 병이 낸 돈의 차이는 3000원의 차이가 나고 둘의 연필의 개수는 6개 차이가 나므로 6개에 3000원인 연필입니다.

즉, 연필 하나의 가격은 $3000\div6=500$원

03 그림과 같이 날 수 있는 종을 a, 날 수 없는 종을 b, 물을 떠나서 살 수 있는 종을 c, 물을 떠나서 살 수 없는 종을 d라고 합니다.

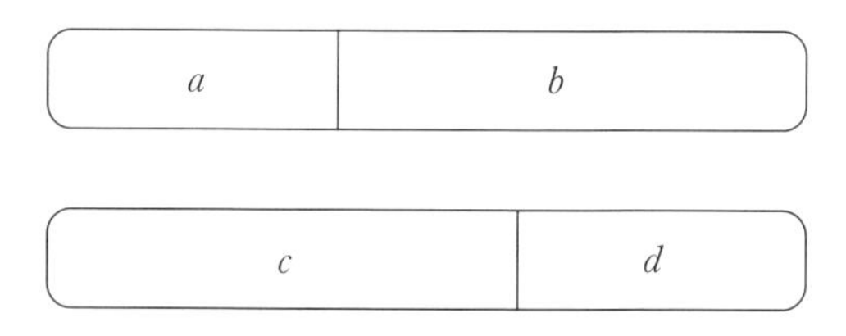

b는 269, d는 126이므로 $a+c$는 387입니다. 한편 전체 동물의 수는 $a+b$ 또는 $c+d$이며 $a+b+c+d$는 $(269+126+387=782)$는 전체 동물의 두배입니다.

따라서 $\frac{a+b+c+d}{2}=\frac{782}{2}=391$종

04

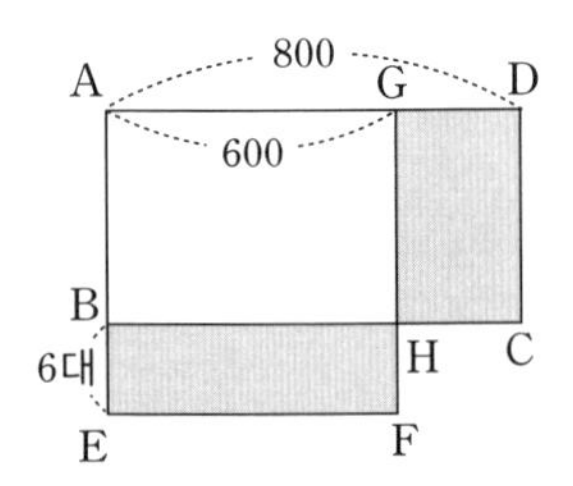

그림을 참조하면 전체 화물의 무게는 사각형 ABCD의 넓이 또는 사각형 AEFG의 넓이와 같습니다. 한편 색칠되어 있는 BEFH와 GHCD의 넓이는 같아야 합니다.

$BEFH=6\times600=GH\times GD=GH\times200$이므로 GH의 길이는 18이 됩니다. 따라서 사각형 ABCD의 넓이는 $800\times18=14400$이 되고 이것이 전체 화물의 무게입니다.

05 그림에서

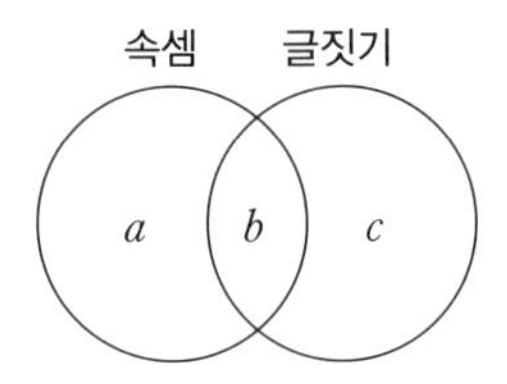

속셈에 참가한 학생은 $a+b=25$, 글짓기에 참가한 학생은 $b+c=23$, 모두 참가한 학생 $b=6$이므로 $a=25-b=19$, $c=23-b=17$입니다.
한편 이 학급의 학생 수는 $a+b+c$이므로 $19+6+17=42$명입니다.

06 그림에서

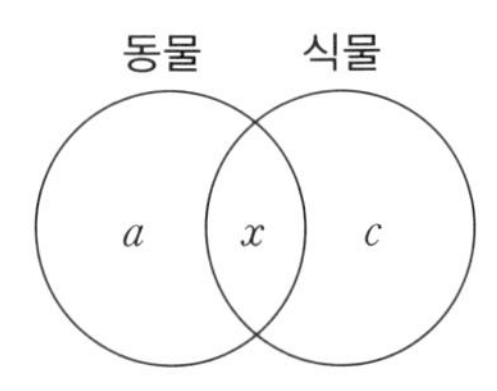

$a+x+c$는 전체 생물반 학생수인 46명이고 동물은 $a+x=27$명, 식물은 $x+c=35$입니다.

$(a+x)+(x+c)=a+x+c+x=46+x=27+35=62$

따라서 $x=62-46=16$명입니다.

연습문제 07-2

01 ㉠=㉡+14, ㉢=㉡−5이고 ㉠+㉡+㉢=168이므로,

㉠+㉡+㉢=㉡+14+㉡+㉡−5=3㉡+9=168

따라서 ㉡=53이고 ㉠은 67, ㉢은 48입니다.

02 800상자를 수송 했을 때, 수송비는 각 상자당 12000원이므로 800×12000을 받아야 하지만 6800000을 받았으므로 $800\times12000-680000=2800000$원을 받지 못한 결과입니다.

한편 한상자 파손시 12000원을 받지 못하고 오히려 28000원을 배상해야 하므로 실제 손해는 $12000+28000=40000$원이 손해이므로 전체 손해액인 2800000원을 1개당 손해액인 40000원으로 나누면 $\frac{2800000}{40000}=70$상자를 파손했다는 것을 알 수 있습니다.

03 학생수는 변하지 않습니다. 한편 학생수의 변화는 3명이 남는 것에서 7명이 남는 것이므로 $3+7$의 변화가 생겼고 그 이유는 보트에 태우려는 차이 $7-5$에서 생기는 것이므로 보트수는 $\frac{3+7}{7-5}=5$척이고 학생수는 $5\times5+3=28$명입니다.

04 소설책이 그림책보다 평균 2000원이 싸기 때문에 소설책 각 권당 2000원씩을 붙여 주면 그림책 가격이 됩니다.

소설책이 50권 있으므로 35만원에다가 $2000\times50=100000$을 더해주면 그림책 $40+50$권의 가격이 되므로 그림책 90권이 $350000+100000=450000$이므로 그림책 한권의 가격은 $\frac{450000}{90}=5000$원이고 소설책은 $5000-2000=3000$원입니다.

연습문제 07-3

01 핸드볼공 6개와 농구공 8개를 합하면 312000원이고 핸드볼공 5개는 농구공 2개와 가격이 같습니다.

따라서 농구공 8개의 가격은 핸드볼공 20개의 가격과 같으므로 핸드볼공 6개와 농구공 8개의 합은 핸드볼공 26개의 가격과 같습니다.

따라서 핸드볼공 26개 312000원이므로 핸드볼공 하나의 가격은

$\frac{312000}{26}=12000$이고 농구공의 가격은 핸드볼공 5개의 가격을 2로 나누면 됩니다.

따라서 농구공의 가격은 $12000\times\frac{3}{2}=30000$

02 아버지 체중 $=2\times$ 아들 체중 $+28$

따라서 아버지 체중 $+$ 아들 체중 $=2\times$ 아들 체중 $+28+$ 아들 체중

$=3\times$ 아들 체중 $+28=127$

따라서 아들 체중 $=\frac{127-28}{3}=33$, 아버지 체중 $=2\times33+28=94$

연습문제 07-4

01 식을 세워 보면

A 트랙터 : $3000\times$(밭 갈이)$+6\times$(감자 나르기)$=360$ ……①

B 트랙터 : $4500\times$(밭 갈이)$+6\times$(감자 나르기)$=510$ ……②

②－①을 하면

$1500\times$(밭 갈이)$=150$ 따라서 밭 $1m^2$를 가는데 걸리는 시간은 $\frac{1}{10}$분입니다.

따라서 $100m^2$를 가는데 걸리는 시간은 $100\times\frac{1}{10}=10$분,

한편 $3000+\frac{1}{10}+6\times=$(감자 나르기)$=360$이므로

감자 나르기 역시 10분이 걸립니다.

02 식을 세워 보면

미정이네 학교 : 농구공$\times2+$배구공$\times4=128000$ ……①

미형이네 학교 : 농구공$\times6+$배구공$\times21=564000$ ……②

②－①$\times3$을 하면, 배구공$\times9=180000$

따라서 배구공 한 개 가격은 $\frac{180000}{9}=20000$,

농구공 한 개 가격은 24000원입니다.

03 책의 개수는 일정합니다.

책의 개수 차이는 $9+6=15$이고 이 차이는 나누어 주는 차이 $7-4=3$에서 오는 것이므로 친구의 수는 $\frac{9+6}{7-4}=5$명이고 책의 개수는 $4\times5+9=29$권입니다.

연습문제 07-5

01 15

$\{(\text{어떤수})+4-5\}\times 6\div 7=12$이므로

7을 양변에 곱하면, $\{(\text{어떤수})+4-5\}\times 6=84$

6을 양변에 나누면, $\{(\text{어떤수})+4-5\}=14$

5를 양변에 더하면, $(\text{어떤수})+4=19$

4를 양변에 빼면, $(\text{어떤수})=15$

02 다음 그림을 참고 해보면

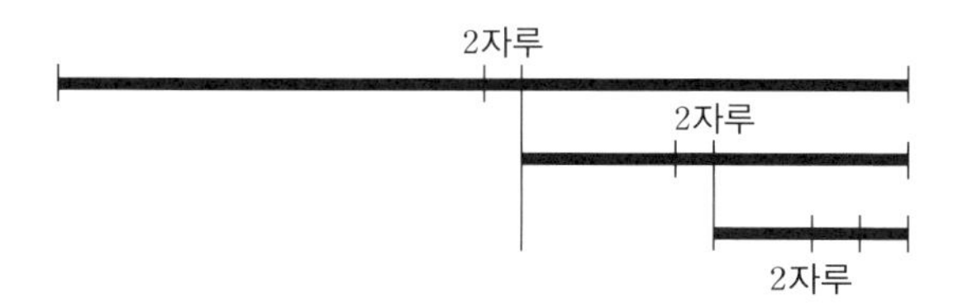

셋째 날에 2자루+2자루가 나머지의 절반이므로 셋째 날 남은 것은 8자루

8자루에 2자루를 더한 것이 둘째 날 남은 것의 절반이므로 둘째 날 남은 것은 20자루

20자루에 2자루를 더한 것이 첫째 날의 절반이므로 첫째 날 즉 전체 개수는 $22\times 2=44$자루

따라서 44자루가 220만원이므로 한자루의 가격은 $\frac{220\text{만}}{44\text{자루}}=5$만원

03 다음 그림을 참고 해보면

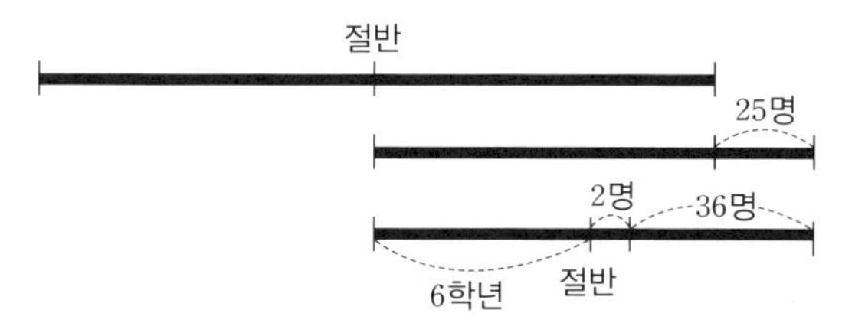

현재 특별활동반 인원수는 2+36명이 절반이므로 76명이 있습니다.

76명 중 25명이 올해 새로 들어온 학생이므로 작년에 있던 학생은 $76-25=51$명입니다.

이 51명이 작년 학생의 절반이므로 작년의 특별활동반 학생의 수는 $51\times 2=102$명입니다.

연습문제 07-6

01 모두 열거하여 표를 만들면 다음과 같습니다.

1000원	500원	100원
1개	1개	3개
1개	0개	8개
0개	3개	3개
0개	2개	8개

따라서 4가지 있습니다.

02 현재 72명이 세 개 조에 똑같이 있으므로 각각 $\frac{72}{3}=24$명씩 있습니다.

이것을 역으로 거슬러 올라가면 원래의 각조의 인원수를 구할 수 있습니다.

표를 만들면 다음과 같습니다.

	1조	2조	3조
현재	24	24	24
3조에서 보내기 전	12	24	36
2조에서 보내기 전	12	42	18
1조에서 보내기 전	33	21	18

따라서 원래 각조의 인원수는 1조 33명, 2조 21명, 3조 18명입니다.

연습문제 08-1

01 5일간 평균 125벌씩 만들었으므로 5일간 만든 신사복은 $5 \times 125 = 625$벌입니다.

6일간 평균은 127벌이므로 6일동안 만든 신사복은 $6 \times 127 = 762$입니다.

따라서 6일날 만든 신사복은 6일간 만든 신사복에서 5일간 만든 신사복의 개수를 빼면 되므로 $762 - 625 = 137$벌입니다.

02 국어, 사회, 수학 3과목의 평균이 87점이므로 세과목의 총점은 $3 \times 87 = 261$점입니다. 5과목의 평균은 89점이므로 5과목의 총점은 $5 \times 89 = 445$입니다.

5과목의 점수는 세과목의 총점에다가 자연과 체육을 더한 것이므로 자연과 체육 점수의 합은 $445 - 261 = 184$점입니다.

한편, 자연 점수가 체육 점수보다 12점이나 적으므로 체육 점수는 자연 점수에다가 12점을 더한 것과 같습니다. 따라서 자연 점수와 체육 점수의 합은 자연 점수의 두 배에다가 12점을 더한 것과 같고 이것이 184점이므로 $184-12=172$점이 바로 자연 점수의 두배입니다. 따라서 자연 점수는 $\frac{172}{2}=80$점입니다.

03 선희, 보라, 성실이가 가진 딸기의 개수는 모두 같으므로 각자 가진 딸기의 3배에다가 10개씩 먹은 후 즉, 합하여 30개를 먹고 나니 한사람이 가진 딸기의 개수밖에 안되므로 먹기 전과 먹은 후의 차이가 3배에서 1배를 뺀 2배의 딸기 개수이고 먹은 개수가 30개이므로 1사람이 가진 딸기는 30의 절반인 15개입니다.
따라서 각자 15개씩 가지고 있었으므로 처음에 딴 딸기의 개수는 $15\times3=45$개입니다.

04 갑, 을, 병 아저씨가 평균 72개를 조립하였으므로 갑, 을, 병을 합하면 $72\times3=216$개입니다. 을, 병, 정 아저씨도 평균 78개를 조립하였으므로 을, 병, 정을 합하면 $78\times3=234$개입니다.
정아저씨가 84개를 조립하였으므로 을과 병아저씨가 조립한 것은 $234-84=150$개이고, 갑 아저씨가 조립한 것은 갑, 을, 병을 합한 것에서 을과 병 아저씨가 조립한 것을 빼면 되므로 $216-15-66$개입니다.

05 5대로 8시간 만에 96톤을 만들 수 있으므로 5대로 1시간만에 $\frac{96}{8}=12$톤을 만들 수 있습니다. 그리고 1대로 1시간만에 $\frac{12}{5}=2.4$톤을 만들 수 있습니다. 원래 5대에서 기계3대를 증가시켰으므로 전체 8대가 있으므로 8대로 1시간 동안 $2.4\times8=19.2$톤을 만들 수 있습니다. 따라서 8대를 가지고 115.2톤을 만들기 위해서는 $\frac{115.2}{19.2}=6$시간이 걸립니다.

06 사람 20명이 5시간 동안 500kg을 딸 수 있으므로 20명이 1시간 동안 $\frac{500}{5}=100$kg을 딸 수 있습니다.
따라서 100명이 1시간 동안에는 $100\times5=500$kg을 딸 수 있으므로 100명이 6시간 동안 딴 양은 $500\times6=3000$kg입니다. 기계 1대가 1시간 동안 250kg을 딸 수 있으므로 기계 1대가 3000kg을 따기 위해서는 $\frac{3000}{250}=12$시간이 걸립니다.

07 예제 7번과 같은 원형인 식수이므로 $190\div10=19$m 간격마다 화단의 처음 부분이 나옵니다. 그러나 화단의 길이가 9m이므로 화단과 화단 사이의 간격은 $19-9=10$m가 됩니다.

08 다음 그림과 같이 갑에서 을까지 2시간에 걸쳐 가는 버스와 을에서 갑까지 30분 간격으로 오는 버스를 각각 사선으로 그렸을 때, 직선들의 교점의 개수가 버스가 만나는 횟수가 됩니다. 교점의 개수가 7개이므로 7대의 버스를 만날 수 있습니다.

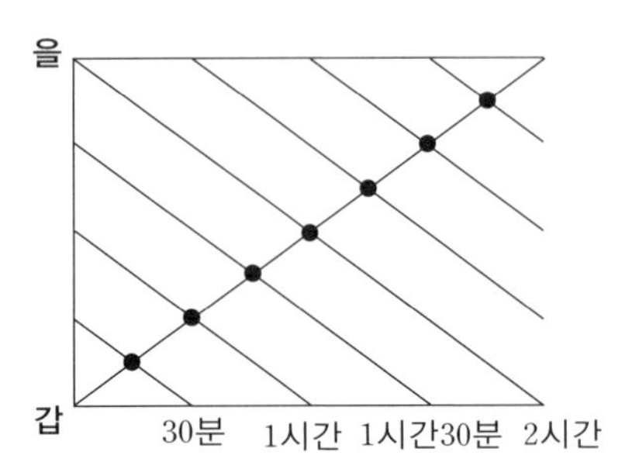

09 그림과 같이 심으면 같은 간격으로 한 줄에 3그루씩 8줄이 되도록 9그루를 심을 수 있습니다.

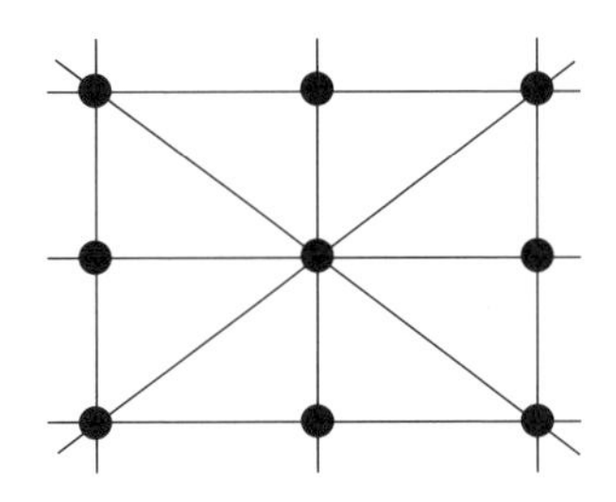

연습문제 08-2

01 올해는 작년의 3배이므로 올해와 작년의 차이는 작년의 2배가 됩니다. 그런데 그 차이는 2500마리를 더 길러서 생긴 것이므로 작년에 기른 마리수는 $\frac{2500}{2}=1250$마리가 됩니다. 올해는 작년 보다 2500마리가 더 많으므로 올해는 $1250+2500=3750$마리입니다.

02 첫째 광주리의 무게가 둘째 광주리의 무게의 3배이므로 둘을 합치면 둘째 광주리 무게의 4배가 되는 것을 알 수 있습니다. 따라서 둘째 광주리의 무게는

$\frac{88}{4}=22$kg이고 첫째 광주리의 무게는 $22\times3=66$kg입니다.

둘째 광주리의 무게는 전체의 $\frac{1}{4}$이므로 가격 역시 $\frac{1}{4}$이 되어

$123200\times\frac{1}{4}=30800$원이 되고 첫째 광주리의 가격은 무게가 둘째 광주리의 3배이므로 가격도 3배가 되어 $30800\times3=92400$원입니다.

03 갑이 을보다 29가 더 크므로 갑=을+29, 병이 을보다 36이 작으므로 병=을−36
따라서 갑+을+병=을+29+을+을−36=3×을−7=458

따라서 을은 $\frac{458+7}{3}$=155이고 갑은 155+29=184이고,

병은 155−36=119입니다.

04 ㄱ광주리와 ㄴ광주리의 무게는 ㄴ광주리의 2배 차이가 납니다. 한편 ㄱ에서 30kg을 꺼내면 ㄱ은 30kg이 줄어들고 ㄴ은 30kg이 늘어나므로 둘의 차이는 60kg이 되는데 이것이 ㄴ광주리의 2배이므로 ㄴ광주리의 무게는 $\frac{60}{2}$=30kg 이고 ㄱ광주리는 이것의 3배인 30×3=90kg입니다.

05 두 수를 각각 A, B라고 하고 A를 B로 나눈 몫이 3이고 나머지가 4라고 하면 검산식으로 나타내면 A=B×3+4라고 나타낼 수 있습니다.
이때, 나눠지는 수(A)+나누는 수(B)+몫(3)+나머지(4)의 합이 43이므로 A+B=43−7=36이 됩니다.
A+B=36이므로 A=36−B가 되고 A=B×3+4에서 36−B=B×3+4 가 되므로 따라서 32=4×B, B=8이 되고 A=36−8=28이 됩니다.

연습문제 08-3

01 객차의 속력이 화물차 속력의 1.25배이므로 객차와 화물차의 속력 차이는 화물차 속력의 1.25−1=0.25배입니다. 이 속력 차이 때문에 4시간 동안 40km의 차이가 났으므로 화물차의 속력×0.254×4시간=40km이고 화물차의 속력은 시속 40km가 되고 객차의 속력은 40×1.25=50km입니다. 객차는 4시간 동안 중간지점에서 끝까지 도착하였으므로 중간지점에서 끝까지의 거리는 50×4=200km이고 이것이 A, B 두 지점 사이의 거리의 절반이므로 A, B 두 지점 사이의 거리는 200×2=400km입니다.

02 갑과 을은 1시간(60분) 동안 각각 4800m, 4200m을 걸을 수 있으므로 1분 동안은 각각 $\frac{4800}{60}$=80m, $\frac{4200}{60}$=70m씩 걸을 수 있습니다. 갑이 떠난 후 25분 후에 을이 떠났으므로 을이 떠나는 시간 동안 갑은 25×80=2000m를 이미 걸었으므로 갑과 을의 거리는 17000−2000=15000m입니다.
갑과 을은 합쳐서 1분에 80+70=150m씩 걸을 수 있으므로 둘이 만나는데 까지 걸리는 시간은 $\frac{15000}{150}$=100분이 걸립니다.

03 둘이 출발하여 만나는데 까지 이동한 거리는 다음 그림과 같습니다.

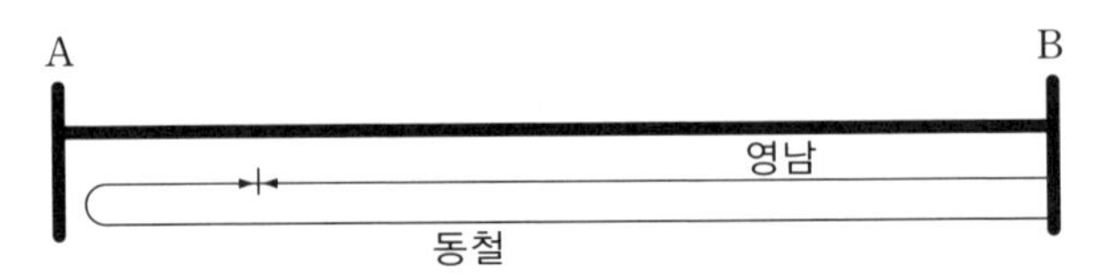

따라서 영남이와 동철이가 만날 때 까지 걸어간 거리의 합은 AB사이의 거리의 2배인 $900 \times 2 = 1800$m와 같고 둘이 1분 동안 이동한 거리의 합은 $80 + 100 = 180$m이므로 둘이 만나는데 까지 걸린 시간은 $\frac{1800}{180} = 10$분입니다.

04 처음 두 기선 사이의 거리는 654km이고 8시간 동안 갑은 시간당 15km를 가기 때문에 $8 \times 15 = 120$km를 움직였습니다. 한편 을은 갑으로부터 390km 떨어져 있으므로 을은 갑이 출발한 부두로부터 $120 + 390 = 510$km 떨어져 있는 것이고 을 자신이 출발한 부두로부터는 $654 - 510 = 144$km 떨어져 있는 것이므로 을은 8시간 동안 144km를 이동하였습니다.

따라서 을은 매시간 $\frac{144}{8} = 18$km를 이동합니다.

05 화물열차가 먼저 출발하고 여객열차가 따라 오게 되는데 여객열차의 속력이 더 빠르기 때문에 화물 열차는 여객열차에게 언젠가 따라 잡히게 됩니다. 문제에서 규정이 두 열차 사이의 거리가 10km이하가 되면 안된다 하였으므로 여객열차가 화물열차의 10km 뒤쪽에 오게 되면 화물열차는 여객열차가 통과하기를 기다려야 합니다. 즉, 여객열차가 화물열차의 2시간 후에 출발하여 화물열차와의 거리가 10km가 될 때 까지 걸린 시간이 얼마인지를 구하는 문제입니다.
화물 열차는 여객열차보다 2시간 일찍 출발 하였으므로 화물열차는 여객열차 보다 $50 \times 2 = 100$km 앞서 있습니다. 한편 두 열차 사이의 거리가 10km이하가 되면 안되므로 둘 사이의 거리는 앞으로 $100 - 10 = 90$km만 좁혀지면 되고 두 열차 사이의 좁혀지는 거리는 매시간 두 열차의 속력 차이인 $80 - 50 = 30$km만큼 좁혀지므로 화물열차의 10km 뒤쪽에 여객열차가 오는데 걸리는 시간은 여객열차가 출발한지 $\frac{90}{30} = 3$시간 후입니다.
따라서 이 시간은 화물열차가 출발한지는 $3 + 2 = 5$시간 이후입니다.

06 해군 순찰선과 해적선 사이의 거리는 처음에 6km였으며 11분만에 그 차이가 500m까지 좁혀 졌으므로 11분 동안 $600 - 500 = 5500$m의 거리가 좁혀진 것입니다. 따라서 해군 순찰선은 해적선보다 매 분당 $\frac{5500}{11} = 500$m가 더 빠릅니다.

07 을이 매 시간 22톤을 운반하므로 을은 4시간 동안 $22\times4=88$톤을 운반하였고 갑과 을이 4시간동안 160톤을 운반하였으므로 갑은 4시간 동안 $160-88=72$톤을 운반하였습니다. 따라서 갑은 매시간 $\frac{72}{4}=18$톤을 운반할 수 있습니다.

08 A조와 B조는 합하여 매일 $500+600=1100$m를 포장할 수 있다. A조가 단독으로 6일간 포장하였으므로 남은 길은 $69000-500\times6=66000$m가 남았습니다. 따라서 A조와 B조가 합하여 $\frac{66000}{1100}=60$일 동안 포장을 하면 모두 포장할 수 있습니다.

09 갑과 을이 같은 작업능률을 가지고 있으므로 하루에 만드는 개수는 같습니다. 따라서 하루에 만드는 개수는 갑이 만든 개수인 16500개와 을이 만든 개수인 22500개의 공약수가 되어야 합니다. 두 수의 공약수는 최대공약수의 약수입니다. 한편 두 사람의 공정을 합한 것이 26개의 공정이므로 두 사람이 만든 개수의 합은 26의 배수가 되어야 합니다.

$16500+22500=39000=26\times1500$이고 $16500=11\times1500$, $22500=15\times1500$이므로 각각 하루에 1500개씩 갑은 11일 동안 을은 15일 동안 만들었다는 것을 알 수 있습니다.

연습문제 08-4

01 아버지의 나이가 정민이 나이의 5배이므로 아버지와 정민이의 나이차이는 정민이 나이 차이의 $5-1=4$배입니다. 따라서 정민이 나이의 4배가 28살 차이이므로 정민이의 나이는 $\frac{28}{4}=7$살이고 아버지의 나이는 $7\times5=35$살입니다.

02 5년 후 형님도 5살이 많아지고 동생도 5살이 많아지므로 둘의 나이의 합은 현재보다 10살이 많아지므로 5년후 동생과 형의 나이의 합은 $41+5+5=51$살이 됩니다. 이때, 형의 나이는 동생의 나이의 2배이므로 둘의 나이의 합은 동생의 나이의 3배가 됩니다. 따라서 5년 후의 동생의 나이는 $\frac{51}{3}=17$살이고 현재 동생의 나이는 $17-5=12$살이 됩니다. 한편 현재 형의 나이는 $41-12=29$살입니다.

03 몇 해 전 어머니의 나이가 딸의 나이의 4배였으므로 어머니의 나이와 딸의 나이의 차이는 딸의 나이의 3배였습니다. 한편 해가 지나도 나이차이는 변하지 않으므로 어머니와 딸의 나이 차이는 항상 $52-25=27$세가 됩니다. 몇 해 전 27세 차이가 바로 딸의 나이의 3배였으므로 몇 해 전 딸의 나이는 $\frac{27}{3}=9$살이었고 1990년에 딸의 나이가 25세였으므로 그 해는 1990년보다 $25-9=16$년 전이었으므로 그 해는 $1990-16=1974$년이었습니다.

04 아버지의 나이와 어머니의 나이가 같고 각각 나의 4배이므로 모두를 합한 나이는 나의 나이의 $4+4+1=9$배가 됩니다. 따라서 나의 나이는 $\frac{72}{9}=8$살이고 아버지와 어머니의 나이는 $8\times4=32$세로 같습니다.

05 길동이 집의 6식구의 평균 나이가 40세이므로 길동이집 6식구 나이의 총합은 $6\times40=240$세입니다. 길동이가 11살이고 할아버지와 길동이의 합이 80이므로 할아버지는 $80-11=69$세이고 할머니는 할아버지보다 2살이 어리므로 $69-2=67$세입니다. 길동이의 누나는 길동이보다 2살이 많으므로 $11+2=13$세입니다. 남은 식구인 아버지와 어머니의 나이의 합은 전체 나이의 총합에서 할아버지, 할머니, 누나, 길동이의 나이를 빼면 되므로 아버지와 어머니의 나이의 합은 $240-69-67-13-11=80$입니다.
한편 아버지의 나이는 어머니의 나이보다 2살이 많으므로 80에서 2를 빼면 어머니의 나이의 두배와 같습니다. 따라서 어머니의 나이는 $\frac{80-2}{2}=39$세,
아버지의 나이는 $39+2=41$세입니다. 따라서 길동이 가족들의 나이는
할아버지 69, 할머니 67, 아버지 41, 어머니 39, 누나 13, 길동이 11세입니다.

연습문제 09-1

01 $11x+42-2x=100x-9x-22$
$9x+42=78-9x$
$18x=78-42=36$
$x=\frac{36}{18}=2$

02 $8x+3+2x+1=7x+6-5x$
$10x-2=2x+6$
$10x-2x=6+2=8$
$8x=8$
$x=\frac{8}{8}=1$

03 $5(2x-3)=3(x+2)$
$10x-15=3x+6$
$10x-3x=6+15$
$7x=21$
$x=\frac{21}{7}=3$

04 $15-(7-5x)=2x+(11-3x)$

$15-7+5x=11-x$

$5x+8=11-x$

$5x+x=11-8$

$6x=3$

$x=\frac{3}{6}=\frac{1}{2}$

05 $2(5x-9)=2x-2$

$10x-18=2x-2$

$10x-2x=18-2$

$8x=16$

$x=\frac{16}{8}=2$

06 $95\div(2x-3)=5$

$95=5(2x-3)$

$95=10x-15$

$95+15=10x$

$x=\frac{110}{10}=11$

연습문제 09-2

01 1반은 1시간 동안, 2반은 2시간 동안 걸었으므로 1반은 4km, 2반은 $3\times2=6$km로 2반이 2km 앞서 있습니다. 따라서 1반이 2반을 따라잡는 시간을 x라고 한다면 x시간 동안 2반은 $3x$만큼 이동하였고 1반은 2반이 이동한 $3x$에다가 2km를 더 가야 따라 잡을 수 있으므로 $3x+2$km가 1반이 x시간 동안 이동한 $4x$와 같아야 합니다. 따라서 $4x=3x+2$이므로 $x=2$시간이 지나면 따라 잡을 수 있습니다.

02 매일 두 조가 수선하는 길의 차이는 $1.6-1.4=0.2$km만큼의 차이가 납니다. 그 차이가 4km이므로 1, 2조가 수선한 기간은 $\frac{4}{0.2}=20$일이고 하루에 두 조가 합하여 $1.6+1.4=3$km를 보수하므로 이 도로의 길이는 $3\times20=60$km입니다.

03 정각에 도착하기 위해 걸어야 하는 시간을 x분이라고 하면 매분 60m씩 $x+6$분 동안 걸어가는 거리와 매분 80m씩 $x-3$분 동안 걸어가는 거리가 모두 집에서 학교까지의 거리이므로 두 거리는 같습니다. 따라서 $60\times(x+6)=80\times(x-3)$이고 따라서 $x=30$분이고 학교까지의 거리는 $60\times(30+6)=2160$m입니다.

04 ㄴ광주리에서 5kg을 꺼내어 ㄱ 광주리에 넣으면 무게가 같아지므로 ㄴ광주리는 ㄱ 광주리 보다 10kg이 더 많습니다. 따라서 ㄱ 광주리의 무게를 x라고 하면 ㄴ광주리의 무게는 $x+10$이 됩니다. 한편 ㄱ 광주리에서 5kg을 꺼내면 $x-5$가 되고 이것을 ㄴ광주리에 넣으면 ㄴ광주리의 무게는 $x+10+5=x+15$가 되는데 이것이 ㄱ 광주리의 무게의 2배가 되므로 $x+15=2(x-5)$입니다. 따라서 $x=25$이므로 ㄱ 광주리의 무게는 25, ㄴ광주리의 무게는 35가 됩니다.

05 거북이가 x마리 있다고 하면 학은 $53-x$마리가 있습니다(모든 동물은 머리가 1개이므로 머리의 수가 바로 동물의 수가 됩니다). 한편 거북이는 다리가 4개, 학은 다리가 2개 있으므로 거북이 다리의 총합은 $4x$, 학 다리의 총합은 $2\times(53-x)$가 되고 다리의 합이 180이므로 $4x+2(53-x)=180$ 따라서 $x=37$이므로 거북이는 37마리 학은 16마리가 있습니다.

06 천원짜리가 x장 있다고 한다면 5천원 짜리는 $25-x$장 있습니다. 이때 합이 73000원이므로 $1000x+5000(25-x)=73000$ 따라서 $x=13$이므로 천원짜리는 13장, 5천원짜리는 12장 있습니다.

07 갑이 집에 돌아와서 다시 출발하기까지 2시간이 지났고 2시간 동안 을은 $10\times2=20$km를 앞서 있습니다. 갑이 을을 따라 잡는데 걸리는 시간을 x라고 하면 x시간 동안 갑이 가는 거리 $14x$는 을이 x시간 동안 이동하는 거리 $10x$보다 20km를 더 가야 따라 잡을 수 있으므로 $14x=10x+20$, 따라서 $x=5$이므로 5시간 후에 을을 따라 잡을 수 있습니다.

08 정각까지 걸리는 시간을 x라고 할 때, 매분 60m씩 걷을 때 걸린 시간은 $x-10$분이 걸리므로 $60\times(x-10)$만큼을 걸어야 하고, 매분 50m씩 걸을 때, 걸린 시간은 $x-8$분이므로 걸어간 거리는 $50\times(x-8)$인데 이 두 개의 식이 모두 집에서 학교까지의 거리이므로 같아야 합니다. 따라서 $60(x-10)=50(x-8)$, $x=20$이므로 정각보다 20분 일찍 즉, 7시 40분에 출발하면 정확하게 도착할 수 있습니다.

09 그 세 자리 수를 $\overline{\text{ABC}}$라고 합니다. 십의 자리수인 B가 백의 자리수인 A보다 3이 크므로 $\text{B}=\text{A}+3$ 또는 $\text{A}=\text{B}-3$입니다. 일의 자리수인 C는 십의 자리수보다 4가 작으므로 $\text{C}=\text{B}-4$입니다.

각 자리 숫자의 합은 $\text{A}+\text{B}+\text{C}=\text{B}-3+\text{B}+\text{B}-4=3\text{B}-7$이고 이것이 십의 자리수 B의 2배이므로 $3\text{B}-7=2\text{B}$, 따라서 $\text{B}=7$ 이고 $\text{A}=4$, $\text{C}=3$이므로 세 자리수는 473입니다.

10 생략

연습문제 09-3

01 (1) $2x+6y=14$는 $x+3y=7$과 같으므로

$y=\frac{7-x}{3}$ 즉, $7-x$가 3의 배수가 되는 자연수 x, y쌍을 찾아 나열합니다.

$(x, y)=(1, 2), (4, 1)$

(2) $5x+4y=9$이므로 $x=\frac{9-4y}{5}$ 즉, $9-4y$가 5의 배수가 되는 자연수 x, y쌍을 찾아 나열합니다. $(x, y)=(1, 1)$

(3) $x=\frac{15-y}{4}$ 즉, $15-y$가 4의 배수가 되는 자연수 x, y쌍을 찾아 나열합니다.

$(x, y)=(1, 11), (2, 7), (3, 3)$

(4) $2x-3y=4$와 같으므로 $y=\frac{2x-4}{3}$ 즉, $2x-4$가 3의 배수가 되는 자연수 x, y쌍을 찾아 나열합니다.

$(x, y)=(5, 2), (8, 4), (11, 6), \cdots, (3k+2, 2k)$인 무수히 많은 자연수 (단, k는 자연수)

02 귀뚜라미의 개수를 x, 거미의 개수를 y라고 하면 다리의 개수는 귀뚜라미 다리 6개, 거미 다리 8개에 합이 46개이므로 $6x+8y=46$인 부정방정식을 세울 수 있습니다.

$6x+8y=46$은 $3x+4y=23$과 같으므로 $y=\frac{23-3x}{4}$, 즉, $23-3x$가 4의 배수가 되는 자연수 x, y쌍을 찾아 나열하면 $(x, y)=(5, 2), (1, 5)$

따라서 귀뚜라미 5마리 거미 2마리 또는 귀뚜라미 1마리 거미 5마리입니다.

03 3미터 짜리 x개, 5미터 짜리 y개라 하면 $3x+5y=41$이 되어야 하므로

$y=\frac{41-3x}{5}$ 즉, $41-3x$가 5의 배수가 되는 자연수 x, y쌍을 찾아 나열하면

$(x, y)=(2, 7), (7, 4), (12, 1)$의 3가지가 나올 수 있습니다.

04 그 몫과 나머지를 a라고 하고 검산식을 써보면 그 두 자리수는 $7a+a$가 되어야 한다. 따라서 그 두자리 수는 $7a+a=8a$가 되어야 하고 a는 7로 나눈 나머지도 되어야 하므로 0, 1, 2, 3, 4, 5, 6 중의 하나이어야 합니다. 그리고 $8a$가 두 자리 수가 되어야 하므로 이 것을 만족하는 a값은 2, 3, 4, 5, 6이고 이때 그 두 자리수는 16, 24, 32, 40, 48이 될 수 있습니다.

연습문제 10

01 선분의 개수는 1개짜리 작은 선분 몇 조각으로 쪼개져 있는지를 먼저 생각합니다.

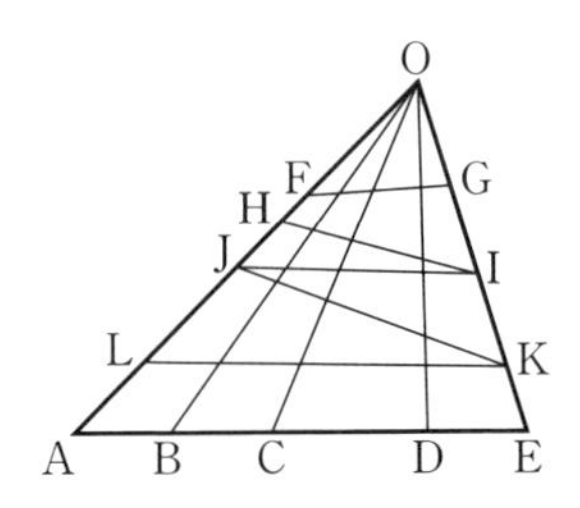

위 그림에서 4개의 조각으로 구성된 선분이 7개

(FG, HI, IJ, JK, LK, AE, OE)

5개의 조각으로 구성된 선분이 1개 (OA)

6개의 조각으로 구성된 선분이 3개 (OB, OC, OD)이므로 전체 선분의 개수는

$7\times(4+3+2+1)+1\times(5+4+3+2+1)+3\times(6+5+4+3+2+1)$

$=148$개입니다.

02 (1) 예제 2번과 같은 방법으로

$2\times(7-1)+3\times(7-2)\times2+4\times(7-3)\times3+5\times(7-4)\times4$

$+6\times(7-5)\times5+7\times(7-6)\times6=252$

(2) $252\times2-27=477$

03 원래 선분의 길이를 l이라고 하면

$\frac{l}{4}\times\{(5-1)+(5-2)\times2+(5-3)\times3+(5-4)\times4\}=100$, 따라서 $l=20$

04 예제 2, 5번과 같은 방법으로

$20^\circ\times(5-1)+30^\circ\times(5-2)\times2+\angle3\times(5-3)\times3+60^\circ\times(5-4)\times4=650^\circ$

따라서 $\angle3=25^\circ$

05 h시 m분에서 시침과 분침의 각도는 $|30h-5.5m|$과 같습니다.

10시 10분이므로 $|30\times10-5.5\times10|=|300-55|=245^\circ$

한편 245°는 180°보다 크기 때문에 360°에서 빼주면 $360^\circ-245^\circ=115^\circ$가 됩니다.

06 4시 반 이후이므로 분침이 시침보다 더 많이 돌아가 있습니다.

$5.5m-30\times4=100^\circ$이므로 $m=\frac{220}{5.5}=\frac{440}{11}=40$ 따라서 4시 40분입니다.

07~08 생략

연습문제 11-1

01 가로의 길이와 세로의 길이가 각각 같고 갑과 을의 경계선은 갑과 을이 공통으로 가지고 있으므로 갑과 을의 둘레의 길이는 같습니다.

02 그림의 다변형에서 둘레의 길이는 직사각형으로 생각했을 때의 둘레의 길이와 같습니다. 따라서 둘레의 길이는 $2\times(10+5)=30$입니다.

03 길이가 100이고 폭이 $100-40=60$이므로 둘레의 길이는 $2\times(100+60)=320$m이고 넓이는 $100\times60=6000\text{m}^2$입니다.

04 직사각형 1개와 정사각형 몇 개가 있어야 하는가를 물어 보는 문제로써 한변의 길이가 12인 정사각형의 넓이는 $12^2=144$이고 여기서 직사각형의 넓이 $8\times4=32$를 빼면 112가 됩니다. 한변의 길이가 4인 정사각형의 넓이는 16이므로 정사각형은 $\frac{112}{16}=7$개 있으면 만들 수 있습니다.
(다음 그림과 같이 만들 수도 있습니다.)

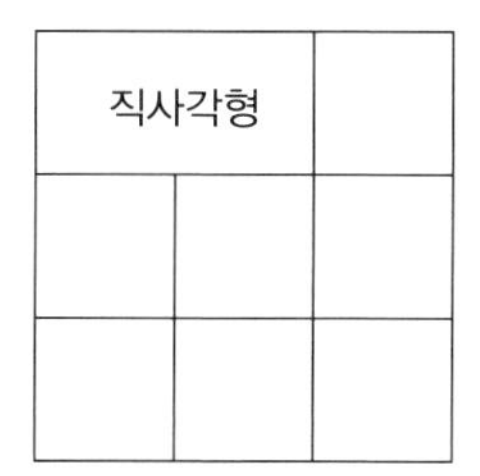

05 한변의 길이가 16인 정사각형의 넓이에다가 넓이가 4인 정사각형을 빼면 4개의 직사각형의 넓이가 되므로 직사각형의 넓이는 $\frac{16^2-4}{4}=\frac{252}{4}=63$, 한편 직사각형의 가로와 세로의 합이 16이 되고 그 곱은 63이 되어야 하므로 가로와 세로의 길이는 각각 7과 9가 되면 합이 16이고 곱이 63이 됩니다.

06 $S_1 : S_2=S_3 : S_4$의 넓이 비가 같아야 하므로 $S_4=\frac{S_2\cdot S_3}{S_1}=\frac{200\times150}{400}=75$ 입니다.

07 다음 그림과 같이 그릴 수 있습니다.

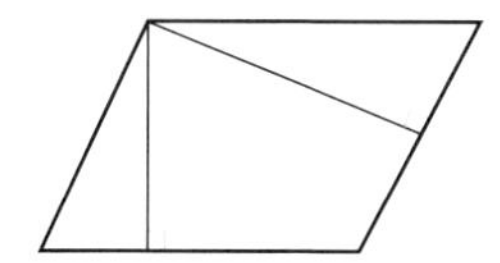
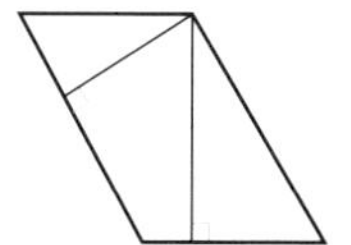
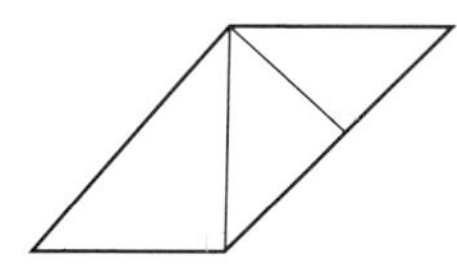

08 밑변의 길이와 높이가 같으므로 두 평행사변형의 넓이는 $15 \times 24 = 360cm^2$로 같습니다.

09 두 정수의 곱이 24가 되도록 구해보면 됩니다. (24의 약수들을 구해서 생각해면 쉽게 구할 수 있습니다.)

24의 약수는 {1, 2, 3, 4, 6, 8, 12, 24}이므로

(1, 24), (2, 12), (3, 8), (4, 6), (6, 4), (8, 3), (12, 2), (24, 1)과 같이 8가지가 가능합니다.

10 어느 쪽을 밑변으로 구하든지 넓이는 같아야 하므로 밑변을 15로 보았을 때의 높이를 h라고 하면 $12 \times 30 = 15 \times h$와 같이 식을 세울 수 있습니다.

따라서 $h = 24$

연습문제 11-2

01 첫 번째 그림 : 왼쪽 부분 삼각형은 정삼각형 오른쪽 부분 삼각형은 이등변삼각형이므로 밑각의 크기가 같습니다. 따라서 밑각이 $\angle 1$로 같고 삼각형의 외각의 크기는 두 내각의 합과 같고 그 외각이 정삼각형의 한 내각이 되므로 $2 \times \angle 1 = 60°$, 따라서 $\angle 1 = 30°$

두 번째 그림 : 그림의 점선을 연장하고 점선이 삼각형의 아래면과 평행하다는 가정 하에 문제를 풀어야 합니다, $60° + \angle 1 + 50° = 180°$가 되어 $\angle 1 = 70°$가 되어야 합니다.

세 번째 그림 : 삼각형의 외각의 크기는 두 내각의 크기와 같다는 것을 이용합니다. $\angle 1 + 82° = 147°$ 따라서 $\angle 1 = 65°$

02 AC의 길이는 AB의 2배이고 D는 AC의 중점이므로 AB의 길이와 AD의 길이는 같습니다.

따라서 삼각형 ABD는 이등변삼각형인데, 꼭지각의 크기가 60°인 이등변삼각형은 정삼각형입니다. 따라서 삼각형 ABD는 정삼각형이고 AD의 길이가 BD의 길이와 같고 AD의 길이는 CD의 길이와도 같으므로 삼각형 DBC는 BD와 CD의 길이가 같은 이등변삼각형입니다.

따라서 $\angle 3 = \angle 4$이고 $\angle 3 + \angle 4 = \angle 2 = 60°$이므로 $\angle 3 = \angle 4 = 30°$입니다.

따라서 물음에 대한 답은 다음과 같습니다.

(1) 정삼각형, 이등변삼각형, 직각삼각형

(2) 60°, 60°, 30°, 30°

03 갑과 을의 어두운 부분이 전체의 절반보다, 작은 블록 1개만큼 작은 넓이로 같습니다.

04 사각형 ABCD는 네 개의 삼각형 $\triangle AEC$, $\triangle BEG$, $\triangle ACF$, $\triangle CFD$로 나눌 수 있습니다. CF의 길이를 h라고 하고 AF의 길이를 x라고 하면 사각형 AECF의 넓이는 삼각형 AEC와 AFC의 합이므로 $2\times\frac{1}{2}\times x\times h=32$이고, 사각형 ABCD의 넓이는 사각형 AECF와 삼각형 BEC, CFD를 더하면 되므로 $32+2\times\frac{1}{2}\times 6\times h=80$입니다.
따라서 $h=8$이고 $x=4$입니다.

05 그림과 같이 보조선을 그어 보면

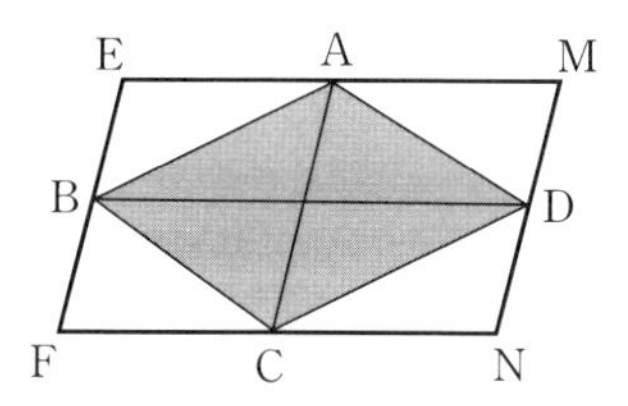

평행사변형 EFNM은 합동인 삼각형 8개로 구성이 되고 사각형 ABCD는 4개로 구성이 되므로 사변형 ABCD의 넓이는 평행사변형 EFNM의 넓이의 절반입니다. 따라서 $\frac{1}{2}\times 16=8$

06 삼각형 PAD와 삼각형 PBC의 합은 사각형 ABCD의 넓이의 절반입니다.
삼각형 PHD의 넓이는 삼각형 PAD의 넓이의 $\frac{1}{3}$이고, 삼각형 PBF의 넓이는 삼각형 PBC의 넓이의 $\frac{1}{3}$이므로 삼각형 PHD와 삼각형 PBF의 합은 사각형 ABCD의 넓이의 $\frac{1}{2}\times\frac{1}{3}=\frac{1}{6}$입니다. 한편, 마찬가지로 삼각형 PAB와 삼각형 PCD의 합은 사각형 ABCD의 넓이의 절반입니다. 삼각형 PAE의 넓이는 삼각형 PAB의 넓이의 $\frac{1}{2}$이고, 삼각형 PCG의 넓이는 삼각형 PCD의 넓이의 $\frac{1}{2}$이므로 삼각형 PAE와 삼각형 PCG의 합은 사각형 ABCD의 넓이의
$\frac{1}{2}\times\frac{1}{2}=\frac{1}{4}$ 따라서 어두운 부분의 넓이는 사각형 ABCD의 $\frac{1}{6}+\frac{1}{4}=\frac{5}{12}$이고 사각형 ABCD의 넓이는 12^2이므로 어두운 부분의 넓이는
$\frac{5}{12}\times 12^2=5\times 12=60$입니다.

07 어두운 부분의 넓이가 40이므로 $\frac{1}{2}\times BC\times DF=40$을 만족합니다.
삼각형 ABC의 넓이는 삼각형 ABF에서 삼각형 BCF를 빼면 되므로
$\frac{1}{2}\times 20\times 12-40=80$이 됩니다. 그리고 ABC의 넓이는 $\frac{1}{2}\times AB\times BC$로
구할 수도 있으므로 BC의 길이는 8이 되고 CD의 길이는 $12-8=4$가 됩니다.
DF의 길이는 $\frac{1}{2}\times BC\times DF=40$에서 10이 되므로 삼각형 CDF의 넓이는
$\frac{1}{2}\times 4\times 10=20$이 됩니다. 따라서 나머지 부분인 삼각형 ABC와 CDF를 더하
면 $80+10=100$이 됩니다.

08 높이를 h라고 할 때, 사다리꼴을 넓이는 $\frac{1}{2}\times(6+8)\times h=35$이므로 $h=5$이고
어두운 부분의 넓이는 $\frac{1}{2}\times 8\times 5=20$입니다.

09 점 O가 BF의 중점이 됩니다. C와 F를 연결한 보조선을 그어 보면 삼각형 EOF가 삼각형 CFO와 넓이가 같으므로 어두운 부분의 넓이인 삼각형 EOF+OBC는 CFO+OBC인 삼각형 FBC의 넓이와 같으며 이것은 평행사변형 BCDF의 절반이므로 어두운 부분의 넓이는 5입니다.

10 삼각형 ABD와 ACD의 넓이는 같습니다. 한편 삼각형 AOD의 넓이를 s라고 하면 삼각형 BOC의 넓이는 $s+288$이 되고, 삼각형 ABO의 넓이는 $384-s$가 됩니다. 사다리꼴의 넓이는 삼각형 ABO, 삼각형 ACD, 삼각형 BOC를 더하면 되므로
$384+(384-s)+(s+288)=2\times 384+288=1056$입니다.

11 모든 이등변삼각형들은 직각이등변삼각형입니다. 변의 길이를 구해 보면 FB=2이고 직각이등변삼각형인 OFC에서 직각이등변삼각형인 PFB와 ECH의 넓이를 빼면 된다. 직각이등변삼각형 OFC의 넓이는 빗변이 10이므로 한변의 길이가 10인 정사각형 넓이의 $\frac{1}{4}$이므로 $25cm^2$이고
삼각형 PFB는 $\frac{1}{2}\times 2\times 2=2cm^2$, 삼각형 ECH는 $\frac{1}{2}\times 1\times 1=0.5cm^2$이므로
어두운 부분의 넓이는 $25-2-0.5=22.5cm^2$입니다.

연습문제 11-3

01 첫 번째 그림 (평행사변형) : 점대칭
두 번째 그림 (정사각형) : 점대칭, 선대칭
세 번째 그림 (정삼각형) : 선대칭
네 번째 그림 (등변사다리꼴) : 선대칭

02 정사각형 AEDF의 넓이는 어두운 부분의 2배이므로 정사각형의 넓이는 $2\times4=8\text{cm}^2$입니다.

03 다음 그림과 같이 보조선을 그리면

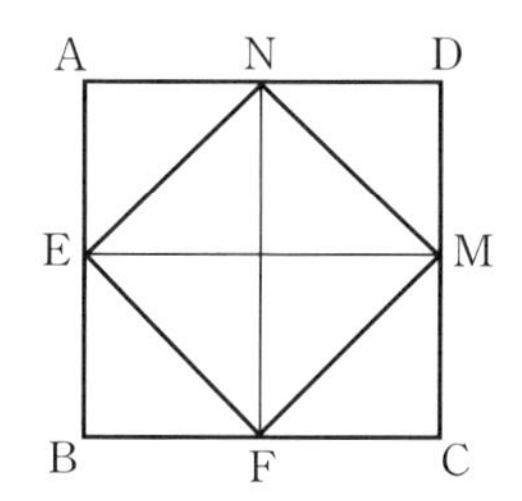

정사각형 ABCD는 8개의 합동인 직각삼각형으로 쪼개지고 사각형 EFMN은 4개의 직각삼각형으로 구성되므로 사변형 EFMN의 넓이는 정사각형 ABCD의 넓이의 절반입니다.
따라서 사각형 EFMN의 넓이는 $\frac{1}{2}\times24=12\text{cm}^2$ (사각형 EFMN역시 정사각형입니다.)

연습문제 12

01 (1) 반지름이 7이므로 원주의 길이$=2\pi\times7=14\pi$ (3.14 대신 π를 사용)
(2) 지름이 5이므로 원주의 길이$=5\pi$ (3.14 대신 π를 사용)

02 (1) 반지름이 4이므로 넓이$=\pi\times4^2=16\pi$ (3.14 대신 π를 사용)
(2) 지름이 6이므로 넓이$=\pi\times\left(\frac{6}{2}\right)^2=9\pi$ (3.14 대신 π를 사용)
(3) 원주의 길이가 12.56이므로 넓이$=\frac{(\text{원주의 길이})^2}{4\times3.14}=\frac{12.56^2}{4\times3.14}=12.56$

03 둘레의 길이는 세 개의 반원의 원주를 모두 더하면 됩니다.

세 개의 반원의 지름이 각각 4, 6, 10이므로 둘레의 길이는

$$\frac{1}{2}\times(4\pi+6\pi+10\pi)=10\pi\ (\text{또는, } 31.4)$$

넓이는 큰 반원에서 작은 두 개의 반원을 빼면 되므로

$$\frac{1}{2}(5^2\pi-2^2\pi-3^2\pi)=6\pi\ (\text{또는, } 18.84)$$

04~09 생략

연습문제 14-1

01 1 조각으로 된 삼각형의 개수 : 9개

4 조각으로 된 삼각형의 개수 : 3개

9 조각으로 된 삼각형의 개수 : 1개

따라서 9+3+1=13개

02 다음 그림과 같습니다.

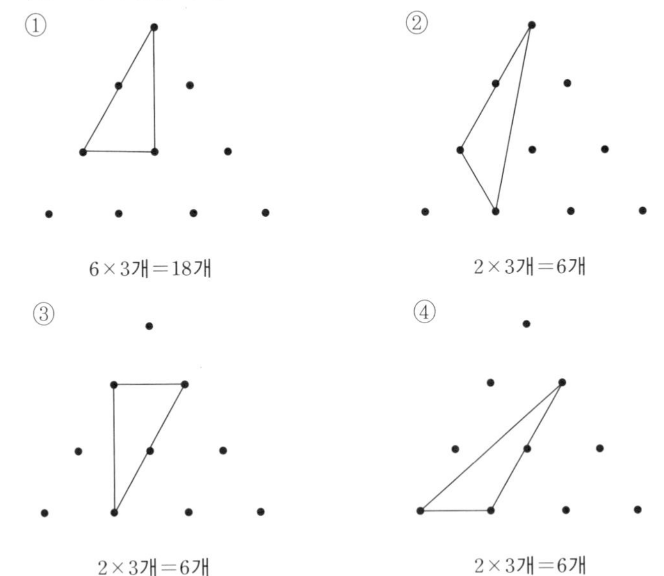

따라서 넓이가 2인 삼각형의 개수는 18+6+6+6=36개

03 선분의 개수가 k개일 때의 공간의 개수를 a_k라고 해봅시다.

$a_1=2$, $a_2=4$라는 것을 알 수 있습니다. 이때, 추가 되는 공간의 개수는 선분을 그렸을 때, 추가되는 교점의 개수 보다 1개 더 많다는 것을 알 수 있고 추가되는 교점의 개수는 선분을 긋기 전의 선분의 개수와 같습니다.

따라서 다음과 같이 나열해 볼 수 있습니다.

$$a_1=2$$
$$a_2-a_1=1+1$$
$$a_3-a_2=2+1$$
$$a_4-a_3=3+1$$

식들을 모두 더하면 $a_4-a_1=2+3+4=9$, $a_4=a_1+9=11$이라는 것을 구할 수 있습니다.

따라서 선분이 4개일 때, 최대 11개의 구간으로 나눌 수 있습니다.

04 지름은 원을 2개로 나눕니다. 따라서 지름이 20개 있으면 나누어져 있는 부분은 $20\times2=40$개입니다. 한 변 현을 그리면 현이 다른 지름과 만나는 점의 개수보다 1개 많은 개수만큼 공간이 추가 됩니다. 현은 20개의 지름과 만날 때, 최대 20개의 교점이 생길 수 있으므로 이때 추가되는 공간의 개수는 $20+1=21$개입니다. 따라서 전체 $40+21=61$개의 공간이 최대로 존재할 수 있습니다.

05 원의 개수가 k개 일 때의 공간의 개수를 a_k라고 합시다.

$a_1=2$, $a_2=4$라는 것을 알 수 있습니다.

이때, 추가되는 공간의 개수는 원을 그렸을 때, 추가되는 교점의 개수와 같다는 것을 알 수 있고, 추가되는 교점의 개수는 원을 그리기 전의 원의 개수의 2배가 됩니다. 즉, $a_n=a_{n-1}+2\times(n-1)$ 또는 $a_n-a_{n-1}=2(n-1)$입니다.

차례로 써보면

$$a_1=2$$
$$a_2-a_1=2\times1$$
$$a_3-a_2=2\times2$$
$$a_4-a_3=2\times3$$
$$\vdots$$
$$a_n-a_{n-1}=2(n-1)$$

이 식들을 모두 더하면

$$a_n-a_1=2\times(1+2+3+\cdots+n-1)=2\times\frac{n(n-1)}{2}=n^2-n$$

따라서 $a_n=n^2-n+2$입니다.

06 사각형의 개수는 $6+6+2+1=15$개

1개로 구성된 사각형 : 6

2개로 구성된 사각형 : 6

3개로 구성된 사각형 : 2

4개로 구성된 사각형 : 1

삼각형의 개수 $3+2+1=6$개

1개로 구성된 삼각형 : 3

3개로 구성된 삼각형 : 2

6개로 구성된 삼각형 : 1

07 그림에서 표시된 사각형 ABCD에서 $(3+2+1)\times(2+1)=18$개가 나오고 그것을 제외한 나머지 것에서 5개가 나오므로 $18+5=23$개입니다.

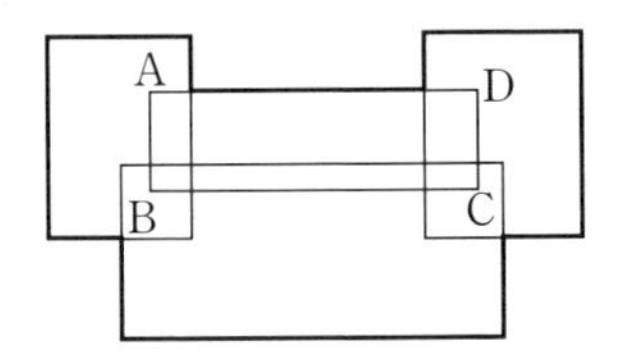

08 그림에서와 같이 사각형 ABCD에 있는 사각형의 개수와 사각형 EFGH에 있는 사각형의 개수를 합한 다음, 사각형 IJKL에 있는 사각형의 개수를 빼면 됩니다.

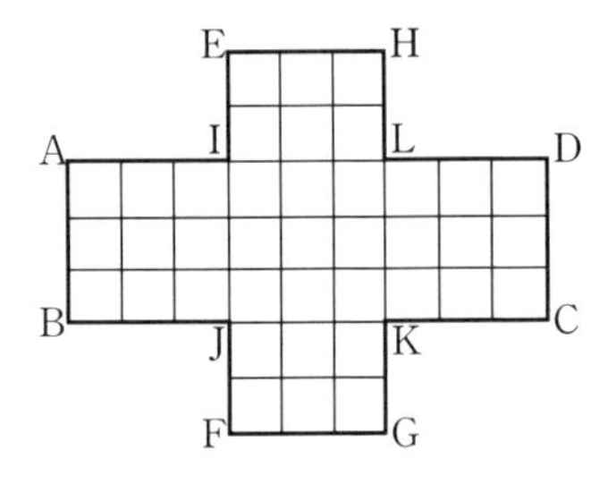

따라서

$(3+2+1)\times(9+8+\cdots+2+1)+(3+2+1)\times(7+6+\cdots+2+1)$

$-(3+2+1)\times(3+2+1)=270+169-36=402$

09 가로, 세로, 높이가 각각 3개로 구성이 되는데 위 아래, 앞 뒤, 좌 우가 모두 색칠이 되고 나면 남는 것은 한 가운데 1개 밖에 없습니다.

n^3개라는 것은 가로, 세로, 높이가 각각 n개씩 있다는 것이고 위 아래, 앞 뒤, 좌 우가 모두 색칠이 되는 것이므로 색칠이 안되는 것은 가로, 세로, 높이에서 2개씩을 제외해야 합니다. 따라서 $(n-2)^3$개가 색칠이 되지 않습니다.

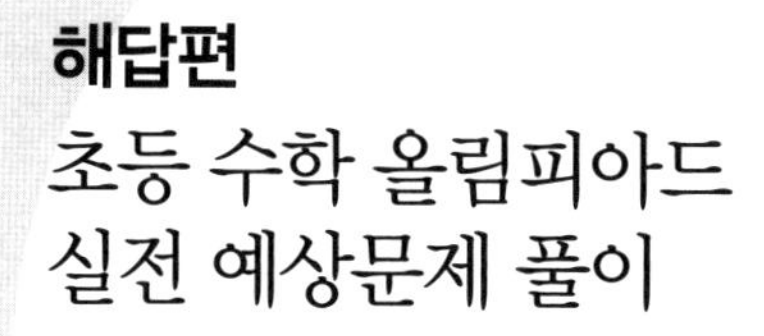

해답편

초등 수학 올림피아드
실전 예상문제 풀이

01회 초등 수학 올림피아드 실전 예상문제 풀이

1 정답은 ③번입니다.

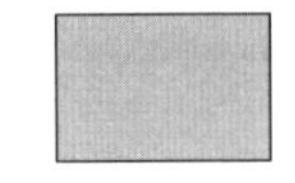
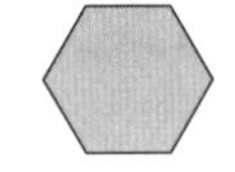

2 정답은 ⑤번입니다.

3 정답은 ③번입니다.

4 정답은 ②번입니다.

5 정답은 ⑤번입니다.

6 정답은 ④번입니다.

ㄱ. n개로 분할한 정사각형 중 하나를 4개의 정사각형으로 분할하면 $n+3$개의 정사각형으로 분할할 수 있습니다.(그림 1 참조)

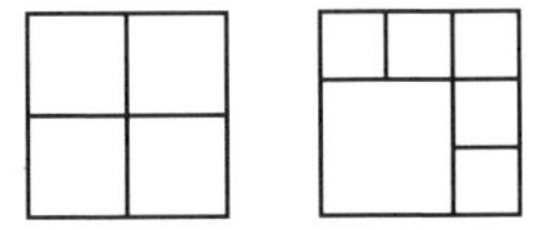

ㄴ. $n=6$일 때, 그림 2와 같이 정사각형 ABCD를 6개의 정사각형으로 분할할 수 있지만, 3개의 정사각형으로 분할할 수 없습니다.

ㄷ. 정사각형 ABCD의 가로와 세로를 n등분하면 n^2개의 정사각형으로 분할할 수 있습니다.(그림 3 참조)

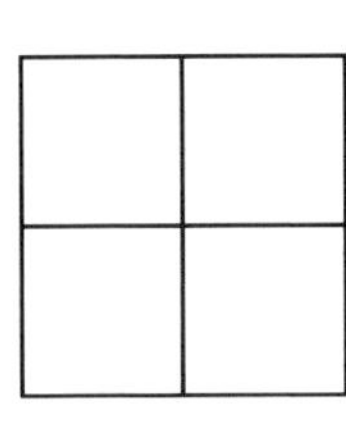
그림 1

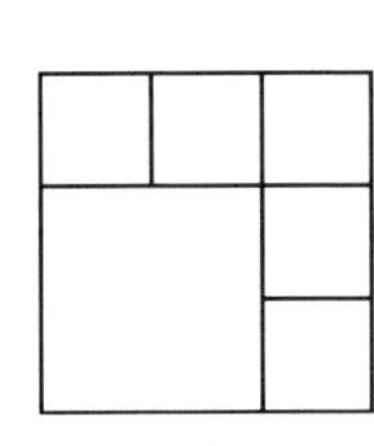
그림 2

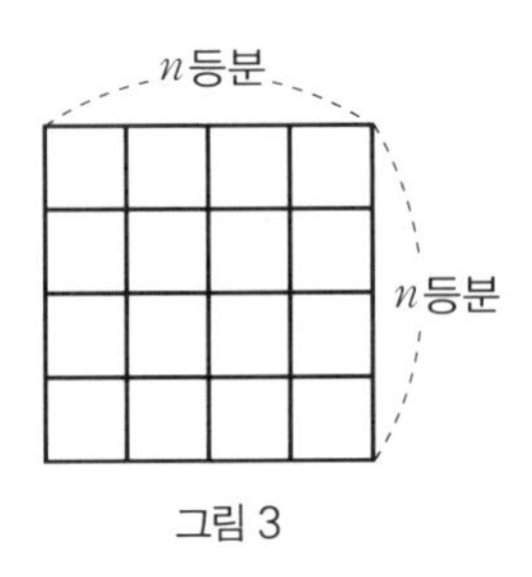

그림 3

ㄹ. $4^3=64=8^2$개의 정사각형으로 분할할 수도 있습니다.

따라서 옳은 것은 ㄱ, ㄷ, ㄹ 3개입니다.

7 정답은 ⑤번.

Ⅰ. $3^2=9=1\times5+4=14_{(5)}$이므로 $f(3)=4$입니다.

Ⅱ. 모든 자연수 n에 대하여, n^2을 오진법으로 나타냈을 때, 일의 자릿수는 0, 1, 2, 3, 4 중의 하나입니다.

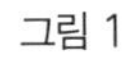

Ⅲ. $1^2=1=1_{(5)} \rightarrow f(1)=1$

$2^2=4=4_{(5)} \rightarrow f(2)=4$

$3^2=9=1\times5+4=14_{(5)} \rightarrow f(3)=4$

$4^2=16=3\times5+1=31_{(5)} \rightarrow f(4)=1$

$5^2=25=1\times5^2+0\times5+0=100_{(5)} \rightarrow f(5)=0$

$6^2=36=1\times5^2+2\times5+1=121_{(5)} \rightarrow f(6)=1$

$7^2=49=1\times5^2+4\times5+4=144_{(5)} \rightarrow f(7)=4$

$\vdots \qquad \vdots \qquad \vdots \qquad \vdots$

으로 자연수 n의 제곱 n^2에 대하여, $f(n)$은 1, 4, 4, 1, 0이 계속 반복됨을 알 수 있습니다. 따라서 $f(n)=2$인 자연수 n은 없습니다.

8 A가 움직인 거리는 전체 거리의

$$\frac{1}{2}+\frac{1}{8}+\frac{1}{32}+\cdots$$

입니다. 그리고 B가 움직인 거리는 전체 거리의

$$\frac{1}{4}+\frac{1}{16}+\frac{1}{64}+\cdots=\frac{1}{2}\left(\frac{1}{2}+\frac{1}{8}+\frac{1}{32}+\cdots\right)$$

입니다. 즉, A와 B가 움직인 거리의 비는 2 : 1이 됩니다. 그러므로 A가 400m, B가 200m를 갔다고 볼 수 있습니다.

9 정답은 ②번입니다. 왜 그런지 알아봅시다.

시간을 거슬러 생각해 봅시다. 병균 A가 처음부터 시험관의 절반을 차지하는 것은 1시간의 3분 전이라는 것을 쉽게 알 수 있습니다. 왜냐하면 절반의 두 배인 병 하나를 가득 채우는 데 3분이 더 걸려서 1시간이 경과했을 테니까요. 그렇다면 같은 원리로 병균 A가 처음부터 시험관의 절반의 절반을 차지하는 것은 1시간의 6분 전이었을 것입니다. 그리고 마찬가지 원리로 병균 A가 처음부터 시험관의 절반의 절반의 절반을 차지하는 것은 1시간의 9분 전이었을 것입니다. 따라서 1시간의 9분 전인 51분이 답입니다.

10 정답은 ②번입니다. 왜 그런지 알아봅시다.

그림의 순번과 바둑알의 수를 적어봅시다.

그림의 순번	1	2	3	4	5	6
전체 바둑알의 수	4	16	36	?	?	?

이제 위 표에서 규칙을 생각해 봅니다.

다음과 같은 규칙을 찾아냈다면 여러분은 대단한 실력자일 것입니다.

$4=(1\times2)^2$, $16=(2\times2)^2$, $36=(2\times3)^2$ 입니다.

이제 위의 규칙으로 물음표 부분을 채워보면 다음과 같습니다.

그림의 순번	1	2	3	4	5	…
전체 바둑알의 수	4	16	36	64	100	…

따라서 23번째 그림의 바둑알의 수는 $(2\times23)^2=2116$(개)입니다.

2116을 7로 나눈 나머지는 2입니다.

02회 초등 수학 올림피아드 실전 예상문제 풀이

1 정답은 ③번입니다.

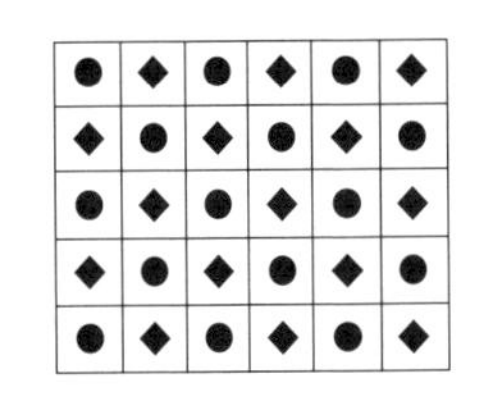

오른쪽 그림처럼 빈 곳이 없는 30개의 사각형이 있다면 ●◆ 모양을 깨지 않고 바닥에 깔 경우 ●와 ◆의 개수가 15개씩 들어가게 됩니다(∵ 두 개가 붙어 있으므로 같은 숫자가 들어가야 합니다). 그리고 ㈎, ㈏의 경우 ●와 ◆의 개수가 같고 고립된 두 사각형이 같은 한 사각형에 붙어 있는 것이 없으므로 붙은 2개의 모양을 깨지 않고 타일을 깔 수 있으나, ㈐는 고립된 두 사각형에 하나의 사각형이 연결되어 있고, ㈑의 경우는 같은 ●와 ◆의 개수가 서로 다르므로 깔 수가 없습니다. 참고로 말인데 붙은 모양을 깨지 않고 타일을 깔아야 하므로 타일의 개수는 짝수이어야 하며, 또 타일의 개수가 짝수이더라도 고립된 두 사각형이 같은 한 사각형에 붙어 있는 것이 없어야 합니다.

2 정답은 ③번입니다.

이 문제의 처음에 소수라는 단어의 쓰임새에 주의하라는 말이 있습니다.

우리말에서 소수란 여러 가지 뜻으로 쓰입니다. 그중 몇 가지만 적어보면 다음과 같습니다.

㉮ 소수(小數) : 작은 수로서 큰 수와 반대되는 말입니다.

㉯ 소수(少數) : 위와 발음과 한자는 같지만 뜻은 적은 수효를 뜻합니다. 예로써 "다수의 의견도 중요하지만 소수의 의견도 존중되어야 한다"와 같이 쓰입니다. 즉, 많다는 것과 반대되는 뜻입니다.

㉰ 소수(小數) : 1.25, 3.875 따위와 같이 소수점이 붙어서 정수부분을 제거했을 때 1보다 작은 수가 여전히 남아 있는 수를 말합니다.

㉱ 소수(素數) : 1 및 그 자신 이외의 정수로는 똑 나누어떨어지게 할 수 없는 수로서 2, 3, 5, 7, 11, 13 따위의 수를 뜻합니다.

그러니까 소수의 뜻에 주의하면서 이 문제를 이해해야 합니다.
문제를 자세히 읽어보면 ㉮와 ㉯에 등장하는 소수는 소수(小數)입니다.
그리고 ㉱에 등장하는 소수는 소수(素數)입니다.
이제 ㉮, ㉯, ㉰의 힌트에서 우리는 ㄱ에 해당하는 수가 9임을 알 수 있습니다.
이제 ㉱에 눈을 돌려서 5자리의 정수인 ㄴㄴㄷㄷㄷ에 대하여 생각해 봅시다.
1자리의 모든 소수(素數)들의 곱은 $2\times3\times5\times7=210$입니다.
그리고 한 자리의 모든 소수(素數)들의 합은 $2+3+5+7=17$입니다.
그러므로 $210\times\square+17=$ㄴㄴㄷㄷㄷ입니다.
여기서 □는 2자리 수 또는 3자리의 수가 될 것입니다.
이제 위 식의 왼쪽 변을 계산했다고 생각하면 그 결과의 끝수는 7일 것입니다.(왜죠?)
그러므로 ㄷ=7이 될 것입니다.
즉, $210\times\square+17=$ㄴㄴ777입니다.
그러므로 $210\times\square=$ㄴㄴ$777-17=$ㄴㄴ760입니다.
즉, $210\times\square=$ㄴㄴ760이므로 $21\times\square=$ㄴㄴ76이고
여기서 ㄴㄴ76의 끝수가 6인 것으로 보아 즉, □의 일의 자리에 오는 수는 6인 것이 확실합니다.
그리고 이 4자리의 수인 것과 $21\times46=966$, $21\times475=9975$이니까
□=46, 56, 76, ⋯, 466
중의 어느 것임을 쉽게 알 수 있습니다.
이를 세로식으로 생각해보면

```
    21           21           21
×  ??6       ×  ??6       ×  ?56
------       ------       ------
   126   →      126   →      126
  ???          ??5          ??5
------       ------       ------
  ㄱㄱ76        ㄱㄱ76        ㄱㄱ76
```

으로 생각할 수 있고, 이로써
□=56, 156, 256, 356, 456
으로 압축할 수 있습니다.
이제 이 □=56, 156, 256, 356, 456을 직접 계산에 적용해보면
□=56만이 가능함을 알 수 있습니다.
따라서 위의 모든 내용을 종합해 볼 때, 수근이의 비밀번호는 9.11777임을 알 수 있습니다.

3 정답은 ⑤번입니다.

4 정답은 ②번입니다.

5 정답은 ⑤번입니다.

6 정답은 ③번입니다.

$n=2^k$, $k=0, 1, 2, 3, \cdots$이고

$p_1 \rightarrow$ 1시간

$p_2 \rightarrow p_1p_1$ 연결 : $1+1+2=4$시간

$p_4 \rightarrow p_2p_2$ 연결 : $4+4+2\times2=12$시간

$p_8 \rightarrow p_4p_4$ 연결 : $12+12+2\times4=32$시간

$p_{16} \rightarrow p_8p_8$ 연결 : $32+32+2\times8=80$시간

따라서 p_{16}을 한 개 만드는 데 80시간이 걸립니다.

7 정답은 ④번입니다. 왜 그런지 알아봅시다.

여러분은 문제에 나와 있는 현주의 점자를 옆으로 뒤집어서 다음과 같이 읽어야 합니다.

따라서 답은 334−600이 아니고 884−633입니다.

8 정답은 ②번입니다. 왜 그런지 알아봅시다.

다음과 같이 놓습니다.

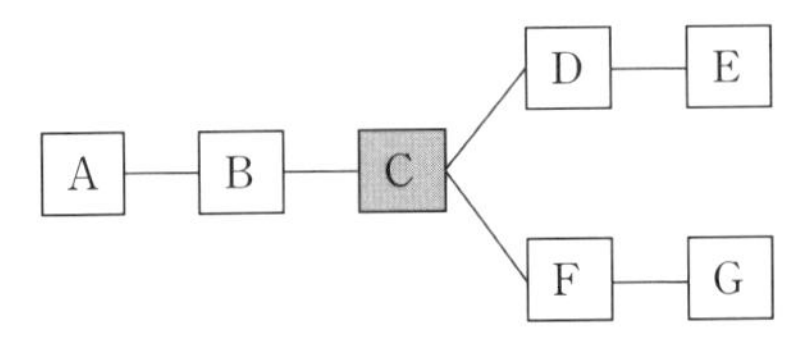

문제의 뜻에 의하여 다음이 얻어집니다.

$A+B+C+D+E+F+G=1+2+3+4+5+6+7=28$

이제 문제의 뜻에 의하여

$(A+B+C)=(C+D+E)=(C+F+G)=☆$ ······㉮

라고 하면, 다음과 같은 식이 성립합니다.

$(A+B+C)+(C+D+E)+(C+F+G)=3\times☆$

$\therefore (A+B+C+D+E+F+G)+2\times C=3\times☆$

$\therefore 28+2\times C=3\times☆$ ······㉯

즉, $27+(1+2\times C)=3\times ☆$입니다.
그러므로 $1+2C$는 3으로 나누어떨어지는 수입니다.
즉, 2C는 3으로 나누어서 나머지가 2가 되어야 함을 알 수 있습니다.
따라서 C는 1, 4, 7 가운데 하나여야 합니다.
(i) $C=1$이라고 생각하면,
식 ㉯에서 보듯이 $☆=10$이 됩니다.
이제 문제의 그림에 있는 가운데 □에 1을 써넣은 다음 나머지 6개의 □에 1을 제외한 각 줄의 수들의 합이 9가 되도록 배열하면 다음과 같은 답을 얻을 수 있습니다.

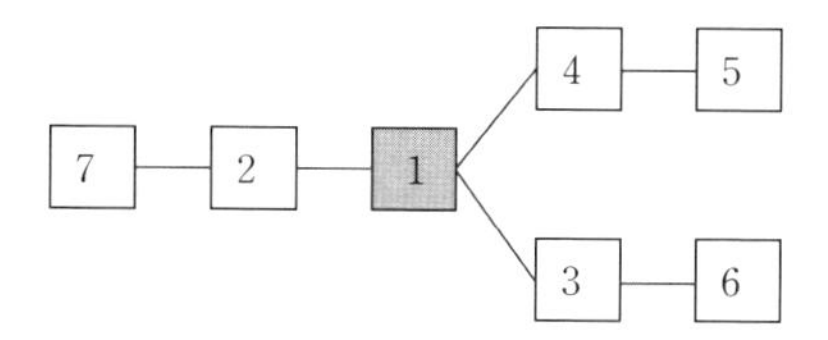

물론 위에서 (7, 2), (4, 5), (3, 6)의 위치를 서로 바꾸어도 상관없습니다.
(ii) $C=4$일 때와 $C=7$일 때는 위와 똑같은 방식으로 설명이 가능합니다.
그것은 여러분의 몫으로 남겨둡니다.
따라서 구하는 답은 $1+4+7=12$입니다.

9 정답은 ①번입니다.
에스컬레이터의 길이를 120m라고 합니다. 그래도 문제를 푸는 데는 일반성을 잃지 않습니다.(왜 그럴까?)
그리고 이 사람이 평소에 걷는 걸음 걸이 속력을 x(m/초)라 하자. 그리고 에스컬레이터의 속력을 y(m/초)라고 합시다. 그러면 에스컬레이터에서 걸어 올라가는 속력은 다음과 같습니다.
$x+y=\frac{120}{20}=6$(m/초)
한편 에스컬레이터에서 걸어 내려오는 속력은 다음과 같습니다.
$x-y=\frac{120}{60}=2$(m/초)
그러므로 더해서 6이 되고 빼서 2가 되는 경우는 4와 2이니까 이 사람이 평소에 걷는 걸음걸이 속력은 4(m/초)이고, 에스컬레이터의 속력은 2(m/초)가 됩니다.
따라서 길이 120m인 에스컬레이터가 120m를 움직이는 데 걸리는 시간은 모두 60초입니다.

10 정답은 ③번입니다.

우선 1일 동안 울리는 벨소리를 모두 더해 보면 다음과 같습니다.

$(1+2+3+\cdots+11+12)\times 2=12\times 13=156$(번)

그러니까 오후 5시 30분부터 시작해서 다음날 오후 5시 30분까지 벨소리는 모두 156번 울리게 됩니다. 그러므로 다음 날 오후 6시 30분까지는 $156+6=162$(번) 울리고 다시 그 날(다음 날) 오후 7시 30분까지는 $162+7=169$(번) 울리게 됩니다. 따라서 정확히 170번째의 벨소리가 울리는 것은 그 날(다음 날) 오후 8시 정각이 될 것입니다.

03회 초등 수학 올림피아드 실전 예상문제 풀이

1 만약 주어진 수열이 완전제곱수 x^2(단, $x>0$)을 가지고 있다고 합시다. 그러면 양의 정수 y가 있어서 주어진 수열의 항 중에는 $a+yd=x^2$인 항이 반드시 있을 것입니다. 한편, 다음이 성립합니다.

$$(x+nd)^2=x^2+2nd+d^2$$
$$=a+yd+2nd+d^2=a+(y+2n+d)d$$

이는 주어진 수열이 완전제곱수 x^2을 가지고 있다면 또 다른 완전제곱수 $(x+nd)^2$도 역시 주어진 수열에 속함을 보입니다. 그러한 원리에 의하여 주어진 수열에 만약 완전제곱수가 적어도 하나 있다면 그와는 또 다른 완전제곱수가 주어진 수열에는 무수히 많음을 알 수 있습니다.

2 정답은 ⑤번입니다.

3 정답은 ④번입니다.

4 정답은 ④번입니다.

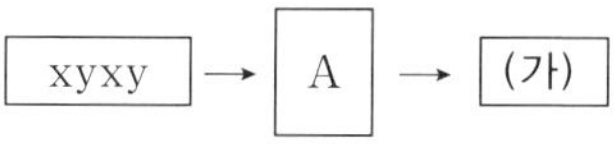

xyxy → A → (가)

위의 그림에서 ㈎에 들어갈 문자열은 xyxy의 문자가 바뀌는 경우이므로 yxyx입니다. 따라서, 아래 그림을 보면

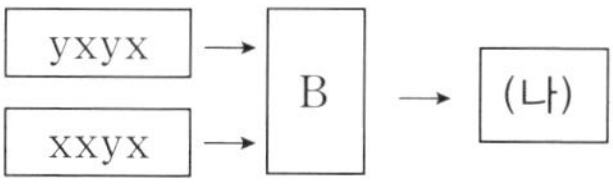

yxyx →, xxyx → B → (나)

에서 ㈏에 들어가는 것은 첫째 자리는 x, y로서 서로 다르므로 y, 다른 자리는 서로 문자가 같으므로 x입니다. 즉, yxxx입니다. 따라서, ㈐에 들어갈 것은 xyyy입니다.

5 정답은 ③번입니다.

49에서 현재의 외숙모의 나이를 빼면 현재의 외삼촌 나이가 됩니다. 그리고 킹콩의 외숙모는 비교적 어린 나이에 시집을 갔다고 했으므로 외숙모의 나이를 16살부터 생각해 봅시다.

외삼촌의 현재 나이	33	32	31	30	29	28	27	26	…
외숙모의 현재 나이	16	17	18	19	20	21	22	23	…

앞의 표에서 『외삼촌이 현재의 외숙모의 나이였을 때, 외숙모의 나이는 현재의 외삼촌의 나이의 꼭 절반』이라는 말에 알맞은 경우를 찾아보면 바로 28, 21의 쌍입니다. 킹콩의 외삼촌의 현재 나이는 28살이고 외숙모의 나이는 21살입니다. 따라서 9로 나눈 나머지는 3입니다.

6 ㉰가 참이라면 ㉯도 참이 되어 모순입니다. 또한 ㉯가 참이라면 ㉰가 거짓이 되고 ㉮의 진술이 참이 되어 모순입니다. 그러므로 ㉮만 참이고, ㉯, ㉰는 거짓입니다. 따라서 첫번째 익사자는 황인, 두번째 익사자는 흑인, 세번째 익사자는 백인입니다.

7 정답은 ①번입니다.

$132_{(k)}+124_{(k+2)}=140$이므로 10진법으로 통일하면 다음과 같습니다.

$k^2+3k+2+(k+2)^2+2(k+2)+4=140$

$\therefore 2k^2+9k-126=0$

$\therefore (2k+21)(k-6)=0$

즉 $k=6$입니다.

그러므로 $11_{(6)}+101_{(6)}+1001_{(6)}=7+37+217=261$입니다.

따라서 구하고자 한 답은 261입니다.

8 정답은 11초입니다.

종이 1회 울림 ← 어쩌면 1시일지도 몰라 하고 속으로 생각합니다.

↓(1초 후)

종이 2회 울림 ← 어쩌면 2시일지도 몰라 하고 속으로 생각합니다.

↓(2초 후)

⋮ ⋮ ⋮ ⋮

↓(11초 후)

종이 12회 울림 ← 정확히 12시이구나 하고 결론을 내립니다.

왜냐하면 시계의 종소리는 울려 보았자 12번까지만 울리기 때문입니다.

9 (i) A → C → B → C → A의 경우

$1\times2\times2\times1=4$(가지)

(ii) A → C → B → D → A의 경우

$1\times2\times2\times3=12$(가지)

(iii) A → D → B → C → A의 경우

$3\times2\times2\times1=12$(가지)

(iv) A → D → B → D → A의 경우

$3\times2\times2\times3=36$(가지)

위 (ⅰ), (ⅱ), (ⅲ), (ⅳ)에 의하여 구하는 것은 다음과 같습니다.

$4+12+12+36=64$(가지)

10 (ⅰ) $z=1$일 때, $x+y^2=99$

$(x, y) \Leftrightarrow (98, 1), (95, 2), (90, 3), \cdots, (18, 9)$의 9가지

(ⅱ) $z=2$일 때, $x+y^2=92$

$(x, y) \Leftrightarrow (91, 1), (88, 2), (83, 3), \cdots, (11, 9)$의 9가지

(ⅲ) $z=3$일 때, $x+y^2=73$

$(x, y) \Leftrightarrow (72, 1), (69, 2), (64, 3), \cdots, (9, 8)$의 8가지

(ⅳ) $z=4$일 때, $x+y^2=36$

$(x, y) \Leftrightarrow (35, 1), \cdots, (11, 5)$의 5가지

따라서 $9+9+8+5=31$(가지)입니다.

04회 초등 수학 올림피아드 실전 예상문제 풀이

1 정답은 72개입니다.

꼭짓점들을 선분으로 연결하면 다음과 같습니다.

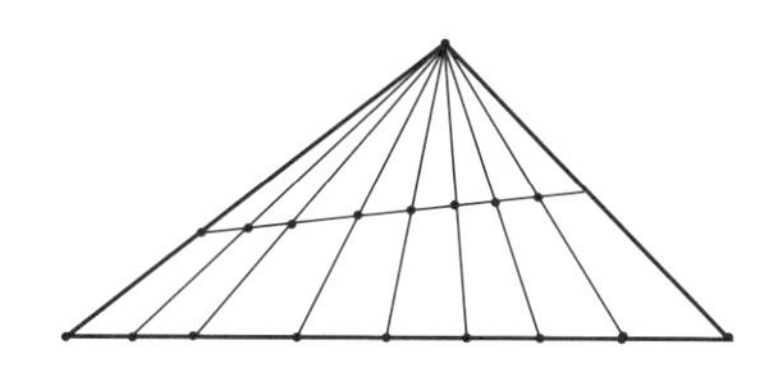

위 그림에서 보이는 모든 삼각형의 개수를 구하라는 문제입니다. 이는 올림피아드 초급 상권에 소개된 등차수열 중 삼각형의 개수를 세는 문제와 유사한 문제입니다. 책에 소개된 방법을 사용하여 삼각형의 개수를 세면 다음과 같이 정답을 얻을 수 있습니다.

$$2\times(8+7+6+5+4+3+2+1)=8\times9=72\text{(개)}$$

2 정답은 "불가능하다"입니다.

찍어야 할 점의 최소한의 개수는 각 인형에 1개, 2개, … , 10개의 점을 찍어야 합니다. 이런 경우 최소한 1+2+3+4+5+6+7+8+9+10=55개의 점이 필요합니다. 그런데 54개만으로 점을 찍었다는 것은 착각일 뿐입니다. 따라서 불가능합니다.

3 정답은 "있다"입니다.

그 이유를 말해봅시다. 주어진 식을 다시 써보면 다음과 같습니다.

$$\overline{ABC}+\overline{DE}+4\times F=1\overline{GHI}$$

왜냐하면 $\overline{ABC}$에 그보다 자릿수가 적은 수들을 더하여 네 자리의 수가 답으로 나오려면 좌변의 모든 문자에 숫자들은 모두 8이어야 합니다. 그리고 이 경우 우변의 문자에 와야 할 숫자는 G, H는 0이어야 하고, I는 8이어야 합니다.

4 정답은 1680입니다.

즉, 처음 x의 값은 3360이었다는 말입니다. 왜 그런지 다음과 같이 생각해봅시다.

첫날은 전체의 채를 지었고, 그 다음 4일 동안은 남아있는 채수의 $\frac{1}{9}$, $\frac{1}{8}$, $\frac{1}{7}$, $\frac{1}{6}$을 지었습니다.

총 5일 동안 지었더니 지어야 할 집은 20채만 남게 된 것입니다.

둘째 날 남은 집의 채수는 전체(x)의 $1-\frac{1}{10}=\frac{9}{10}$

셋째 날 남은 집의 채수는 전체(x)의 $\frac{9}{10}\times\frac{8}{9}=\frac{8}{10}$

넷째 날 남은 집의 채수는 전체(x)의 $\frac{8}{10}\times\frac{7}{8}=\frac{7}{10}$

다섯째 날 남은 집의 채수는 전체(x)의 $\frac{7}{10}\times\frac{6}{7}=\frac{6}{10}$

여섯째 날 남은 집의 채수는 전체(x)의 $\frac{6}{10}\times\frac{5}{6}=\frac{5}{10}=\frac{1}{2}$입니다.

즉, 다섯째 날까지 지은 집은 전체의 절반이었음을 알 수 있습니다. 그런데 그 절반이 60채이므로 원래는 120채를 지으려고 했던 것입니다. 따라서 60채를 더 지어야 할 것입니다.

다음과 같이 검산해보면 알 수 있습니다.

$3360\times\frac{9}{10}=3024$, $3024\times\frac{8}{9}=2688$, $2688\times\frac{7}{8}=2352$,

$2352\times\frac{6}{7}=2016$, $2016\times\frac{5}{6}=1680$.

위의 각 식에서 우변은 매일 남게 되는 집의 채수입니다.

5 정답은 901입니다.

0102030405060708091011…99라고 생각하고 이들에 쓰인 각 숫자의 총합을 구한 다음 100의 각 자리 숫자의 합인 1을 더하면 됩니다.

0102030405060708091011…99에서 0, 1, 2, …, 9는 각각 20개씩 쓰였음을 쉽게 알 수 있습니다. 따라서 다음과 같이 답을 구할 수 있습니다.

$$(0+1+2+3+\cdots+9)\times 20+1+0+0$$
$$=45\times 20+1=901$$

6 정답은 풀이를 참조하시오.

빼어지는 수와 빼는 수의 일의 자리 수의 관계에서 □와 △는 서로 다른 수라는 것을 알 수 있습니다. 뺀 값, 빼어지는 수와 빼는 수의 천의 자리 수의 관계에서 △가 □보다 1이 크다는 것을 알 수 있습니다. 그리고 이때 □는 각각 1, 2, 3, 4, 5, 6, 7, 8을 표시한다는 것을 추정할 수 있습니다. 따라서 이 문제의 답은 다음과 같이 9개가 있습니다.

$$\begin{array}{r} 1010 \\ -\ \ 101 \\ \hline 909 \end{array} \quad \begin{array}{r} 2121 \\ -\ 1212 \\ \hline 909 \end{array} \quad \begin{array}{r} 3232 \\ -\ 2323 \\ \hline 909 \end{array}$$

$$\begin{array}{r} 4343 \\ -\ 3434 \\ \hline 909 \end{array} \quad \begin{array}{r} 5454 \\ -\ 4545 \\ \hline 909 \end{array} \quad \begin{array}{r} 6565 \\ -\ 5656 \\ \hline 909 \end{array}$$

$$\begin{array}{r} 7676 \\ -\ 6767 \\ \hline 909 \end{array} \quad \begin{array}{r} 8787 \\ -\ 7878 \\ \hline 909 \end{array} \quad \begin{array}{r} 9898 \\ -\ 8989 \\ \hline 909 \end{array}$$

7 정답은 10010입니다.

첫수는 1로 시작되어야 합니다. 14(=2×7)의 배수는 2의 배수이기도 하므로 구하는 수는 짝수이니까 끝수는 0이어야 합니다. 즉, 그러한 수는 1△△…△△0의 모양이어야 할 것입니다. 여기서 △는 1 또는 0의 어떤 수들을 뜻합니다. 이제 그러한 수가 1△△…△△00이라고 한다면

$$1\triangle\triangle\cdots\triangle\triangle 0=1\triangle\triangle\cdots\triangle\triangle 0\times 10$$

으로 쓸 수 있는데 위의 수가 7의 배수이어야 하는데 우변의 10은 7의 배수가 아니므로 우변의 1△△…△△0이 10의 배수임을 알 수 있습니다. 그러므로 최소의 수를

구하는 문제의 조건으로서 굳이 1△△…△△00으로 할 필요가 없이 1△△…△△ 0으로 구하는 수를 정하면 됩니다. 그런데 이 수 1△△…△△0의 십의 자리의 숫 자를 0으로 정하면 위와 같은 이야기가 반복되므로 이 수 1△△…△△0의 십의 자리의 숫자는 1이어야 함을 알 수 있습니다. 그러므로 구하는 수는 1△△…△△10 이어야 합니다. 이제 이 수의 △의 위치에 0 또는 1을 써보면서 최소의 수를 구해보면 다음과 같이 생각할 수 있습니다.

10은 14의 배수가 아닙니다. 110도 아닙니다. 1010도 아닙니다. 1110도 아닙니다. 10010은 14로 나누어떨어지므로 14의 배수입니다. 따라서 구하는 수는 10010입니다. 참고로 1001은 $7 \times 11 \times 13$으로 소인수분해되며 이 수는 경시대회에 잘 나오는 수이므로 꼭 기억해 둡시다.

8 정답은 아래 풀이의 표를 참조하시오.

세 수의 합이 30이므로 평균수는 $30 \div 3 = 10$입니다. 이것은 바로 3개의 수의 중앙에 있는 수이며 또한 마방진의 중앙 빈칸에 들어가야 할 수입니다. 또한 주어진 조건 10과 6, 7 그리고 합이 30이라는 것에서 나머지수를 추정할 수 있습니다.

다음 그림과 같이 채워 넣을 수 있습니다.

9	15	6
7	10	13
14	5	11

이 문제 중에서 9개의 수를 주의 깊게 살펴보면 다음과 같은 규칙이 있는 수라는 것을 알 수가 있습니다.

(1) 5, 6, 7 (2) 9, 10, 11 (3) 13, 14, 15 입니다.

9 정답은 "수요일"입니다.

$7 \times 4 = 28$입니다. 어느 해 2월은 5개의 월요일이 있습니다. 그러므로 이 해의 2월은 29일이 있고 또한 2월 1일과 2월 29일 모두 월요일임을 알 수 있습니다. 그리고 일주일은 7일이므로 주기의 변화 규칙에 따라 답을 찾을 수 있습니다.

2월 1일부터 6월 1일까지 모두 $121 + 1 = 122$일이 지났습니다.

$121 \div 7 = 17 \cdots 3$입니다.

따라서 6월 1일은 수요일입니다.

참고로, 2월 29일이 월요일이므로 3월 1일은 화요일입니다. 따라서 3월 1일부터 6월 1일까지 모두 93일이 지났습니다. $93 \div 7 = 13 \cdots 2$입니다. 따라서 6월 1일은 수요일입니다.

10 정답은 46점입니다.

내용을 다음과 같이 그림으로 나타내 봅시다. 각 막대기의 길이는 점수입니다.

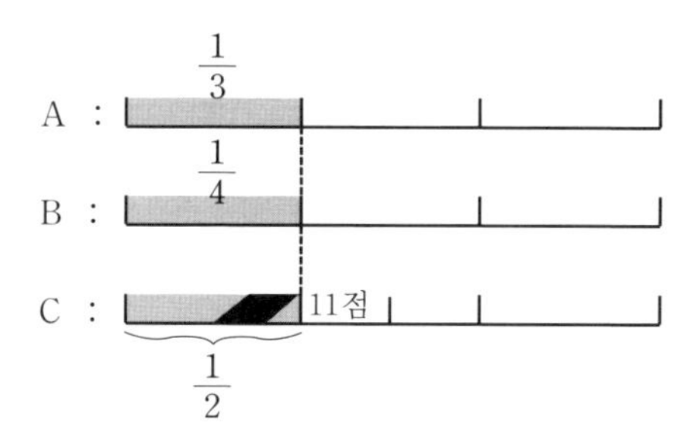

A, B, C의 긴 막대기들의 총합이 바로 130점입니다. 여기서 세 그림의 공통으로 같은 부분(어두운 부분들)의 3배의 점수와 4배의 점수와 (2배의 점수)+(44점)의 총합이 바로 130점임을 알 수 있습니다. 이제 어두운 부분 하나의 점수를 □라고 합시다.

$\therefore \square \times (3+4+2)+22=130$

$\therefore \square \times (3+4+2)=108$ $\therefore \square \times 9=108$ $\therefore \square=12$

따라서 C의 점수는 $2\times(12+11)=46$점입니다.